PROJECTE
SABER
FER

W0248408

Geografia i Història

AVANÇA

ESO 1

El llibre **Geografia i Història Avança**, per a primer curs d'ESO, és una obra col·lectiva concebuda, dissenyada i creada al Departament d'Edicions Educatives de Grup Promotor / Santillana, dirigit per **Teresa Grence Ruiz** i **Pere Macià Arqué**.

En l'elaboració hi ha participat l'equip següent:

M. Ángeles Fernández de Bartolomé
Albert Ghanime Rodríguez
Rosa López Pérez
David Cao Costoya
Laura Espot
Xavier Blanch

EDICIÓ
Marta Ballester Gassó
Mauro Cavaller Rodón
Fil d'Aram Editors

EDICIÓ EXECUTIVA
Marta Ballester Gassó
David Ramírez Muriana

DIRECCIÓ DEL PROJECTE
Lourdes Etxebarria Orella

SANTILLANA
GRUP PROMOTOR

Índex Geografia

SABER-NE MÉS (Diccionari visual, Exemples, Para atenció, Sabies que)	SABER APLICAR Treball de competències	SABER FER Procediments	AUTOAVALUACIÓ
Els diversos símbols cartogràfics	Interpretar mapes diversos Calcular distàncies a partir d'un mapa Identificar latituds i longituds	Orientar-se amb un plànol Utilitzar el mapa de fusos horaris	Les capes de la Terra Els moviments de la Terra Els sistemes de representació de la Terra
Les erupcions volcàniques La formació de l'Himàlaia	Identificar els oceans que banyen cada un dels continents Reconèixer la representació gràfica d'una falla i d'un plec	Interpretar el mapa físic del món	Capes interiors de la Terra Formes del relleu continental Plaques tectòniques Els agents d'erosió del relleu
El llac Baikal El mar Caspi El llac Titicaca	Interpretació de la representació gràfica de la formació de les ones	Interpretar el perfil longitudinal d'un riu Analitzar un mapa interpretant-ne els símbols	Les aigües marines Els rius Aqüífers, llacs i oceans Les aigües subterrànies Les glaceres
Temperatura màxima i mínima absolutes Amplitud tèrmica Temperatura mitjana Els alisis, els monsons, les brises marines, la tramuntana i el cerç	Interpretar un mapa del temps Interpretar un mapa de distribució de les precipitacions Explicar el procés de l'efecte hivernacle	Identificar i interpretar un climograma	Les capes de l'atmosfera Temps i clima Zones climàtiques de la Terra Factors climàtics: temperatura, pressió atmosfèrica, precipitacions, vent L'escalfament global del planeta
Els pigmeus, habitants de la selva africana	Identificar el paisatge més apte per viure-hi Distingir elements naturals i elements transformats d'un paisatge Identificar la classificació climàtica corresponent a un paisatge	Analitzar l'evolució d'un paisatge a partir de fotografies aèries	Els elements del paisatge natural El paisatge humanitzat Paisatges i zones climàtiques
Els atles digitals	Localitzar sobre un mapa físic elements del relleu d'un continent determinat Interpretar un tall longitudinal de l'Antàrtida	Saber fer servir un atles	Els sis continents Relleu, aigües, clima i vegetació
La vegetació a Catalunya segons l'altitud i l'orientació	Interpretar correctament les llegendes dels mapes per a obtenir informació cartogràfica	Elaborar un dossier Interpretar un mapa topogràfic físic: les corbes de nivell	El relleu Els rius Les zones climàtiques El clima mediterrani

Índex Història

SABER-NE MÉS (Diccionari visual, Exemples, Para atenció, Sabies que)	SABER APLICAR Treball de competències	SABER FER Procediments	AUTOAVALUACIÓ
El domini del foc Les restes humanes fòssils més antigues	Ordenar correctament les diverses espècies en el procés d'hominització Identificar eines, el material de què estan fetes i les funcions que tenien Interpretar pintures rupestres Identificar monuments prehistòrics, dir-ne el nom, el material de què estan fets i la funció	Recercar a internet. Les glaciacions Analitzar la informació d'un article de premsa	Concepte de prehistòria i història Les etapes de la prehistòria Els canvis de la revolució neolítica El megalitisme
Escriptura cuneïforme, escriptura jeroglífica i escriptura xinesa Les dinasties en la història d'Egipte	Interpretar mapes històrics Representar etapes històriques a través d'un eix cronològic Representar en un gràfic la piràmide de l'antiga societat egípcia Reconèixer els trets principals de l'art egipci	Comentar un text històric Analitzar un edifici	L'inici de la història Les primeres civilitzacions L'art egipci
L'origen de l'imperi persa La batalla de Marató	Interpretar mapes sobre fets històrics Completar mapes a partir de la interpretació de la llegenda Buscar informació sobre una obra d'art Buscar informació sobre una obra literària	Sintetitzar informació en un quadre cronològic Classificar ceràmiques gruegues	El territori de l'antiga Grècia Els períodes de la història Les guerres mèdiques Alexandre el Gran L'art a l'antiga Grècia
Les magistratures en època de la república	Interpretar mapes històrics i extreure'n informació Interpretar la imatge fotogràfica sobre un relleu romà Identificar construccions romanes	Interpretar una notícia sobre patrimoni històric	Les tres etapes de la civilització romana L'estructura política Les guerres púniques L'època de l'imperi Romà Les activitats econòmiques Arquitectura, escultura, pintura, mosaic
Aliats i enemics de Roma a la Península	Interpretar una línia cronològica i extreure'n informació Associar la imatge sobre l'antiga colònia d'Empúries amb la informació prèvia donada Situar la pròpia localitat en el context geogràfic dels territoris peninsulars romans	Comparar maneres de viure de dues civilitzacions contemporànies Comprendre un procés històric per mitjà de mapes	Els pobles preromans a la península Ibèrica i a Catalunya La societat hispanoromana L'organització territorial

En començar la unitat...

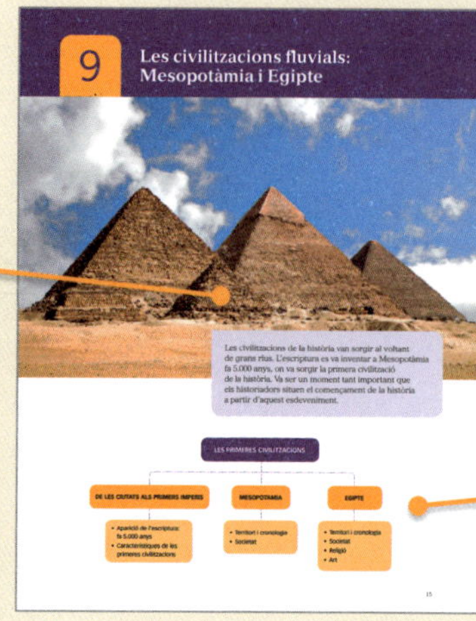

Una **introducció** breu i una **imatge** gran sintetitzen la unitat.

Un **esquema** recull els continguts més importants.

Cada unitat està formada per diverses pàgines d'informació i activitats. El text, de caràcter informatiu, explicatiu i descriptiu, va acompanyat de diferents elements.

La informació s'organitza en **epígrafs** i **subepígrafs**; la programació és paral·lela a la del llibre de l'alumne.

Les **Activitats** estan seqüenciades en categories (**Comprèn**, **Raona**, **Aplica**, **Extreu-ne conclusions**) per facilitar-ne la comprensió.

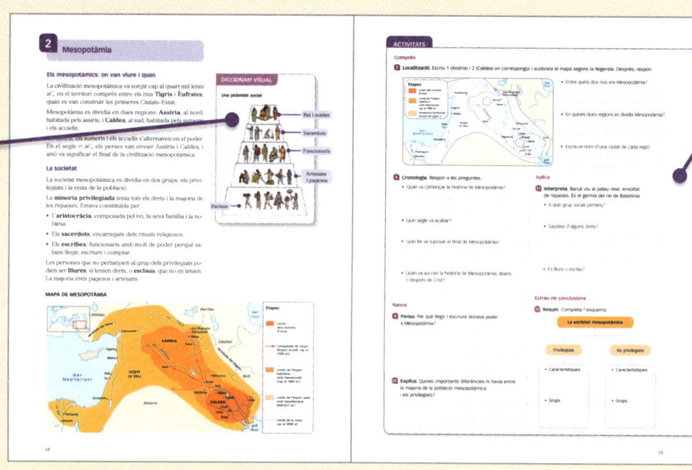

El **Diccionari visual** ajuda amb fotos, dibuixos, mapes o esquemes l'aprenentatge dels conceptes.

Una sèrie de **fitxes** (*Sabies que*, *Un exemple*, *Tingues en compte*...) complementen el text informatiu.

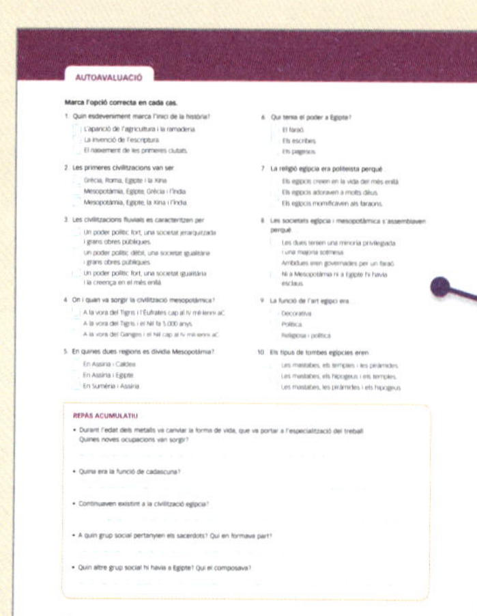

Cada unitat es tanca amb una **Autoavaluació**.

Les pàgines de **Saber fer** expliquen els procediments fonamentals de la geografia i la història.

La secció **Quins passos has de seguir?** recull les pautes que cal seguir per aplicar la tècnica o el procediment.

Els procediments de més dificultat incorporen un **Exemple resolt**.

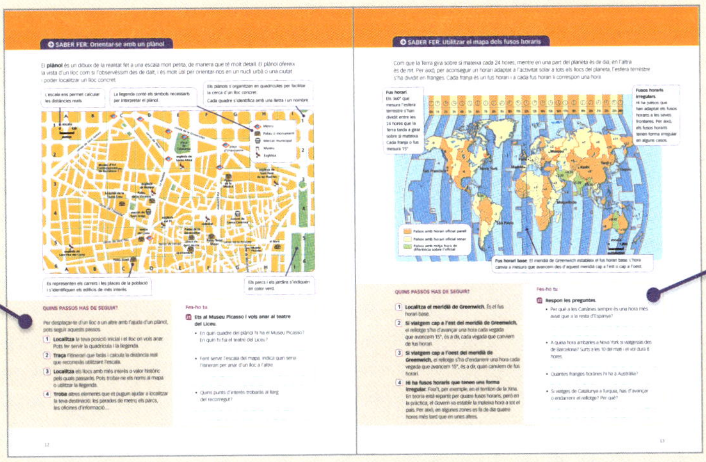

La secció **Fes-ho tu** proposa la realització de la tècnica de manera pautada i senzilla.

Un **Annex cartogràfic** completa el llibre.

L'Annex cartogràfic incorpora una selecció dels mapes del llibre ampliats per facilitar-ne la interpretació. Aquests mapes estan assenyalats en la unitat corresponent amb una icona d'una lupa.

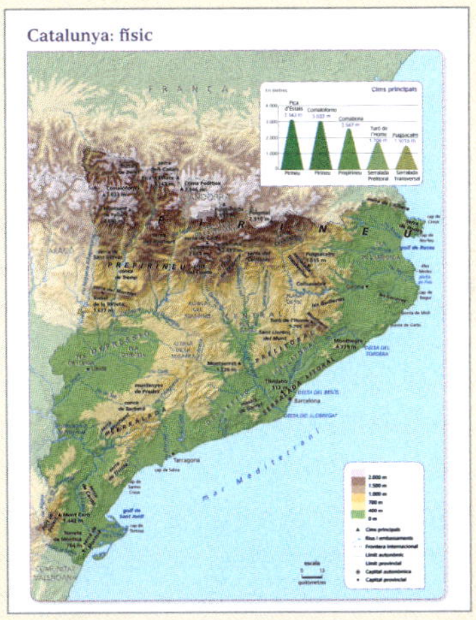

Competències

Al llarg del llibre, diferents icones assenyalen i identifiquen la competència concreta que es treballa a cada activitat o apartat.

- Competència comunicativa, lingüística i audiovisual
- Competència matemàtica
- Competència en el coneixement i la interacció amb el món físic
- Competència artística i cultural
- Competència digital
- Competència social i ciutadana
- Competència d'aprendre a aprendre
- Competència d'autonomia, iniciativa personal i emprenedoria

Què és la geografia i per a què serveix?

La geografia és la ciència que tracta de la **descripció de la Terra**, tant dels elements físics (rius, climes...) com dels elements humans (ciutats, indústries...). Així, distingim entre geografia física i geografia humana.

La geografia intenta **comprendre i explicar l'espai íntegrament**, els processos que determinen l'existència de llocs amb característiques diferents i les relacions que s'estableixen entre aquests llocs.

Per això, tots els fets que tenen una dimensió espacial poden ser objecte d'estudi de la geografia, que n'analitzarà la **localització**, les **causes**, les **conseqüències** i, en la mesura que pugui, establirà **previsions** per al futur.

Les eines del geògraf

Per fer la seva feina, el geògraf utilitza diferents fonts, entre les quals destaquen els mapes, els gràfics, les fotografies i les estadístiques.

- Els **mapes** són representacions a escala d'una part o del total de la superfície terrestre. La informació hi està reflectida mitjançant colors, línies, figures proporcionades, etc. Serveixen per localitzar llocs, representar com és un territori, estudiar un procés...
- Els **gràfics** són representacions de dades numèriques. Serveixen per analitzar l'evolució d'una dada, comparar aspectes o situacions, establir relacions entre variables, etc.

  Hi ha molts tipus de gràfics. Els més utilitzats són el gràfic lineal, el de barres i el de sectors **(1)**.
- Les **fotografies** ofereixen una visió de la realitat i no una representació, com passa amb els mapes. Serveixen per estudiar un fet concret (el paisatge, per exemple) o per analitzar un procés mitjançant la comparació de fotografies en diferents períodes (la deterioració d'un medi natural, per exemple).
- Les **estadístiques** són conjunts de dades que permeten d'estudiar numèricament els fenòmens col·lectius. Les més utilitzades són les demogràfiques, les econòmiques i les socials.

A

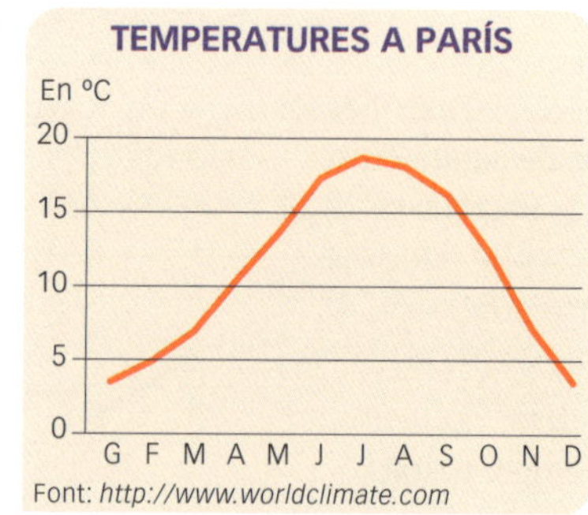

B

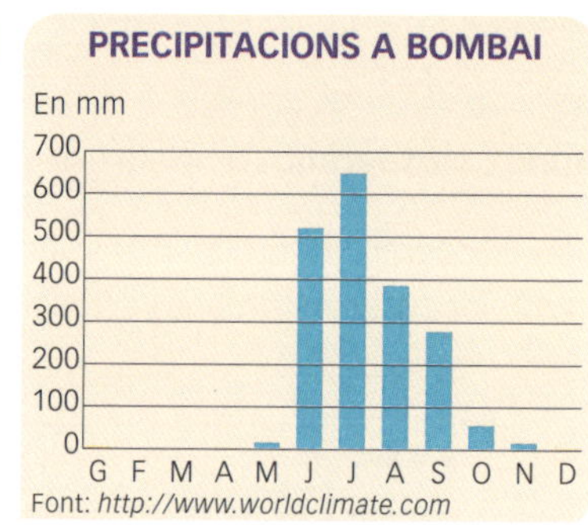

C

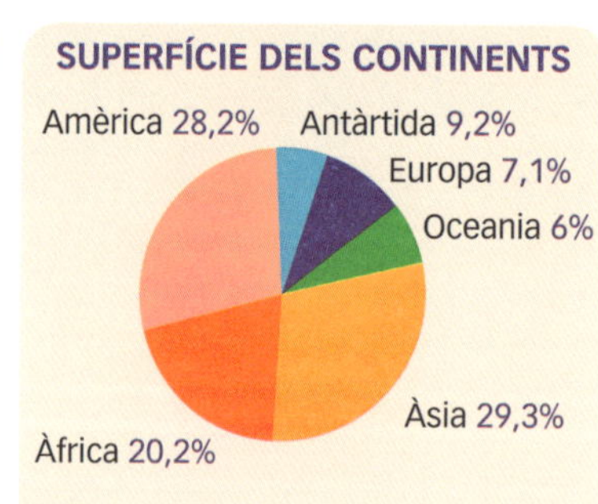

1. **TIPUS DE GRÀFICS: LINEAL (A), DE BARRES (B), DE SECTORS (C).**

Mapa antic, del segle XVII.

1 La Terra i com se la representa

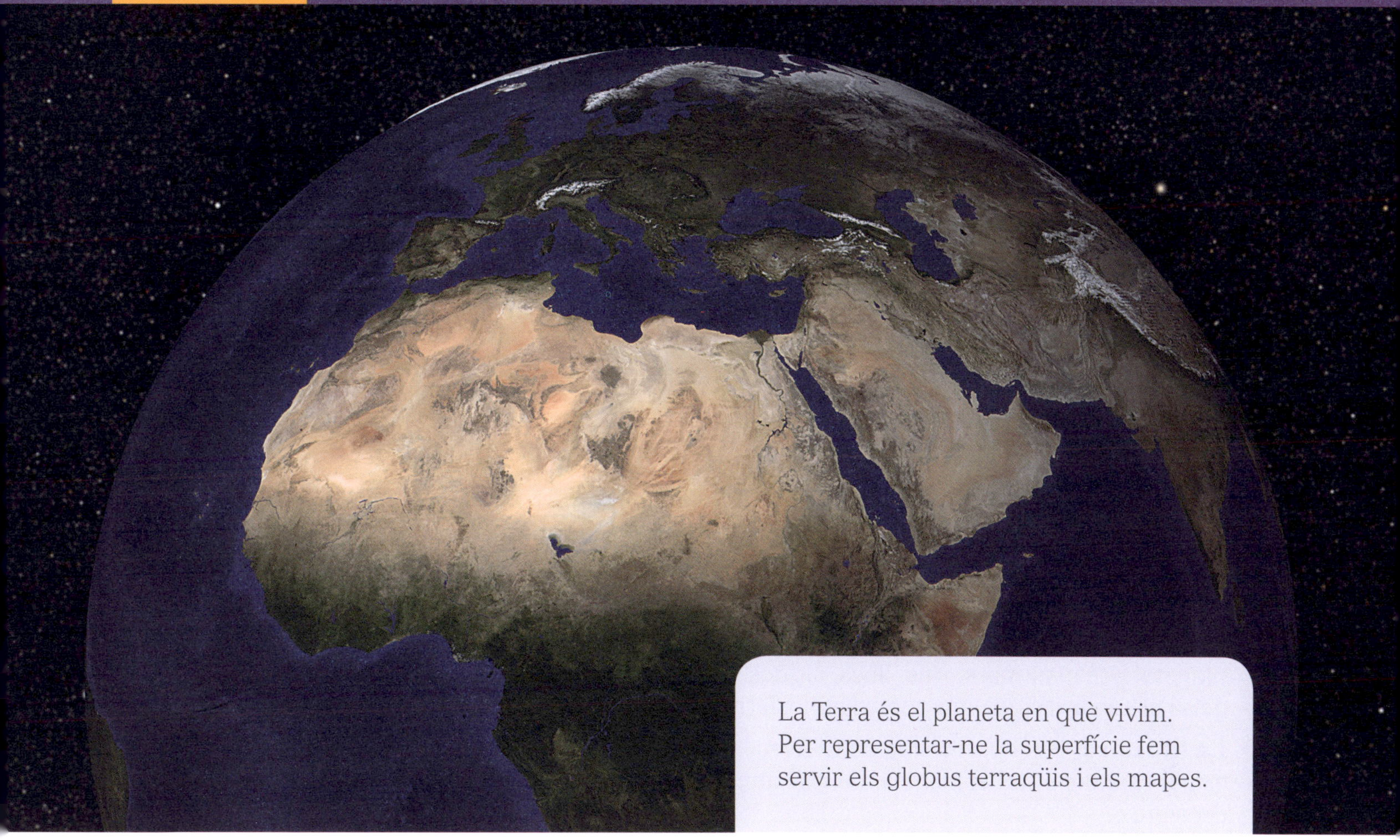

La Terra és el planeta en què vivim. Per representar-ne la superfície fem servir els globus terraqüis i els mapes.

LA TERRA I COM SE LA REPRESENTA

- **CARACTERÍSTIQUES**
  - La temperatura, l'atmosfera i l'aigua hi fan possible la vida.
  - Estructura: atmosfera, hidrosfera i litosfera.
- **MOVIMENTS DE LA TERRA**
  - Rotació
  - Translació
- **MANERES DE REPRESENTAR LA TERRA**
  - Globus terraqüi
  - Mapes
- **COORDENADES GEOGRÀFIQUES**
  - Latitud i longitud → Paral·lels i meridians

1 La Terra en el sistema solar

Un planeta ple de vida

La Terra és l'únic planeta conegut en què hi ha vida. Això és degut a aquestes tres condicions:

- **La temperatura moderada** de la superfície del planeta, ja que la Terra es troba a una distància adequada del Sol.
- **L'atmosfera.** Aquesta capa gasosa que envolta la Terra evita que la superfície terrestre s'escalfi en excés durant el dia i que es refredi massa durant la nit. A més, conté gasos imprescindibles per a la vida.
- **La presència d'aigua líquida a la superfície.** És una condició indispensable per al desenvolupament de la vida.

L'estructura de la Terra

La Terra està formada per tres capes:

- **L'atmosfera.** És la capa gasosa que envolta la Terra. Està composta per diversos gasos, entre els quals destaquen el nitrogen i l'oxigen.
- **La hidrosfera.** És el conjunt de les aigües que hi ha al planeta: oceans i mars, rius, llacs, aigües subterrànies, gels i el vapor d'aigua que conté l'atmosfera.
- **La litosfera.** És la part sòlida de la Terra. Aquesta capa està formada per tot el planeta menys l'atmosfera i la hidrosfera.

La **biosfera** és la zona de la Terra on es desenvolupa la vida. Està formada per la zona inferior de l'atmosfera, en contacte amb la superfície terrestre, la hidrosfera i la part superior de la litosfera.

DICCIONARI VISUAL

Capes externes de la Terra

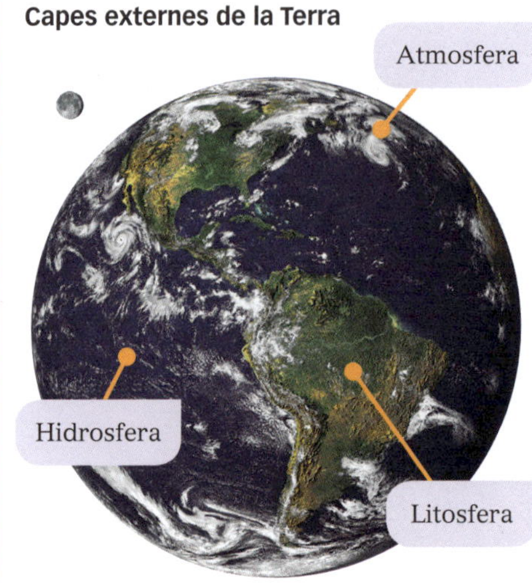

DICCIONARI VISUAL

El sistema solar

ACTIVITATS

Comprèn

1 **Identifica.** Marca cert (C) o fals (F), segons correspongui.

- ☐ Les temperatures extremes afavoreixen la vida.
- ☐ L'atmosfera conté oxigen.
- ☐ L'aigua líquida és imprescindible per a la vida.
- ☐ Sense atmosfera, les temperatures serien extremes.

2 **Enumera.** Escriu les condicions que fan possible la vida a la Terra.

-
-
-

3 **Relaciona.** Uneix cada capa amb la seva definició.

Atmosfera	Continents i fons marins
Hidrosfera	Conjunt d'aigües de la Terra
Litosfera	Capa gasosa que envolta el planeta

4 **Conceptes.** Explica què és la biosfera.

5 **Situa en la fotografia.** Escriu el nom de les capes externes de la Terra.

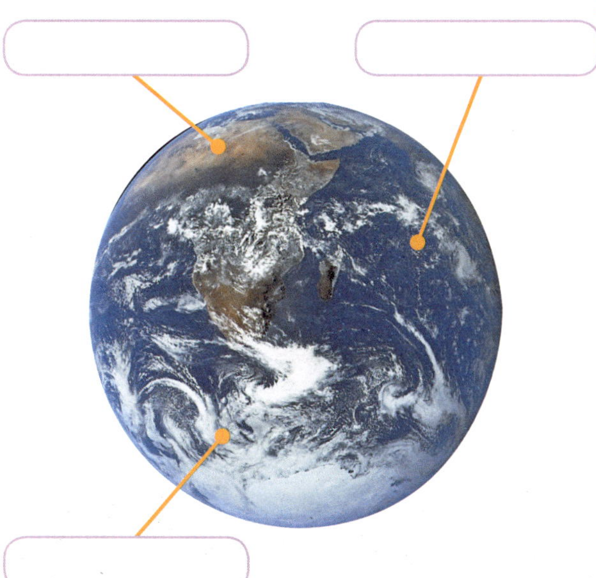

Raona

6 **Analitza.** Fixa't en el dibuix del sistema solar i respon les preguntes.

- Quins planetes formen el sistema solar?
- Quin és el planeta més proper al Sol?
- Per què no hi podríem viure?
- Podríem viure a Neptú?

7 **Explica.** Pensa i respon.

- Existiria la vida si no hi hagués aigua?
- Què passaria si no hi hagués atmosfera?

Recapitula

8 **Resumeix.** Completa l'esquema.

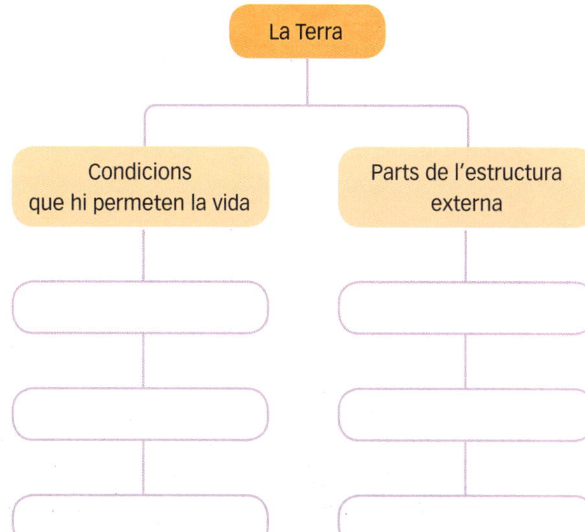

2 Un planeta en moviment

El moviment de rotació

El moviment de rotació és el que fa la Terra quan **gira sobre el seu eix**, en sentit contrari a les busques del rellotge. Tarda 24 hores a fer la volta completa. Per això, cada 24 hores se succeeixen el dia i la nit.

El moviment de translació

El moviment de translació és el desplaçament que fa la Terra al voltant del Sol. Tarda 365 dies i 6 hores a fer una volta completa. Com que els anys duren 365 dies, cada quatre anys s'afegeix un dia al mes de febrer per compensar aquesta diferència. Aquest any s'anomena **bixest** o **de traspàs**.

La posició del nostre planeta amb relació al Sol varia segons l'època de l'any. A més, la Terra està inclinada mentre gira. Per tot això, se succeeixen les **estacions**.

- A l'**estiu**, els rajos del Sol cauen de manera més directa sobre un hemisferi. Mentrestant, a l'altre és **hivern**, perquè els rajos solars hi arriben amb menys intensitat.
- Durant la **primavera** i la **tardor**, els rajos del Sol escalfen de manera semblant tots dos hemisferis.

Quan en un hemisferi és estiu, a l'altre és hivern; i quan en un hemisferi és primavera, en l'altre és tardor.

DICCIONARI VISUAL

Moviment de rotació de la Terra

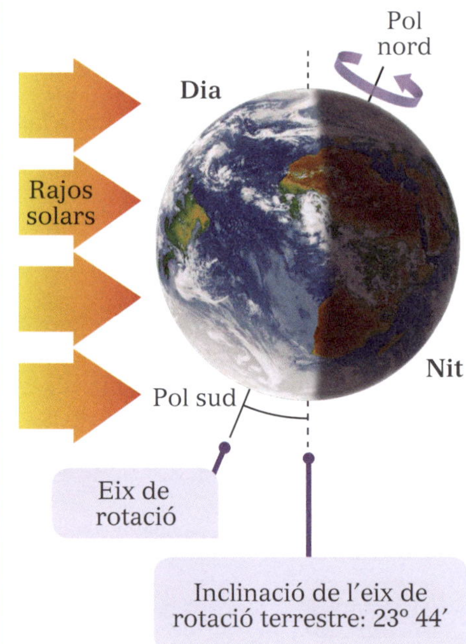

DICCIONARI VISUAL

Moviment de translació de la Terra

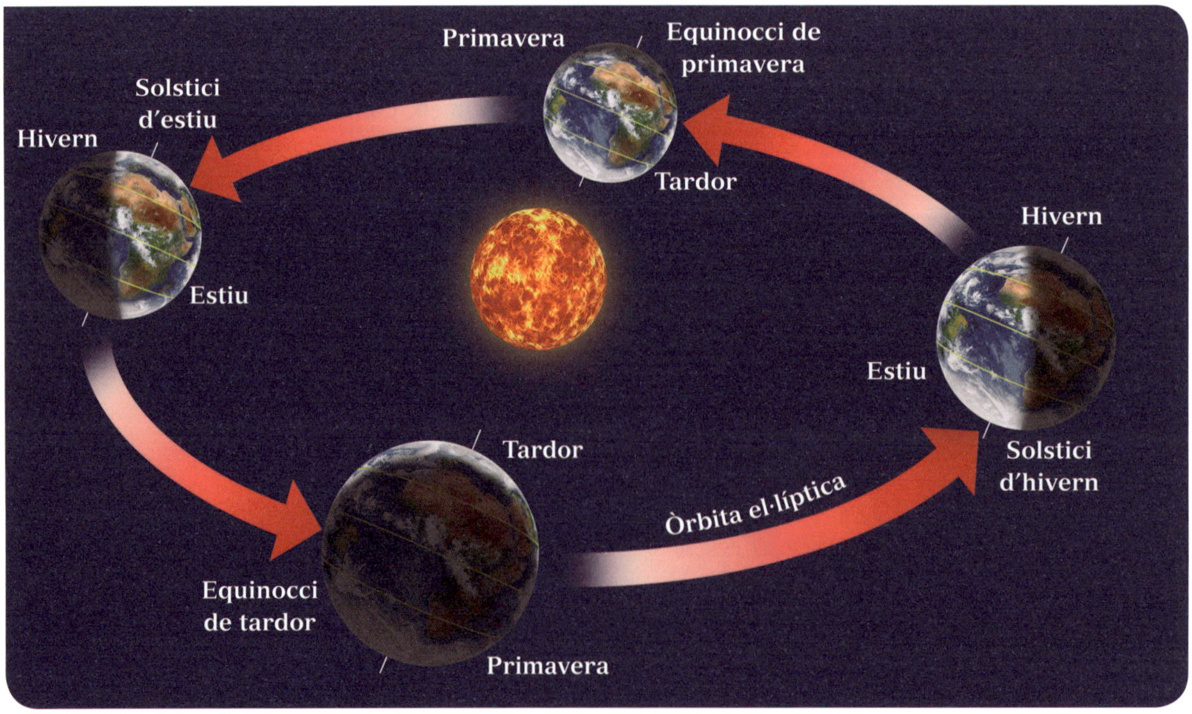

ACTIVITATS

Comprèn

9 **Recorda.** Completa les oracions.

- El nostre planeta fa dos moviments: el de ______________ i el de ______________.
- La rotació de la Terra dura __________ hores, és a dir, un __________.
- La translació de la Terra dura __________ dies, és a dir, un __________.
- La durada de 365 dies i 6 hores del moviment de translació origina que cada quatre anys hi hagi un any ______________.

10 **Defineix.** Explica què és un any bixest.

____

____

____

____

____

____

11 **Identifica.** Marca cert (C) o fals (F), segons correspongui. Les afirmacions que consideris errònies escriu-les a sota correctament.

☐ El moviment de rotació de la Terra origina la successió de les estacions.

____

____

____

☐ Les estacions estan invertides als dos hemisferis.

____

____

____

☐ En el moviment de translació, la Terra gira al voltant del seu satèl·lit, la Lluna.

____

____

____

☐ El nostre planeta fa un únic moviment per l'espai.

____

____

____

Aplica

12 **Identifica.** Observa el dibuix.

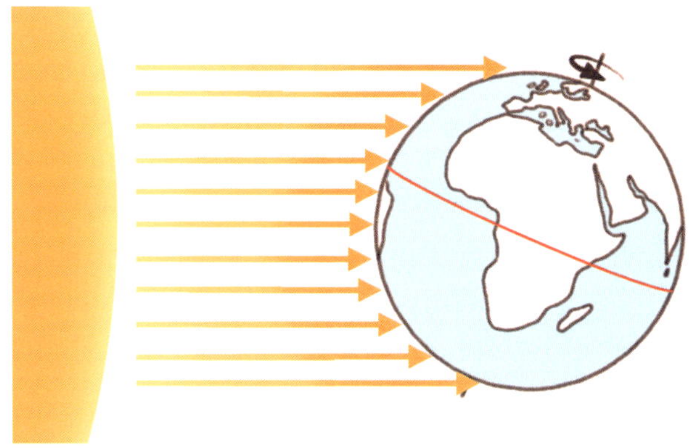

- Quin moviment de la Terra representa el dibuix, el de rotació o el de translació?

____

____

- Explica per què ho saps.

____

____

- Cada quant temps fa la Terra un moviment complet d'aquest tipus?

____

____

- Ratlla en color verd la zona del planeta en què és de dia i en gris la zona en què és de nit.

Recapitula

13 **Resumeix.** Completa la taula.

	Moviment de rotació	Moviment de translació
Descripció		
Durada		
Efectes		

3 La representació de la Terra

De l'esfera al pla

La Terra no és una esfera perfecta, sinó que està lleugerament aixafada pels pols. El **globus terraqüi** és la millor manera de representar-la, però com que no permet observar tota la superfície terrestre alhora, fem servir els mapes.

Els **mapes** són representacions planes de la superfície terrestre. Les formes i les superfícies dels territoris no s'hi representen de manera exacta.

Tipus de mapes

Segons la informació que continguin, es poden diferenciar:

- Els **mapes topogràfics**, en els quals es representen tant elements del medi físic (relleu, rius, vegetació...) com humans (poblacions, vies de comunicació, conreus...).
- Els **mapes temàtics**, que ofereixen informació sobre un aspecte concret. La informació pot ser molt variada (demogràfica, social, política, climàtica...).

TINGUES EN COMPTE

En els mapes es fan servir diferents símbols per representar la informació. Els més freqüents són els dibuixos, els colors, les línies, els punts i les fletxes. Així, per exemple, l'aigua es representa en blau, el relleu amb diverses gammes de colors, les fronteres polítiques amb diferents tipus de línies...

Els elements d'un mapa

Un mapa està format per elements diferents.

Fletxa. Indica el nord i permet orientar el mapa.

Paral·lels i meridians. Ajuden a localitzar els llocs.

Títol. Informa de què tracta el mapa.

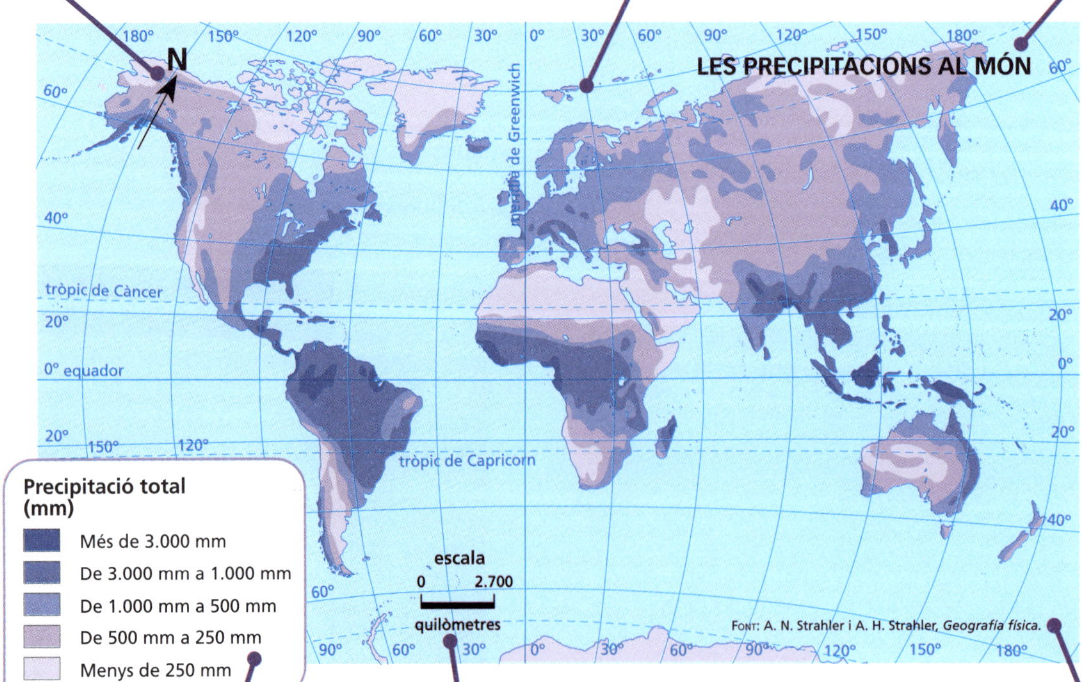

Llegenda. Recull els símbols utilitzats en el mapa.

Escala. Indica quantes vegades s'ha reduït la representació del territori.

Textos. Aporten informació addicional.

ACTIVITATS

Comprèn

14 **Identifica.** Marca cert (C) o fals (F), segons correspongui.

- ☐ La llegenda serveix per orientar un mapa.
- ☐ Els mapes temàtics representen només elements del medi físic.
- ☐ Els paral·lels i els meridians ajuden a localitzar exactament un lloc.
- ☐ El mapa és la representació més precisa de la Terra.

15 **Compara.** Observa aquests dos mapes i indica si són topogràfics o temàtics.

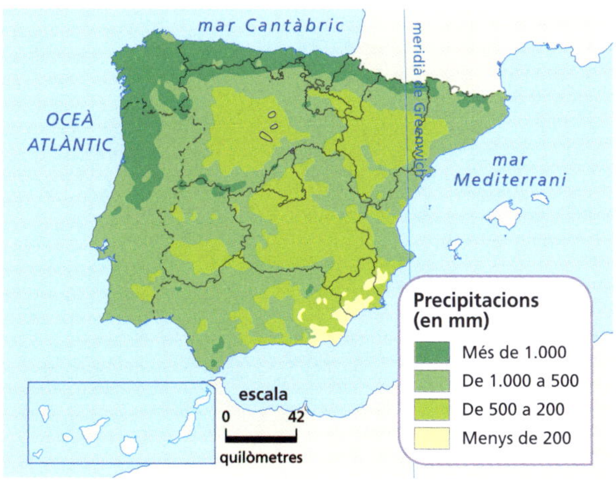

Mapa ....

Per què ho saps? ....

....

Mapa ....

Per què ho saps? ....

....

Aplica

16 **Interpreta el mapa.** Completa la llegenda.

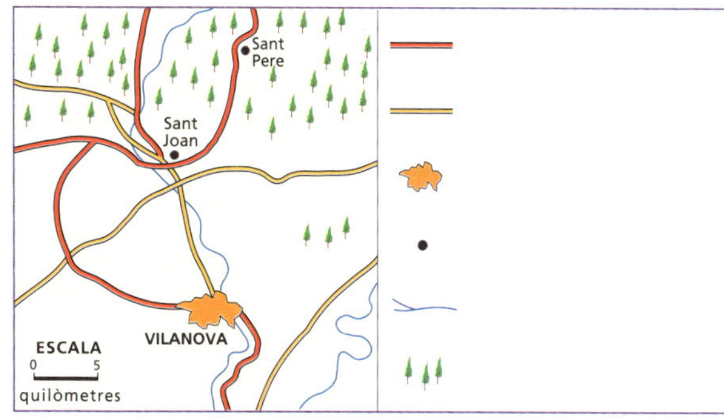

17 **Interpreta el mapa.** Respon les preguntes.

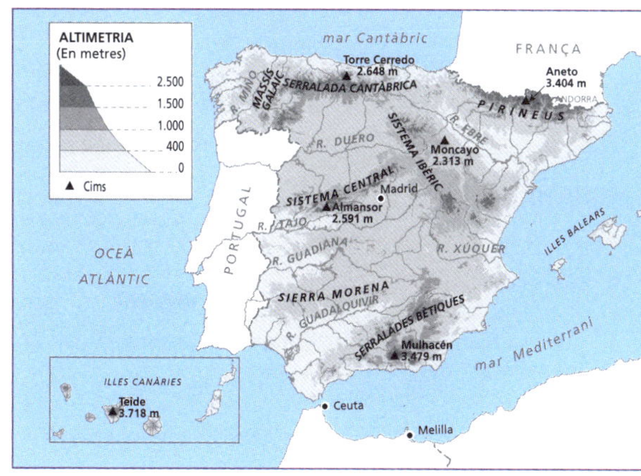

- Què signifiquen els diferents tons de grisos?

....

....

- És un mapa físic o polític?

....

Recapitula

18 **Resumeix.** Completa la taula següent:

Els mapes	
Definició	
Elements	
Tipus	

4 L'escala del mapa

Què és l'escala?

Els mapes representen la realitat de manera esquemàtica i reduïda. L'escala indica la relació que hi ha entre la mida d'un territori en la realitat i la que ocupa en el mapa.

Hi ha dos tipus d'escales:

- **L'escala numèrica.** S'expressa amb una fracció. El numerador representa una unitat de mesura en el mapa, i el denominador, la mida en la realitat.

Escala 1/20
1 cm del mapa equival a 20 cm en la realitat

- **L'escala gràfica.** S'expressa amb una recta dividida en segments iguals. Les xifres indiquen quan representa cada segment en la realitat.

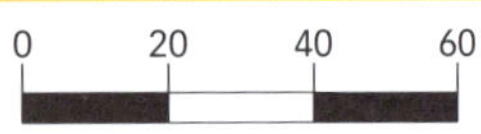

Cada tram d'1 cm en el mapa representa 20 km en la realitat.

Un territori es pot representar a escales diferents.

DICCIONARI VISUAL

Mapa a escala 1/50.000

La realitat s'ha reduït 50.000 vegades.

Mapa a escala 1/250.000

La realitat s'ha reduït 250.000 de vegades. El nivell de detall és més petit.

SABER FER

Per calcular distàncies reals en un mapa a partir de l'escala has de seguir aquests passos:

1. **Observa l'escala del mapa.**

   Fixa't en l'escala per saber a quants quilòmetres reals equival cada centímetre del mapa. L'escala d'aquest mapa és 1/16.500.000. Això vol dir que cada centímetre del mapa correspon a 16.500.000 cm en la realitat, és a dir, a 165 km.

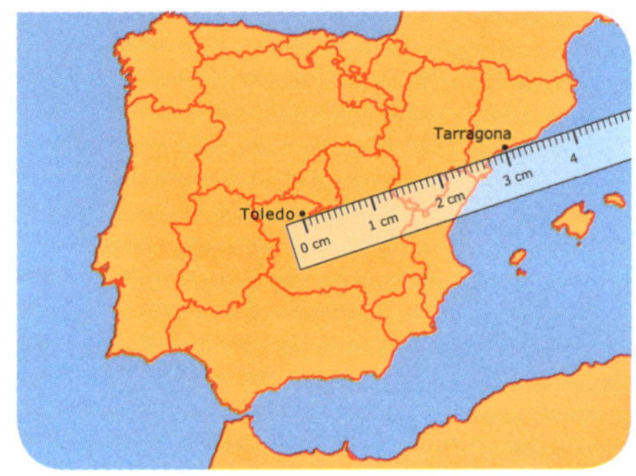

2. **Mesura amb un regle** la distància en línia recta entre Toledo i Tarragona, que en aquest mapa és de 3 cm.
3. **Aplica una regla de tres** per calcular quants centímetres corresponen en la realitat.

   La x representa la distància que vols calcular:

$$\frac{1 \text{ cm}}{16.500.000} = \frac{3 \text{ cm}}{x}$$

   Per tant, si aïllem:

$$x = \frac{16.500.000 \times 3}{1}$$

   El resultat que ens dóna és:

$$x = 49.500.000 \text{ cm}$$

4. **Transforma els centímetres en quilòmetres.**

$$49.500.000 \text{ cm} = 495 \text{ km}$$

La distància real en línia recta entre les ciutats de Toledo i Tarragona és de 495 km.

ACTIVITATS

Comprèn

19 **Conceptes.** Respon les preguntes.

- Què indica l'escala d'un mapa?

- Quants tipus d'escala hi ha?

- Què representa el denominador en una escala numèrica?

- I el numerador?

20 **Relaciona.** Uneix cada escala amb el tipus al qual correspon.

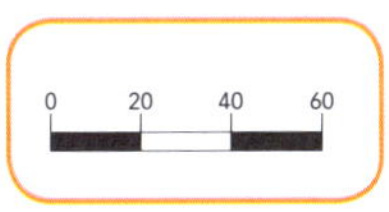

Escala numèrica

1/7.000.000

Escala gràfica

21 **Compara.** Quina és l'escala numèrica del mapa?

- Escala numèrica:

- Explica què significa.

Raona

22 **Calcula.** A quants quilòmetres en la realitat equival 1 cm en aquestes escales?

Escala		Equivalència en km
1/25.000	1 cm equival a...	
1/50.000	1 cm equival a...	
1/1.000.000	1 cm equival a...	

Aplica

23 **Calcula.** Esbrina la distància real en línia recta entre aquestes capitals d'estat europees.

Ciutats	Distància en el mapa	Distància en la realitat
Madrid – París		
Roma – Praga		
Zagreb – Vaduz		

Recapitula

24 **Resumeix.** Completa la taula següent:

L'escala		
Definició	Tipus d'escala	Representació

5 Les coordenades geogràfiques

Per poder localitzar qualsevol lloc de la Terra, les persones hem ideat un sistema de línies imaginàries, els meridians i els paral·lels.

Els meridians i els paral·lels

Els **meridians** són uns semicercles imaginaris que uneixen els pols. Tenen direcció nord-sud. El meridià zero o meridià principal és el **meridià de Greenwich**; els altres es compten a partir d'aquest. El meridià de Greenwich divideix la Terra en dos hemisferis: l'**hemisferi oriental** (a l'est de Greenwich) i l'**hemisferi occidental** (a l'oest).

Els **paral·lels** són uns cercles imaginaris, perpendiculars als meridians, que tenen direcció est-oest. L'**equador** és el paral·lel principal i divideix la Terra en dos hemisferis: l'**hemisferi nord** i l'**hemisferi sud**.

Altres paral·lels importants són el **tròpic de Càncer**, el **tròpic de Capricorn**, el **cercle polar àrtic**, i el **cercle polar antàrtic**.

La latitud i la longitud

La latitud i la longitud són les coordenades geogràfiques i serveixen per donar la posició exacta d'un lloc.

La **latitud** és la distància que hi ha entre qualsevol punt de la Terra i l'equador. Pot ser nord (N) o sud (S), segons si aquest lloc és a l'hemisferi nord o a l'hemisferi sud. Té un valor que oscil·la entre 0° (equador) i 90° (pols).

La **longitud** és la distància que hi ha des de qualsevol punt de la Terra fins al meridià de Greenwich. Pot ser est (E) o oest (O), segons si el lloc és a l'est o a l'oest d'aquest meridià. Té un valor que oscil·la entre el del meridià 0° (Greenwich) i el del 180°.

UN EXEMPLE

Quan diem la latitud i la longitud d'un lloc, n'estem indicant les **coordenades geogràfiques**. La latitud i la longitud es mesuren en graus (°), com en la mesura dels angles. Per localitzar qualsevol lloc de la Terra, primer se n'indica la latitud i després la longitud; la primera pot ser nord (N) o sud (S), i la segona, est (E) o oest (O).

Per exemple, les coordenades de París són 48° N, 2° E. Això vol dir que aquesta ciutat està situada en la intersecció entre el paral·lel que està a 48° al nord de l'equador i el meridià que està a 2° a l'est del meridià de Greenwich.

DICCIONARI VISUAL

Paral·lels terrestres

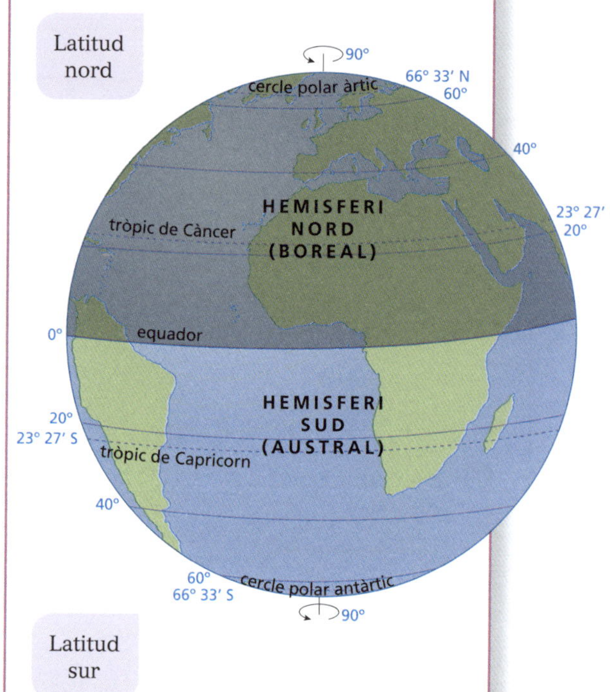

Meridians terrestres

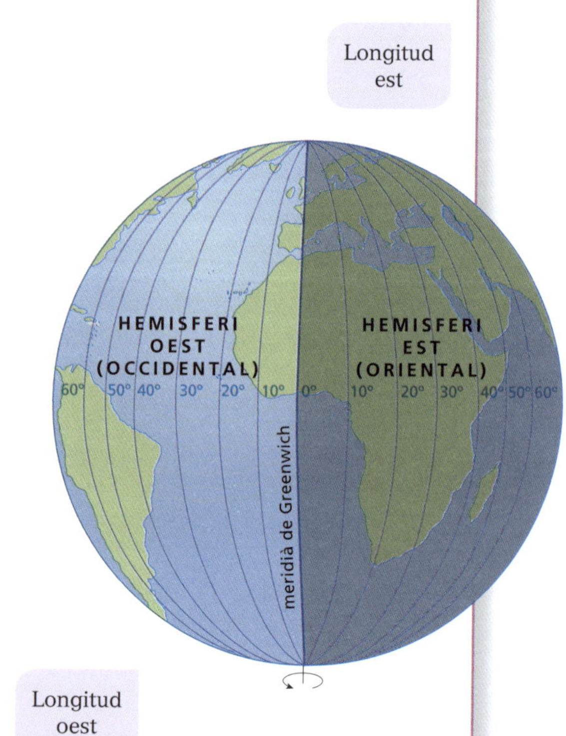

ACTIVITATS

Comprèn

25 **Localitza.** Escriu els nombres que corresponen als paral·lels i meridians principals. Després, respon.

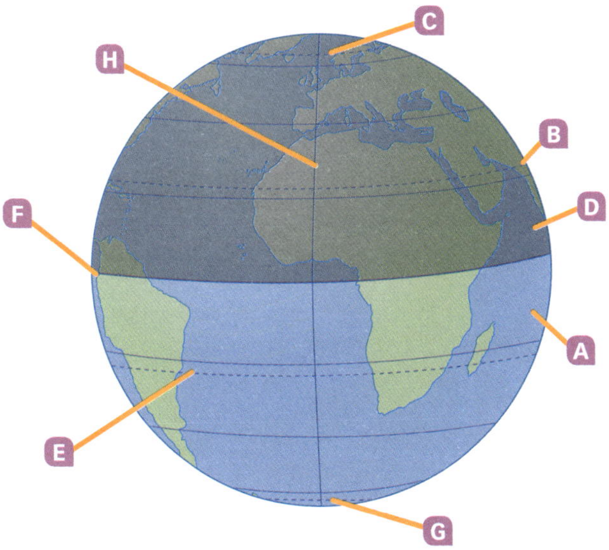

- Quins hemisferis separa l'equador? I a quina lletra correpon?

____

- Quins hemisferis separa el meridià de Greenwich? I a quina lletra correpon?

____

Raona

26 **Analitza.** Un grup de muntanyencs s'ha perdut, però han comunicat als serveis d'emergència la latitud i la longitud d'on es troben. Creus que això facilitarà el rescat? Per què?

____

Aplica

27 **Posa exemples.** Enumera tres situacions en què pot ser molt útil conèixer les coordenades geogràfiques d'un lloc.

____

28 **Interpreta.** Digues si els punts representats en el mapa es troben en latitud nord o sud i en longitud est o oest.

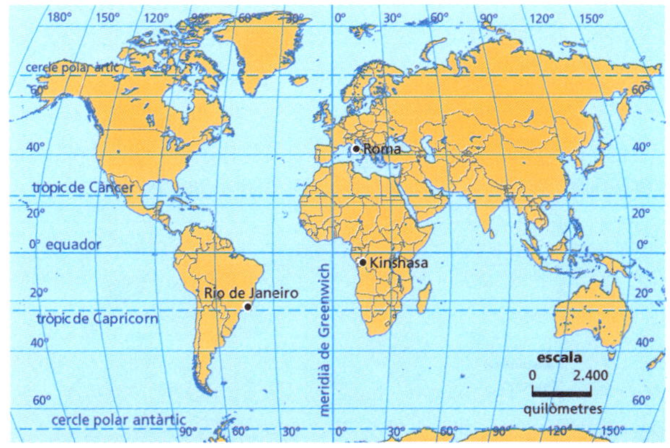

Punt	Latitud	Longitud
Roma		
Río de J.		
Kinshasa		

29 **Relaciona.** Busca en el mapa de l'activitat anterior les coordenades següents i marca-les amb un punt vermell. Uneix-les amb els continents on estan situades.

20° N – 10° O	Àsia
40° N – 90° E	Àfrica
30° S – 150° E	Amèrica
40° N – 90° E	Oceania

Recapitula

30 **Resumeix.** Completa l'esquema següent:

Coordenades geogràfiques

- ______
  - Definició:
  - Pot ser:
    - Est
    -
- ______
  - Definició:
  - Pot ser:
    -
    -

➔ SABER FER: Orientar-se amb un plànol

El **plànol** és un dibuix de la realitat fet a una escala molt petita, de manera que té molt detall. El plànol ofereix la vista d'un lloc com si l'observéssim des de dalt, i és molt útil per orientar-nos en un nucli urbà o una ciutat i poder localitzar un lloc concret.

L'escala ens permet calcular les distàncies reals.

La llegenda conté els símbols necessaris per interpretar el plànol.

Els plànols s'organitzen en quadrícules per facilitar la cerca d'un lloc concret.
Cada quadre s'identifica amb una lletra i un nombre.

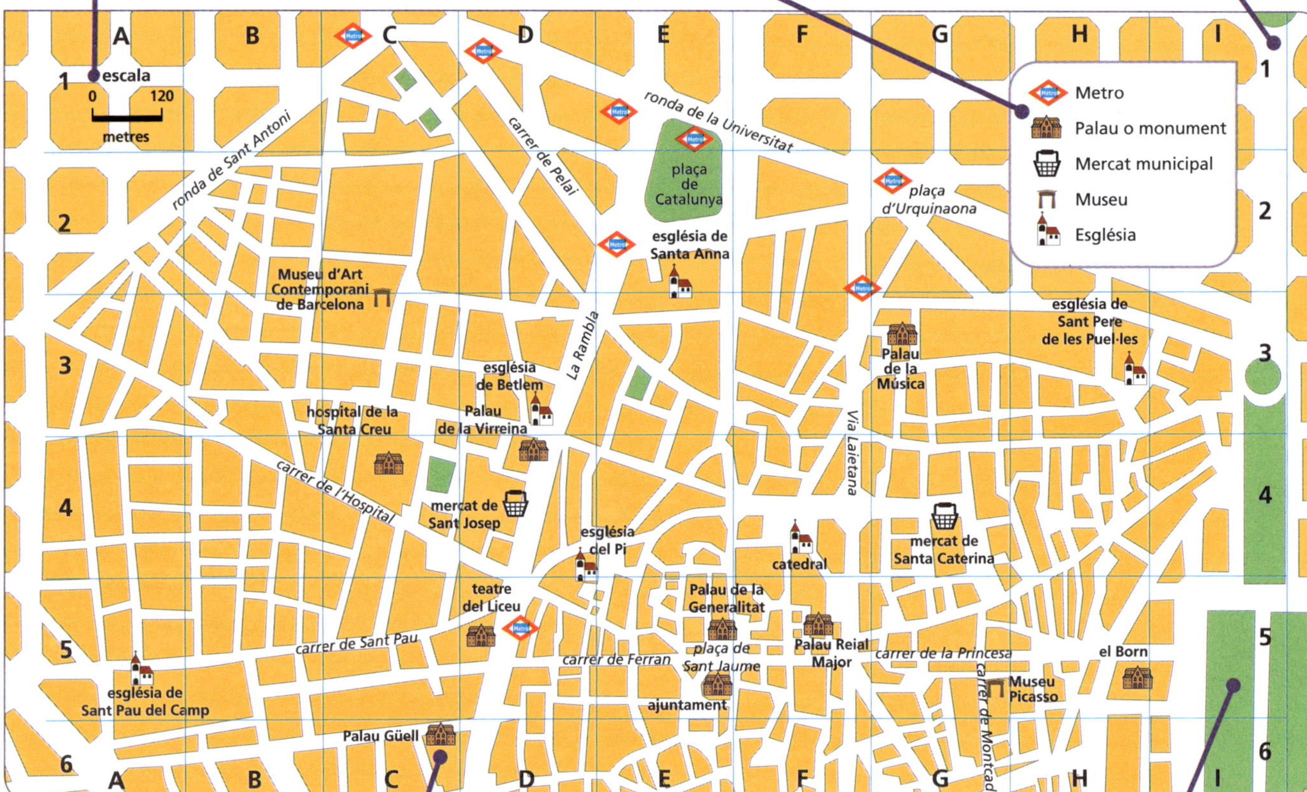

Es representen els carrers i les places de la població i s'identifiquen els edificis de més interès.

Els parcs i els jardins s'indiquen en color verd.

QUINS PASSOS HAS DE SEGUIR?

Per desplaçar-te d'un lloc a un altre amb l'ajuda d'un plànol, pots seguir aquests passos.

1. **Localitza** la teva posició inicial i el lloc on vols anar. Pots fer servir la quadrícula i la llegenda.
2. **Traça** l'itinerari que faràs i calcula la distància real que recorreràs utilitzant l'escala.
3. **Localitza** els llocs amb més interès o valor històric pels quals passaràs. Pots trobar-ne els noms al mapa o utilitzar la llegenda.
4. **Troba** altres elements que et puguin ajudar a localitzar la teva destinació: les parades de metro, els parcs, les oficines d'informació…

Fes-ho tu

31 **Ets al Museu Picasso i vols anar al teatre del Liceu.**

- En quin quadre del plànol hi ha el Museu Picasso? En quin hi ha el teatre del Liceu?

- Fent servir l'escala del mapa, indica quin seria l'itinerari per anar d'un lloc a l'altre.

- Quins punts d'interès trobaràs al llarg del recorregut?

➔ SABER FER: Utilitzar el mapa dels fusos horaris

Com que la Terra gira sobre si mateixa cada 24 hores, mentre en una part del planeta és de dia, en l'altra és de nit. Per això, per aconseguir un horari adaptat a l'activitat solar a tots els llocs del planeta, l'esfera terrestre s'ha dividit en franges. Cada franja és un fus horari i a cada fus horari li correspon una hora.

Fus horari. Els 360° que mesura l'esfera terrestre s'han dividit entre les 24 hores que la Terra tarda a girar sobre si mateixa. Cada franja o fus mesura 15°.

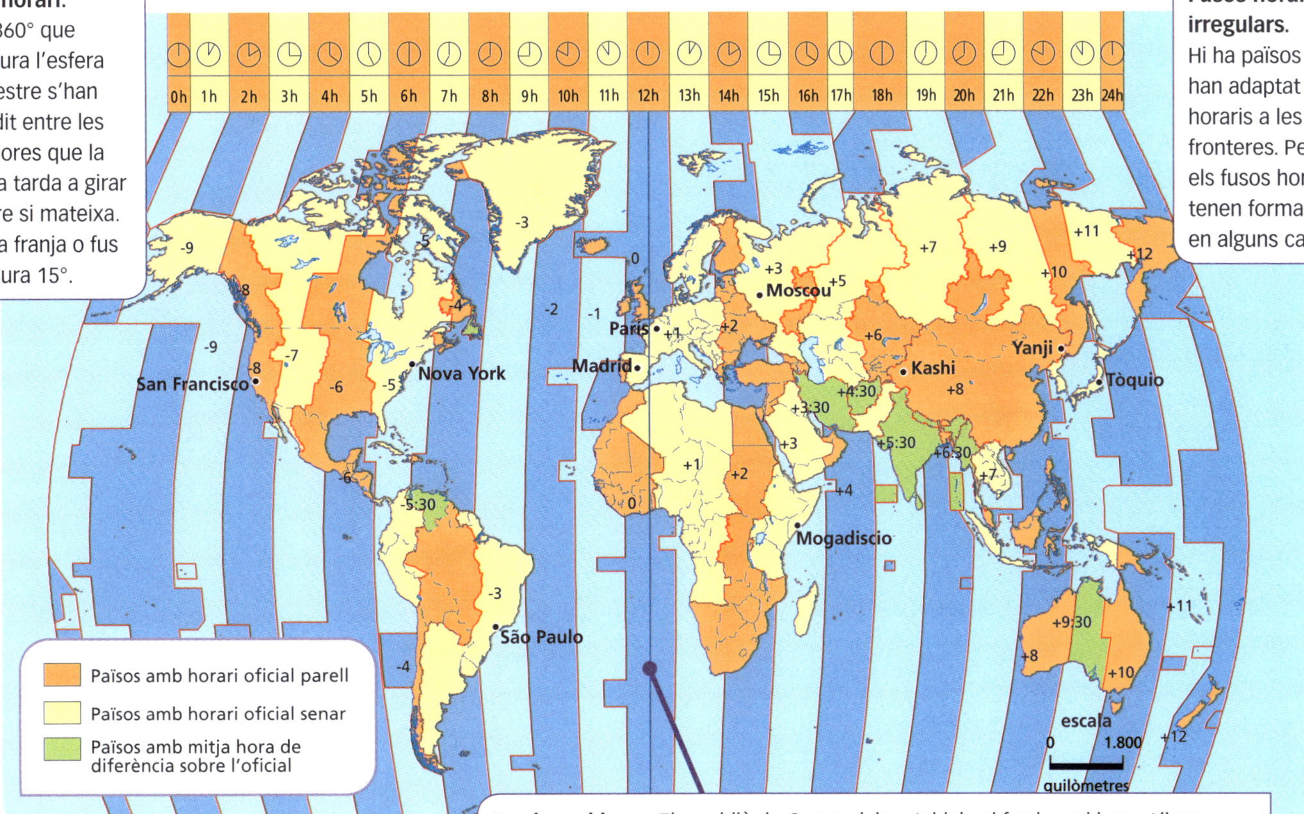

Fusos horaris irregulars. Hi ha països que han adaptat els fusos horaris a les seves fronteres. Per això, els fusos horaris tenen forma irregular en alguns casos.

Fus horari base. El meridià de Greenwich estableix el fus horari base. L'hora canvia a mesura que avancem des d'aquest meridià cap a l'est o cap a l'oest.

QUINS PASSOS HAS DE SEGUIR?

1. **Localitza el meridià de Greenwich.** És el fus horari base.
2. **Si viatgem cap a l'est del meridià de Greenwich,** el rellotge s'ha d'avançar una hora cada vegada que avancem 15°, és a dir, cada vegada que canviem de fus horari.
3. **Si viatgem cap a l'oest del meridià de Greenwich,** el rellotge s'ha d'endarrerir una hora cada vegada que avancem 15°, és a dir, quan canviem de fus horari.
4. **Hi ha fusos horaris que tenen una forma irregular.** Fixa't, per exemple, en el territori de la Xina. En teoria està repartit per quatre fusos horaris, però en la pràctica, el Govern va establir la mateixa hora a tot el país. Per això, en algunes zones es fa de dia quatre hores més tard que en unes altres.

Fes-ho tu

32 **Respon les preguntes.**

- Per què a les Canàries sempre és una hora més aviat que a la resta d'Espanya?
- A quina hora arribaries a Nova York si viatgessis des de Barcelona? Surts a les 10 del matí i el vol dura 8 hores.
- Quantes franges horàries hi ha a Austràlia?
- Si viatges de Catalunya a Turquia, has d'avançar o endarrerir el rellotge? Per què?

AUTOAVALUACIÓ

Marca l'opció correcta en cada cas.

1. A més de la presència d'aigua líquida i de l'existència d'atmosfera, quina altra condició fa possible la vida a la Terra?
   - ☐ Una temperatura moderada.
   - ☐ La litosfera.
   - ☐ La forma esfèrica del planeta.

2. Quines tres capes componen la part externa de la Terra?
   - ☐ La biosfera, l'atmosfera i la hidrosfera.
   - ☐ L'atmosfera, la hidrosfera i la litosfera.
   - ☐ L'atmosfera, la hidrosfera i el nucli.

3. Quins són els moviments de la Terra?
   - ☐ Són dos, de rotació sobre si mateixa i de translació al voltant del Sol.
   - ☐ Són dos, de rotació al voltant del Sol i de translació sobre si mateixa.
   - ☐ La Terra no es mou, es mou el Sol.

4. Quina conseqüència té el moviment de rotació de la Terra?
   - ☐ La successió dels dies i les nits.
   - ☐ La successió de les estacions.
   - ☐ Els anys bixestos o de traspàs.

5. Quant tarda a completar la Terra el moviment de translació?
   - ☐ 24 hores.
   - ☐ 365 dies.
   - ☐ 365 dies i 6 hores.

6. Quins tipus de mapes hi ha segons la informació que contenen?
   - ☐ Mapes temàtics i mapes topogràfics.
   - ☐ Globus terraqüis i mapes econòmics.
   - ☐ Mapes polítics i mapes temàtics.

7. Quins són els elements d'un mapa?
   - ☐ Els paral·lels i meridians, el títol, l'escala, la llegenda, els textos i la fletxa.
   - ☐ Els paral·lels i meridians, el títol, les gammes de color i les localitats.
   - ☐ Els textos, el títol i els fusos horaris.

8. Què indica l'escala d'un mapa?
   - ☐ La distància que hi ha entre diferents punts.
   - ☐ La relació que hi ha entre la mida real de la part de la superfície de la Terra representada i l'espai que ocupa en el mapa.
   - ☐ La distància que hi ha entre l'equador i els pols.

9. En quins hemisferis divideixen els meridians la Terra?
   - ☐ En l'hemisferi sud i l'hemisferi nord.
   - ☐ En l'hemisferi est i l'hemisferi oest.
   - ☐ En l'hemisferi àrtic i l'hemisferi antàrtic.

10. Què indiquen els paral·lels i els meridians?
    - ☐ Els paral·lels indiquen la distància amb l'equador i els meridians la distància amb el meridià de Greenwich.
    - ☐ Els meridians indiquen la distància amb l'equador i els paral·lels la distància amb el meridià de Greenwich.
    - ☐ Els paral·lels i els meridians indiquen el mateix.

REPÀS ACUMULATIU

- D'aquests objectes que utilitza el geògraf, quin és el més precís per representar la realitat? Per què?

- I el més utilitzat? Per què?

Globus terraqüi

Mapa

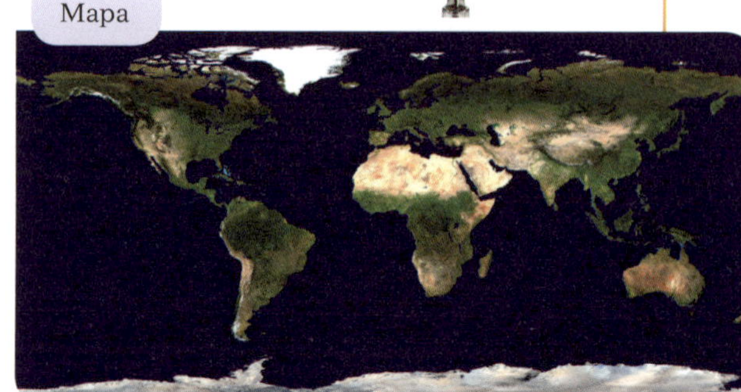

2 El relleu terrestre

L'escorça de la Terra no és llisa, sinó que presenta rugositats i deformacions. Les diferents formes que adopta constitueixen el relleu, que pot ser continental, costaner i submarí. La temperatura, l'aigua, el vent i l'acció dels éssers vius són els principals agents que modifiquen el relleu.

- **RELLEU TERRESTRE**
  - **ESTRUCTURA INTERNA DE LA TERRA**
    - Escorça
    - Mantell
    - Nucli
  - **FORMES DEL RELLEU**
    - Continental
    - Costaner
    - Submarí
  - **FORMACIÓ DEL RELLEU**
    - Xoc de les plaques tectòniques
    - Plecs i falles
    - Erupcions volcàniques
    - Terratrèmols
  - **TRANSFORMACIÓ DEL RELLEU**
    - Contrastos de temperatura
    - Acció del vent
    - Acció de l'aigua
    - Acció dels éssers vius

1 L'escorça terrestre

L'estructura interna de la Terra

Des de la superfície del nostre planeta fins a l'interior, hi ha tres capes concèntriques.

- L'**escorça** és la capa més superficial.
- El **mantell** és la capa intermèdia.
- El **nucli** és la capa més profunda.

Els oceans i els continents

L'**escorça** terrestre està constituïda per les terres emergides i els fons dels oceans. Els **oceans** són grans masses d'aigua salada que cobreixen gran part de la superfície de la Terra. Hi ha cinc oceans i s'estenen pels dos hemisferis:

- L'**oceà Pacífic** banya Amèrica, Àsia i Oceania.
- L'**oceà Atlàntic** banya les costes d'Amèrica, Àfrica i Europa.
- L'**oceà Índic** està situat entre Oceania, Àsia i Àfrica.
- L'**oceà glacial Antàrtic** envolta l'Antàrtida.
- L'**oceà glacial Àrtic** encercla el pol nord.

Les **terres emergides** estan constituïdes pels **continents**, que són grans extensions de terra envoltades d'oceans i mars, i les **illes**, que són porcions de terra més petites envoltades d'aigua. Hi ha sis continents: **Àsia**, **Amèrica**, **Àfrica**, **Europa**, **Oceania** i l'**Antàrtida**.

DICCIONARI VISUAL

Estructura interna de la Terra

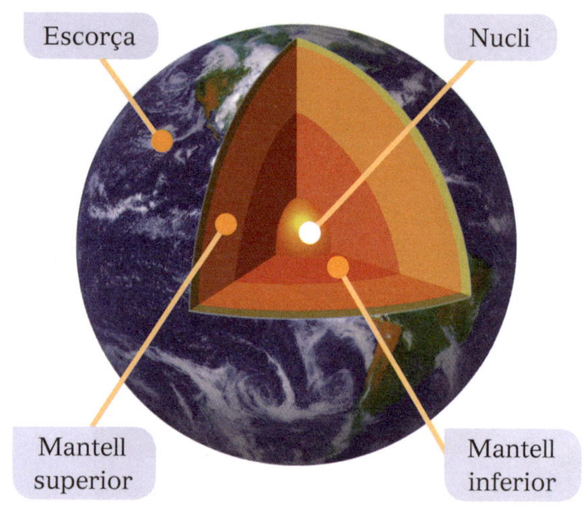

ELS OCEANS I ELS CONTINENTS

ACTIVITATS

Comprèn

1 **Identifica.** Marca cert (C) o fals (F), segons correspongui.

- ☐ L'escorça és la capa intermèdia de l'estructura interna de la Terra.
- ☐ El mantell és la capa més superficial.
- ☐ El nucli és la capa més profunda.
- ☐ L'escorça és la capa més superficial.

2 **Enumera.** Escriu per ordre alfabètic el nom de tots els continents del planeta.

3 **Relaciona.** Uneix cada capa amb la seva definició.

Escorça	És la capa més profunda.
Mantell	És la capa més superficial.
Nucli	És la capa intermèdia.

4 **Conceptes.** Explica què és un continent.

5 **Situa en el dibuix.** Escriu el nom de les capes de l'estructura interior de la Terra.

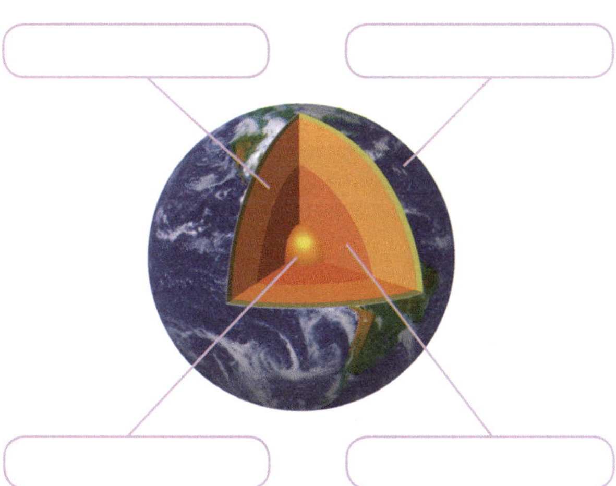

Raona

6 **Analitza.** Observa el mapa de la pàgina anterior i respon la pregunta. En quins oceans et podries banyar si estiguessis en cada un dels continents?

Continents	Oceans
Àfrica	
Amèrica	
Àsia	
Europa	
Oceania	

7 **Explica.** Per què no podries banyar-te a l'oceà Pacífic si visquessis a Irlanda (Europa)?

Recapitula

8 **Resumeix.** Completa l'esquema.

ESCORÇA DE LA TERRA

- Continents
  - •
  - •
  - •
  - •
  - •
  - •
- Oceans
  - •
  - •
  - •
  - •
  - •
  - •

2 Les formes del relleu de la Terra

El relleu continental

La superfície de l'escorça terrestre té formes diverses que constitueixen el **relleu de la Terra**. El relleu continental presenta les formes següents:

- Les **muntanyes** són terrenys elevats amb pendents forts. Poden estar aïllades o agrupades en **serres**, **sistemes muntanyosos** i **serralades**.
- Les **planes** són terrenys plans de poca altitud sobre el nivell del mar.
- Els **altiplans** són planes elevades.
- Les **depressions** són terrenys situats a menys altitud que les terres que els envolten.

El relleu costaner

La zona de contacte entre la terra i el mar forma la **costa** o **litoral**. S'hi distingeixen: **costes baixes**, on predominen les **platges**, i **costes altes**, on sobresurten els **penya-segats**.

La costa presenta formes diferents:

- Una **península** és un tros de terra envoltat d'aigua per totes bandes menys per una, l'**istme**, que la uneix al continent.
- Una **illa** és una porció de terra envoltada d'aigua per totes bandes. Diverses illes pròximes formen un **arxipèlag**.
- Un **cap** és un tram del litoral que s'endinsa en el mar.
- Un **golf** és una entrada de mar a la costa.

El relleu submarí

Al fons dels oceans, les formes del relleu són variades:

- La **plataforma continental** és un altiplà extens que baixa fins als 200 m sota el nivell del mar. La plataforma acaba al **talús continental**, que és una franja amb un fort pendent.
- La **plana abissal** té una profunditat d'entre 3.000 i 6.000 metres i sol estar interrompuda per les dorsals oceàniques, grans serralades submergides.
- Les **fosses marines** són esquerdes profundes i extenses que s'obren en la plana abissal.

DICCIONARI VISUAL

Formes de relleu terrestre

ACTIVITATS

Comprèn

9 **Situa en el dibuix.** Escriu els nombres dels noms al lloc correcte.

1. altiplà	4. fossa marina	7. istme	10. plana abissal	13. serralada
2. cap	5. golf	8. península	11. plataforma continental	14. talús
3. dorsal oceànica	6. illa	9. plana	12. platja	15. vall

10 **Conceptes.** Defineix les formes del relleu següents.

- Cap ______
- Istme ______
- Serralada ______
- Talús ______

11 **Identifica.** Digues de quina forma del relleu es tracta i argumenta la resposta.

12 **Recorda.** Completa les oracions.

Les muntanyes són terrenys ______ amb ______ forts.
Les ______ són terrenys plans de poca altitud sobre el nivell del ______.
La plataforma continental és un ______ extens que baixa fins als ______ metres sota el nivell del ______.

Recapitula

13 **Resumeix.** Completa l'esquema.

Formes del relleu ______

- Relleu ______: Muntanyes, ______
- ______ costaner: Caps, ______
- ______: Plataformes continentals, ______

3 La formació del relleu

El moviment de les plaques

La Terra canvia. Al llarg del temps s'han format muntanyes i illes; on ara veiem muntanyes, fa milions d'anys hi va haver planes i a l'inrevés, i terres que ara es troben a la superfície abans van estar submergides sota els oceans.

Segons la **teoria de la tectònica de plaques**, l'escorça terrestre està formada per plaques tectòniques de pocs quilòmetres de gruix que estan en moviment constant a causa de les forces internes de la Terra. Quan es desplacen, de vegades les plaques xoquen les unes amb les altres. Quan passa això, una placa penetra sota l'altra, i aixeca i deforma els materials que hi ha a les vores. Així es poden arribar a formar grans cadenes muntanyoses, com l'Himàlaia.

Les falles i els plecs

A més del moviment de les plaques tectòniques, les forces internes de la Terra també deformen l'escorça terrestre. La majoria de vegades les deformacions són petites, però en alguns casos són enormes i originen grans formes del relleu.

- Si les forces o moviments interns actuen sobre materials poc rígids, la superfície de la Terra s'ondula i origina **plecs**.
- Si les forces o moviments interns de l'escorça terrestre actuen sobre materials rígids, l'escorça s'esquerda i es fractura en blocs. Aquestes fractures s'anomenen **falles**.

Els volcans

Els **volcans** són esquerdes en l'escorça terrestre per les quals s'expulsen materials de l'interior de la Terra a temperatures elevades. Aquestes esquerdes es formen pel xoc de dues plaques tectòniques o per l'acció de les forces de l'interior de la Terra.

Els terratrèmols

Els **terratrèmols** o **sismes** són tremolors sobtats de l'escorça terrestre, provocats pels xocs de les plaques, els moviments de les falles o les erupcions volcàniques. Aquestes sacsejades es propaguen en totes les direccions per mitjà de les **ones sísmiques**, que poden ser molt destructives.

DICCIONARI VISUAL

Una erupció volcànica

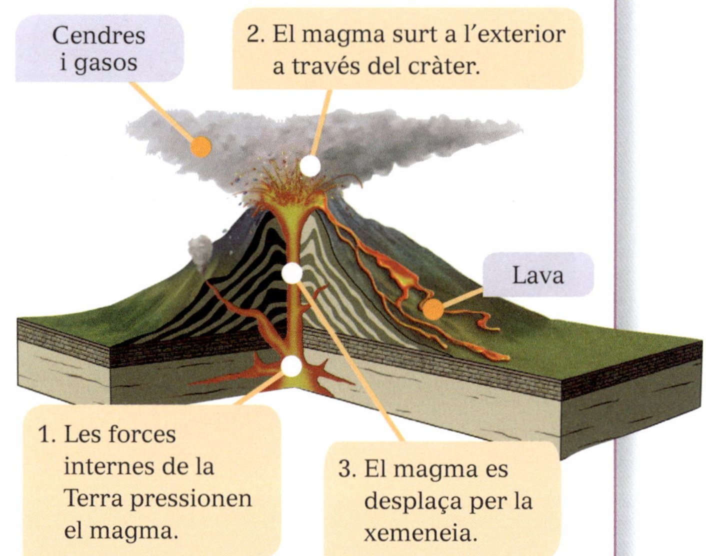

UN EXEMPLE

La formació de l'Himàlaia

Les plaques Indoaustraliana i Eurasiàtica es van anar acostant (A) i van xocar fa uns 45 milions d'anys (B). La placa Indoaustraliana es va desplaçar sota l'Eurasiàtica i aquesta es va alçar. Els materials de les vores de les plaques es van deformar i així es va formar l'Himàlaia.

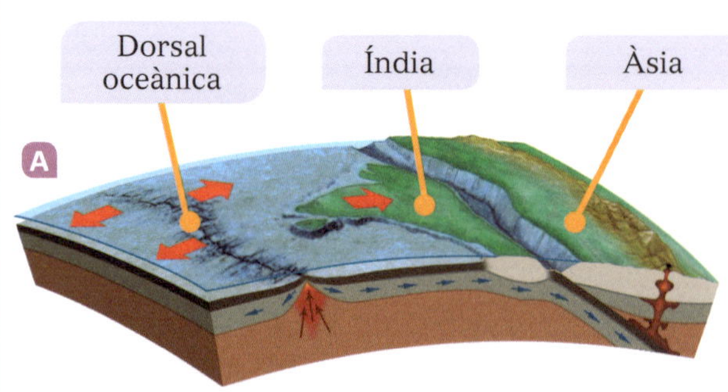

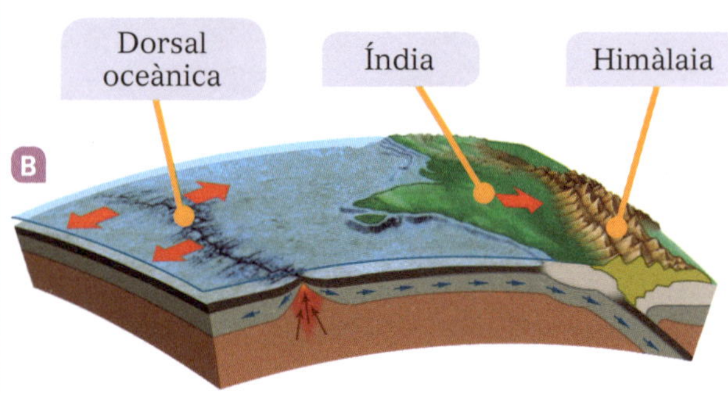

ACTIVITATS

Comprèn

14 **Enumera.** Indica el nom de dues formes que adopta l'escorça de la Terra com a conseqüència de les forces internes que pressionen sobre els materials (elàstics o rígids).

	Materials	Formes de l'escorça
Forces internes	Elàstics	
	Rígids	

15 **Conceptes.** Defineix els conceptes següents.

- Falla ______
- Plec ______
- Terratrèmol ______
- Volcà ______

16 **Recorda.** Completa les oracions.

- Segons la teoria de la tectònica de ______, l'escorça terrestre està formada per plaques litosfèriques o ______ de pocs quilòmetres de gruix que estan en moviment constant a causa de les forces internes de la ______.
- Els ______ són esquerdes en l'______ terrestre per les quals s'expulsen materials de l'______ de la Terra a temperatures elevades.
- Els terratrèmols o ______ són tremolors sobtats de l'______ terrestre, provocats pels xocs de les ______, els moviments de les falles o les erupcions volcàniques.

17 **Identifica.** Quin fenomen natural ha provocat els efectes catastròfics de la fotografia?

- ☐ L'erupció d'un volcà.
- ☐ Les sacsejades d'un terratrèmol.

Raona

18 **Interpreta les imatges.** Digues quin dibuix correspon a un plec i quin a una falla. Explica per què.

A

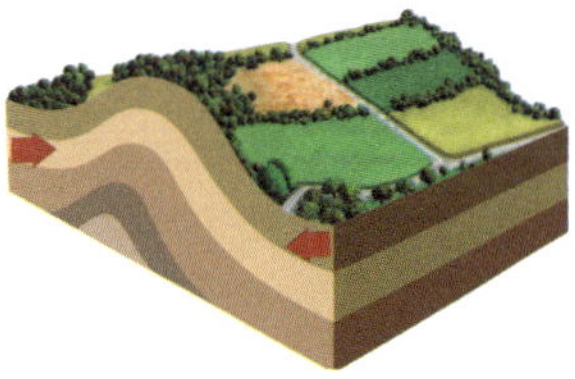

B

	Plec o falla	Per què?
Dibuix A		
Dibuix B		

Recapitula

19 **Resumeix.** Completa la taula.

	Què són?
Les plaques tectòniques	
Els plecs	
Les falles	
Els terratrèmols	
Els volcans	

4 Els agents que modifiquen el relleu

La modificació del relleu

El relleu terrestre va canviant lentament per l'acció de **forces** o **agents externs**: la temperatura, l'aigua, el vent i els éssers humans.

Aquests canvis tenen lloc en tres fases:

- L'**erosió** és el procés pel qual les roques es desgasten, es fragmenten o es dissolen.
- El **transport** és l'arrossegament dels materials arrencats per l'erosió.
- La **sedimentació** és el dipòsit dels materials erosionats i transportats.

La temperatura

A les muntanyes i als deserts, on hi ha grans diferències de temperatura entre el dia i la nit, els canvis sobtats de temperatura trenquen les roques.

El vent

El **vent** transporta partícules de terra que desgasten les roques amb què van xocant. Després, diposita les partícules arrencades i les acumula formant **dunes** o terrenys sorrencs.

L'aigua

L'aigua actua sobre el relleu de diverses maneres. Per exemple, dissol components d'algunes roques i origina coves i paisatges singulars. Les **aigües d'un riu** modifiquen el relleu al llarg del seu curs, especialment al curs alt, i les **onades del mar** i els **corrents marins** desgasten les costes, formant platges i penya-segats, i el fons dels mars i dels oceans.

Els éssers vius

Els éssers vius també modifiquen el relleu. Per exemple, les arrels de les plantes i els túnels que excaven alguns animals poden fragmentar les roques.

Però som els **éssers humans** els que transformem més profundament el paisatge amb la construcció de cases i d'infraestructures, i amb les diferents activitats relacionades amb l'obtenció i la producció de recursos.

DICCIONARI VISUAL

Erosió per l'acció de l'aigua d'un riu

Erosió per l'acció del vent

Erosió per l'acció de l'ésser humà

ACTIVITATS

Comprèn

20 **Recorda.** Completa les oracions.

- A les muntanyes i als deserts, les grans diferències de ____________ entre el dia i la nit ____________ les roques.
- El ____________ transporta partícules de terra que desgasten les roques amb què van xocant. Després, diposita les partícules arrencades i les acumula formant ____________ o terrenys sorrencs.
- L' ____________ actua sobre el relleu de diverses maneres. Per exemple, dissol components d'algunes roques i origina coves i paisatges singulars. Les ____________ d'un riu modifiquen el relleu al llarg del seu curs, especialment al curs alt, i les ____________ del mar i els ____________ marins desgasten les costes, formant platges i penya-segats, i el fons dels mars i dels oceans.

21 **Conceptes.** Defineix els conceptes següents.

- Erosió (del relleu)
- Transport (dels materials erosionats)
- Sedimentació (dels materials erosionats)

22 **Explica.** Com transformen el paisatge els éssers humans?

Raona

23 **Explica.** Ordena les fases del procés de modificació del relleu com a conseqüència de l'acció dels agents externs i raona el perquè.

transport – *sedimentació* – *erosió*

- Primer fase ____________ Perquè ____________
- Segona fase ____________ Perquè ____________
- Tercera fase ____________ Perquè ____________

24 **Aplica.** Identifica les fases en la formació d'una duna.

- Primer, el vent ____________
- Segon, el vent ____________
- Tercer, el vent ____________

Recapitula

25 **Resumeix.** Completa l'esquema.

- **TRANSFORMACIÓ DEL RELLEU**
  - **Fases**
    -
    -
    -
  - **Agents**
    -
    -
    -

➔ SABER FER: Interpretar el mapa físic del món

El mapa físic del món representa les principals formes del relleu continental i costaner del planeta, i el curs dels principals rius i afluents.

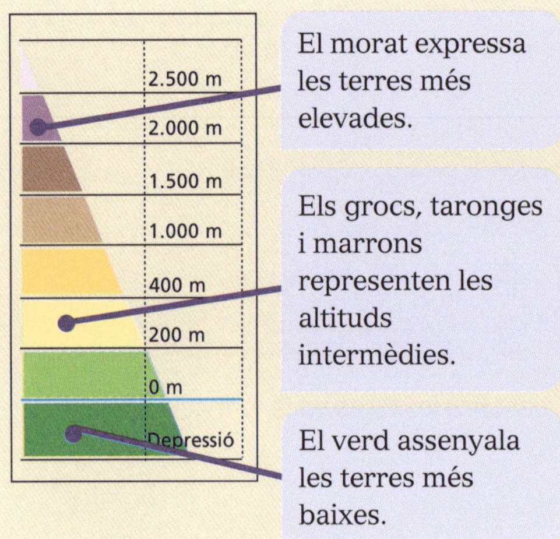

QUINS PASSOS HAS DE SEGUIR?

1. **Fixa't** en la **retolació**, és a dir, en els textos escrits (noms de serralades, cims, planes, illes, caps, etc.)
2. **Observa l'altimetria,** que expressa l'altitud de la part superior de l'escorça mitjançant colors.
3. **Adona't** que per representar l'aigua s'utilitza el color blau.

FES-HO TU

26 Observa el mapa i respon les preguntes.

- Identifica cada color de l'altimetria amb la seva altitud.
- Esmenta el cim més alt de cada continent i indica a quin sistema muntanyós pertany.
- Quin color es fa servir per a les zones planes i de baixa altitud?
- Per què l'altiplà del Tibet està representat amb el color morat?
- Escriu el nom de quatre penínsules del continent americà.
- Elabora una llista amb el nom d'un riu de cada continent.
- Indica el nom de tres serralades del continent europeu.

OCEÀ GLACIAL ÀRTIC
mar de Grenlàndia
de Dinamarca
Islàndia
mar de Noruega
cap Nord
mar de Barentsz
mar de Kara
PENÍNSULA DE TAIMIR
mar de Làptev
serralada Escandinava
PEN. ESCANDINAVA
illes Britàniques
mar del Nord
mar Bàltic
Narodnaia 1.894 m
PLANA D'EUROPA ORIENTAL
MONTS URALS
PLANA DE LA SIBÈRIA OCCIDENTAL
ALTIPLÀ DE LA SIBÈRIA CENTRAL
riu Ienissei
riu Obi
riu Irtix
riu Volga
riu Ural
riu Don
riu Dnièper
GRAN PLANA EUROPEA
CARPATS
riu Rin
riu Danubi
Mont Blanc 4.807 m
ALPS
PIRINEUS
cap Finisterre
PEN. IBÈRICA
3.478m Mulhacén
PEN. ITÀLICA
Etna 3.340 m
mar Mediterrani
mar Negre
Elbrus 5.642 m
CAUCAS
mar Caspi
ALTIPLÀ D'ANATOLIA
serr. del Zagros
riu Eufrates
golf Pèrsic
ALTIPLÀ DE L'IRAN
mar d'Aral
llac Balkhaix
Belukha 4.506 m
muntanyes Saian 3.492 m
serr. de l'Altai
llac Baikal
DESERT DE GOBI
munts. Iablonovi
muntanyes Stanovoi
munts. de Verkhoiansk
Pobeda 3.147 m
riu Kolima
munts. de Kolima
mar de Bering
mar d'Okhotsk
PENÍNSULA DE KAMTXATKA
cap Lopatka
riu Amur
MANXÚRIA
Tian Shan
Ismaïl Somoni 7.495 m
serralada del Kunlun
K2 8.616 m
ALTIPLÀ DEL TIBET
Hindu Kush
riu Indus
HIMÀLAIA
4.042 m
DESERT DE THAR
riu Ganges
Everest 8.850 m
riu Huang He
PLANA XINESA
riu Iang-Tse
PEN. DE COREA
arx. del Japó
Fuji Yama 3.776 m
Formosa
Toubkal 4.165
SERR. DE L'ATLES
illes Canàries
Teide 3.715
massís d'Ahaggar
Tahat 3.003 m
massís de Tibesti
Emi-koussi 3.415 m
DESERT DE LÍBIA
SÀHARA
riu Nil
mar Roig
PENÍNSULA D'ARÀBIA
RUB AL-KHALI
3.000 m
cap Verd
riu Níger
llac Txad
ALTIPLÀ DE DARFUR
4.620 m Ras Dashan
massís Etiòpic
PEN. DE SOMÀLIA
cap Guardafuí
mar d'Aràbia
PENÍNSULA DE L'HINDUSTAN
golf de Bengala
PENÍNSULA D'INDOXINA
riu Mekong
mar de la Xina Meridional
illes Filipines
MICRONÈSIA
MELANÈSIA
cap Comorín
Ceilan
Camerun 4.070 m
muntanyes Mitumba
llac Victòria
Kenya 5.199 m
Kilimanjaro 5.895 m
riu Congo
llac Tanganyika
Rift Valley
llac Malawi
OCEÀ ATLÀNTIC
OCEÀ ÍNDIC
Sumatra
Borneo
Java
Nova Guinea
5.030 m Puncak Jaya
ALTIPLÀ DE BIÉ
riu Zambezi
DESERT DE KALAHARI
canal de Moçambic
Madagascar
Cathkin 3.660 m
riu Orange
monts Drakensberg
cap de Bona Esperança
ALTIPLÀ DE KIMBERLEY
GRAN SERRALADA DIVISÒRIA
mar del Corall
cap Nord-oest
GRAN DESERT SORRENC
GRAN DESERT VICTÒRIA
riu Darling
riu Murray
cap Leeuwin
Gran Badia Australiana
Kosciusko 2.230 m
Tasmània
illes de Nova Zelanda
Cook 3.764 m
OCEÀ GLACIAL ANTÀRTIC
escala
0 880
quilòmetres

AUTOAVALUACIÓ

Marca l'opció correcta en cada cas.

1. Quines són les capes de l'interior de la Terra?
   - ☐ Atmosfera, hidrosfera i litosfera.
   - ☐ Escorça, mantell i nucli.
   - ☐ Troposfera, estratosfera i mesosfera.

2. Quines parts constitueixen l'escorça terrestre?
   - ☐ Les muntanyes i les valls.
   - ☐ Les terres emergides i els fons dels oceans.
   - ☐ La plataforma continental i el talús.

3. Quines formes corresponen al relleu continental?
   - ☐ Els caps, els golfs i les illes.
   - ☐ Les muntanyes, les valls, els altiplans, les planes i les depressions.
   - ☐ Les planes abissals, les plataformes continentals i les dorsals.

4. Quines formes corresponen al relleu submarí?
   - ☐ Els arxipèlags, les badies i els penya-segats.
   - ☐ Les muntanyes, les valls, els altiplans, les planes i les depressions.
   - ☐ Les plataformes continentals, els talussos, les planes abissals, les dorsals oceàniques i les fosses marines.

5. Què són les plaques tectòniques?
   - ☐ Grans fragments de l'escorça de la Terra.
   - ☐ Un conjunt de muntanyes.
   - ☐ Una sèrie de plecs i falles.

6. Com es forma el relleu?
   - ☐ Pel xoc de les plaques tectòniques.
   - ☐ Per l'acció de la pluja.
   - ☐ Com a conseqüència de l'erosió.

7. Què és un altiplà?
   - ☐ Planures elevades.
   - ☐ Zones continentals situades sota el nivell del mar.
   - ☐ Planes situades a molt poca altitud.

8. Com es produeixen els terratrèmols?
   - ☐ Com a conseqüència del descens de les temperatures mitjanes.
   - ☐ Com a conseqüències de moviments produïts a l'interior de la Terra.
   - ☐ Com a resultat de pluges torrencials.

9. Quins són els agents de l'erosió del relleu?
   - ☐ L'erosió, el transport i la sedimentació.
   - ☐ La temperatura, l'aigua, el vent i els éssers vius.
   - ☐ L'altitud, la latitud i la longitud.

10. Què indica l'altimetria d'un mapa?
    - ☐ La distància respecte del mar.
    - ☐ La profunditat del fons marí.
    - ☐ L'altitud del relleu.

REPÀS ACUMULATIU

- Relaciona els elements més importants d'un mapa.

- Què ens indica l'escala del mapa?

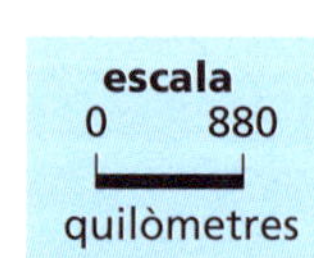

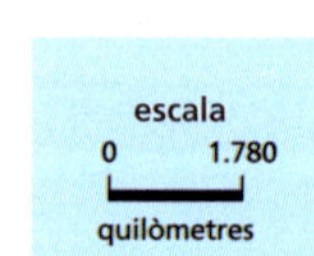

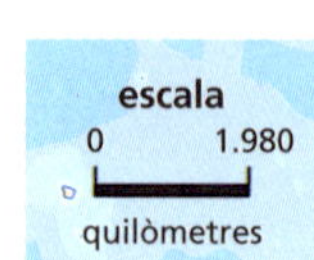

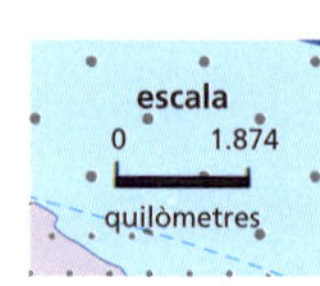

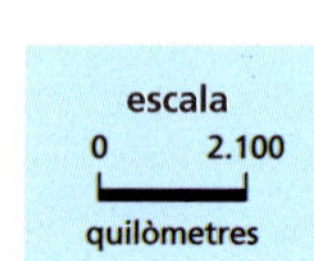

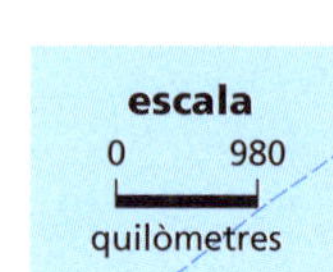

3 Les aigües

L'aigua és un element fonamental per a la vida, que ocupa aproximadament un 71% de la superfície del planeta. Hi ha dos grans tipus d'aigües, les marines i les continentals. Les marines, que són salades, representen el 97% del total i estan formades per les aigües dels mars i els oceans. Per la seva banda, les continentals, que són dolces, representen el 3% restant i es troben en rius, llacs, aqüífers, zones polars i glaceres.

- **LES AIGÜES**
  - **MARINES (salades)**
    - Mars
    - Oceans
  - **CONTINENTALS (dolces)**
    - Rius
    - Llacs
    - Aqüífers
    - Zones polars i glaceres

1 Les aigües continentals

Els rius

Un **riu** és un corrent continu d'aigua. Es forma per l'acumulació de l'aigua de la pluja i del desglaç o perquè les aigües subterrànies surten a la superfície terrestre en forma de pous i deus.

Si un riu desemboca al mar o a un llac, se l'anomena **riu principal**. Si desemboca en un altre riu, és un **afluent**.

El curs d'un riu

En el **curs** d'un riu es distingeixen tres trams:

- El **curs alt** ocupa els primers quilòmetres de recorregut. Les aigües tenen tanta força que poleixen o erosionen les pedres i hi excaven **gorges** i **congostos** profunds.
- El **curs mitjà** és una zona de menys pendent. El relleu és més pla, la llera més ampla i les aigües van més lentes; formen ondulacions, anomenades **meandres**.
- Al **curs baix** la velocitat de les aigües disminueix, per això el riu va dipositant els materials que porta en suspensió. A la desembocadura, alguns rius formen **estuaris**, on es barreja l'aigua dolça del riu i la salada del mar, i **deltes**, terrenys en forma triangular que estan formats per l'acumulació dels materials que transporta el riu.

El cabal

El **cabal** és la quantitat d'aigua que duu un riu i sol variar amb les estacions de l'any. Si el cabal d'un riu varia poc d'unes èpoques de l'any a unes altres, diem que té un **cabal regular** i, si varia molt, parlem d'un **cabal irregular**.

DICCIONARI VISUAL

Curs alt d'un riu

DICCIONARI VISUAL

Parts i formes d'un riu

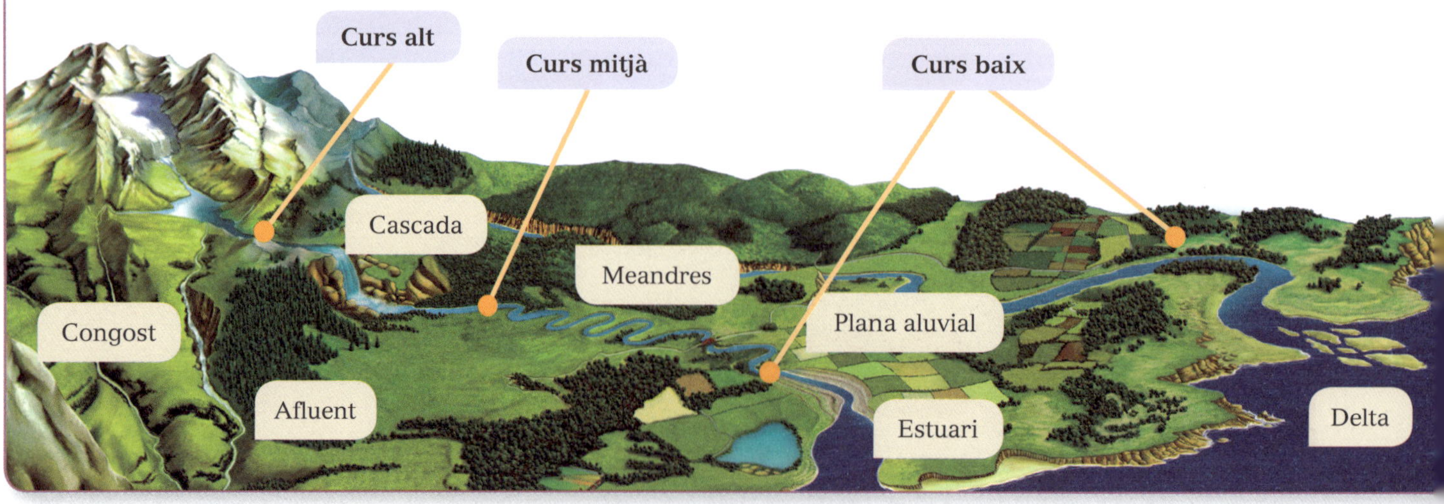

ACTIVITATS

Comprèn

1 **Conceptes.** Defineix els termes següents.

- Riu

- Afluent

2 **Relaciona.** Uneix amb una línia cada part del curs del riu amb la forma del relleu corresponent.

CURS ALT	Meandre
CURS MITJÀ	Estuari
CURS BAIX	Congost

3 **Compara.** Explica la diferència entre:

- Curs alt i curs baix:

- Delta i congost:

Raona

4 **Interpreta la imatge.** Observa la fotografia i respon.

- A quin tram del curs del riu correspon la imatge?

- Quin és el nom de les corbes que forma el riu?

- Per què no es formen meandres en el curs alt d'un riu?

Aplica

5 **Localitza.** Situa en el dibuix.

- Identifica les diferents formes i trams del curs del riu.

1.
2.
3.
4.
5.
6.
7.
8.
9.
10.
11.

Recapitula

6 **Resumeix.** Completa l'esquema.

RIU

Curs alt	Curs mitjà	Curs baix
• Velocitat de l'aigua: alta • Formes del relleu: congostos, gorges		

2 Altres aigües continentals

Els llacs

Un **llac** és una massa d'aigua que s'ha acumulat de manera permanent a l'interior dels continents, en zones enfonsades del terreny. Si és petit, s'anomena **llacuna**, i si són d'aigua salada, **mar interior**.

Molts llacs es nodreixen de les **precipitacions**, però l'aigua de la majoria de llacs prové dels rius i dels corrents subterranis que hi desemboquen o del glaç fos de les glaceres. De vegades, algunes llacunes s'assequen i s'hi formen **aiguamolls**.

Les aigües subterrànies

Les **aigües subterrànies** són les que corren o estan acumulades sota la superfície terrestre. S'originen quan una part de l'aigua de la pluja i dels rius penetra sota terra a través de roques poroses i es troba amb una capa formada per roques impermeables. Aleshores, s'estanca i forma **aqüífers**. De vegades, aquestes aigües troben una sortida a l'exterior i formen **deus** (si l'aigua és freda) i **fonts termals** (si l'aigua és calenta).

Les glaceres

La major part de l'aigua dolça de la superfície terrestre està retinguda en forma de glaç a les **glaceres**, que són masses de glaç formades per l'acumulació de neu durant centenars d'anys i es desplacen amb més o menys rapidesa.

Quan les glaceres arriben al mar, es fragmenten i formen **icebergs**, que són masses flotants de glaç.

Les glaceres es localitzen als casquets polars, però també se'n poden originar als cims d'algunes muntanyes; en aquest cas s'anomenen **glaceres alpines**.

ALGUNS EXEMPLES

El llac Baikal. És el llac més profund del món. Té diverses illes a l'interior.

El mar Caspi. És el llac més extens del planeta. És d'aigua salada i es troba, de mitjana, a 28 m sota el nivell del mar.

Titicaca. És un dels llacs més grans de l'Amèrica del Sud. Sobresurt per l'altitud en què es troba: 3.810 m.

DICCIONARI VISUAL

Llac

Deu

Glacera

ACTIVITATS

Comprèn

7 **Recorda.** Completa les oracions.

Les aigües subterrànies són les que corren o estan ______ sota la superfície ______.
Les aigües subterrànies s'originen quan una part de l'aigua de la ______ i dels ______ penetra sota ______ a través de roques ______ i es troba amb una capa formada per roques ______.
Les aigües subterrànies s'estanquen i formen ______.

8 **Relaciona.** Uneix els conceptes de les dues columnes.

Llac	Glacera
Aigües subterrànies	Aqüífer
Aigua glaçada	Mar interior

9 **Conceptes.** Defineix els conceptes següents.

- Llac
- Aigües subterrànies
- Glacera

Raona

10 **Explica.** Respon les qüestions.

- Quin és l'origen de l'aigua dels llacs?
- Per què s'assequen algunes llacunes?

Aplica

11 **Identifica els dibuixos.** Identifica l'aqüífer i la glacera i explica què són.

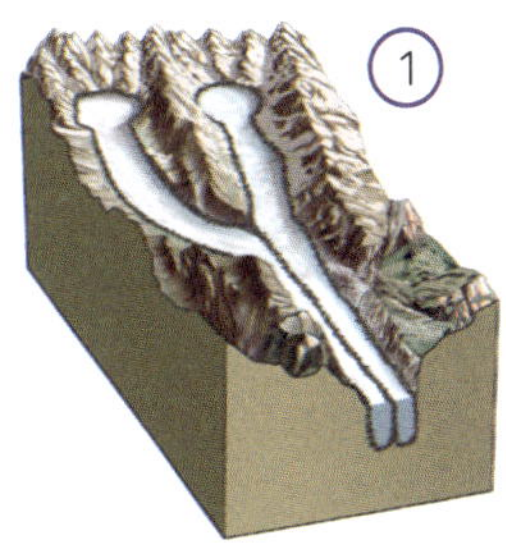

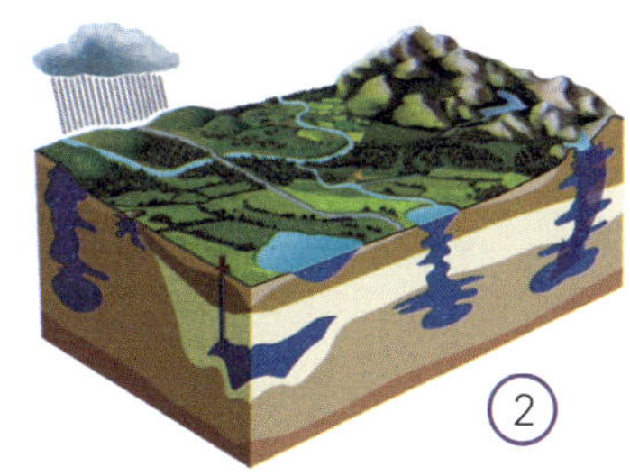

◯ Aqüífer

◯ Glacera

Recapitula

12 **Resumeix.** Completa l'esquema.

Aigües continentals

Rius	Llacs	Aigües subterrànies	Glaceres
Són corrents continus d'aigua.			

3 Les aigües marines

Les característiques de les aigües marines

Els oceans i els mars formen les aigües marines, que constitueixen gairebé el total de les aigües líquides mundials. Els **oceans** són grans extensions d'aigua que envolten i separen els continents. Quan tenen una mida força petita i una profunditat inferior a 200 m s'anomenen **mars**.

La característica més destacada d'aquestes aigües és que són **salades**. No totes són igual de salades, depèn de la temperatura. Així, les aigües dels mars tancats i càlids tenen més contingut de sal, perquè la calor fa que l'aigua s'evapori més que als mars més freds i oberts.

Aigües en moviment constant

Les aigües marines estan en moviment constant, impulsades pels corrents marins, les marees i les onades.

- Els **corrents marins** són desplaçaments de grans masses d'aigua, semblants a rius, que circulen pels oceans.
- Les **marees** són pujades i baixades diàries del nivell del mar, provocades per l'atracció de la Lluna i el Sol sobre les aigües. Quan el nivell del mar puja, és la fase de **marea alta o plenamar**, mentre que quan baixa, és la fase de **marea baixa o baixamar**.
- Les **onades** són ondulacions de la superfície del mar produïdes pel vent.

DICCIONARI VISUAL

Plenamar

Baixamar

OCEANS I PRINCIPALS MARS DEL MÓN

ACTIVITATS

Comprèn

13 **Localitza.** Situa en el mapa. Escriu els números al lloc corresponent.

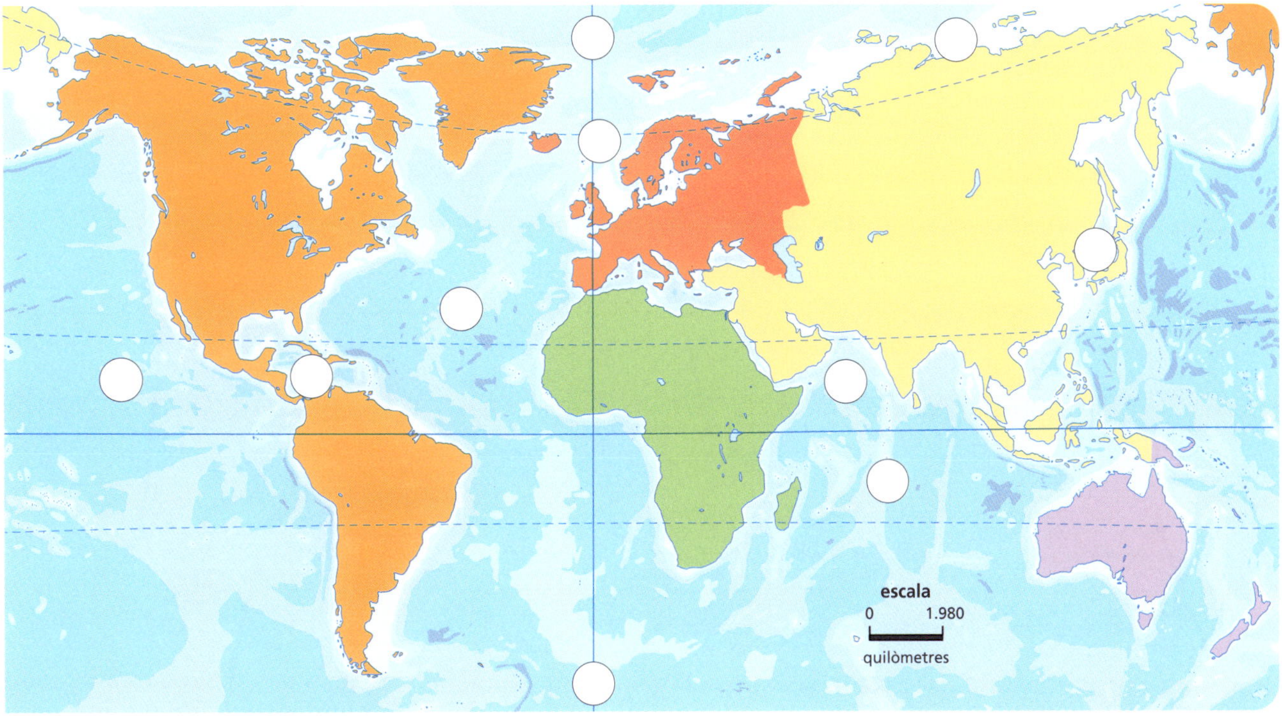

1. Oceà Glacial Àrtic.
2. Oceà Pacífic.
3. Oceà Atlàntic.
4. Oceà Índic.
5. Oceà Glacial Antàrtic.
6. Mar d'Aràbia.
7. Mar del Japó.
8. Mar de Noruega.
9. Mar Carib.
10. Mar de Laptev.

14 **Conceptes.** Defineix les paraules següents.

- Oceà

____

____

- Mar

____

____

- Corrent marí

____

____

- Marea

____

____

15 **Identifica.** Marca vertader (V) o fals (F), segons correspongui.

☐ Els corrents marins són pujades i baixades diàries del nivell del mar.

☐ Les marees són desplaçaments de grans masses d'aigua semblants a rius.

☐ Les onades són desplaçaments de grans masses d'aigua.

☐ Els corrents marins són desplaçaments de grans masses d'aigua, semblants a rius.

Aplica

16 **Interpreta.** Observa el dibuix i completa les oracions.

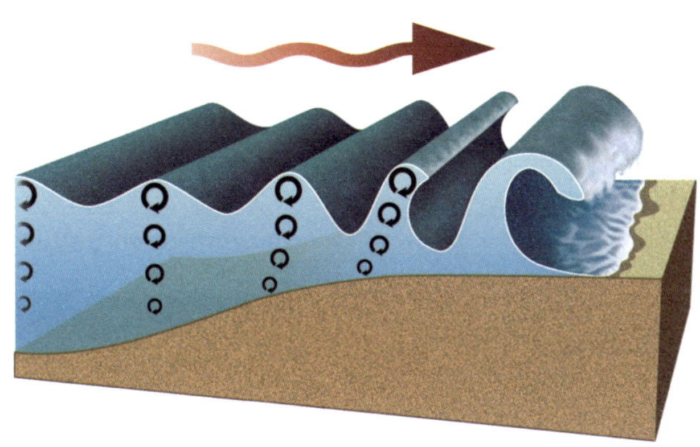

- Les ______________ són ondulacions de la superfície del ______________ produïdes pel ______________ .

➔ SABER FER: Interpretar el perfil longitudinal d'un riu

El **perfil longitudinal** d'un riu és un gràfic que en representa el recorregut. Per interpretar el perfil d'un riu cal fixar-se en aspectes diversos.

Punt blau. Representa els afluents, els llacs i els embassaments.

Corba blava. Representa el curs del riu.

Punt taronja. Representa les localitats que travessa el riu.

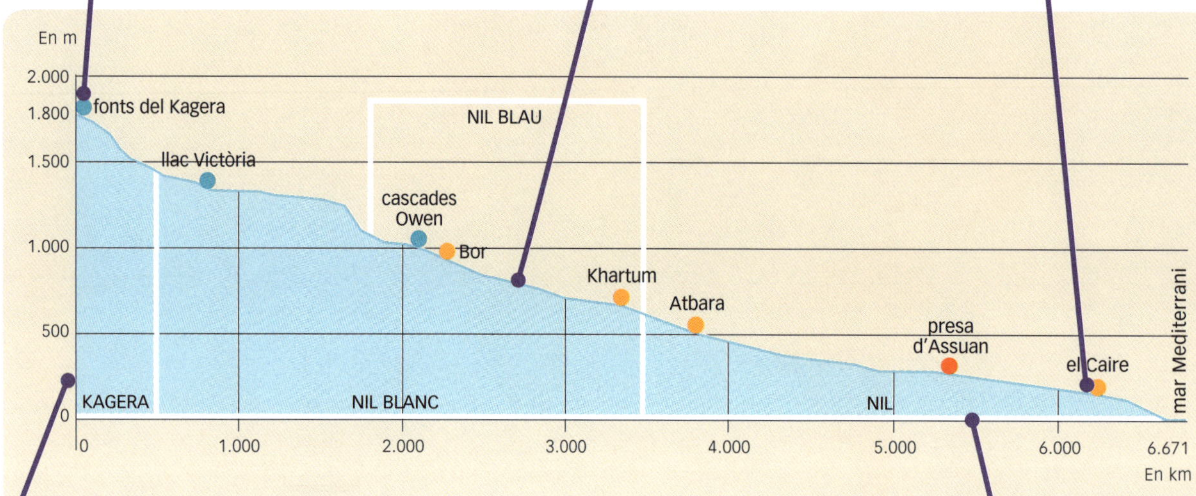

Eix vertical. S'hi representa l'altitud de les terres que travessa.

Eix horitzontal. S'hi representen els quilòmetres que fa el curs del riu.

QUINS PASSOS HAS DE SEGUIR?

1. **Fixa't** on neix i on desemboca el riu.
2. **Esbrina** els quilòmetres que fa de recorregut, és a dir, quina longitud té.
3. **Observa** el pendent que presenta en els diferents trams.
4. **Descobreix** o **confirma** per quines localitats passa.
5. **Observa** i **recorda** quins elements naturals hi ha al seu curs.

EXEMPLE RESOLT

El riu Nil neix a les fonts del Kagera, a una altitud de més de 1.800 m. Recorre uns 6.600 km fins a desembocar al mar Mediterrani.

Travessa les localitats de Bor, Khartum i el Caire, entre altres.

Entre els elements naturals que hi ha al llarg del curs del riu destaquen el llac Victòria i les cascades Owen.

Fes-ho tu

+ **17** **Interpreta el perfil del riu Ebre.**

- On neix el riu? A quina altitud?
- Quants quilòmetres té el curs del riu? Com ho saps?
- Per quines localitats passa? A quina altitud es troben?
- En quin mar desemboca?

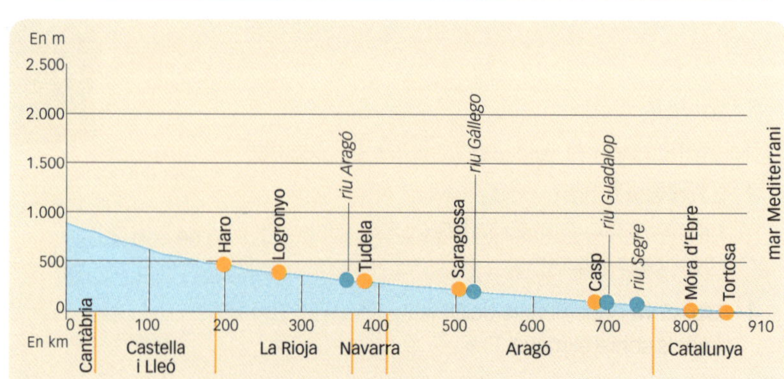

➔ SABER FER: Analitzar un mapa interpretant-ne els símbols

El **símbols** que contenen els mapes ens poden donar una informació interessant si sabem interpretar-los i relacionar-los entre ells.

El moviment dels corrents marins es representa mitjançant fletxes.

El començament de la fletxa indica l'origen del corrent marí.

La punta de la fletxa marca la direcció i el lloc de la destinació del corrent marí.

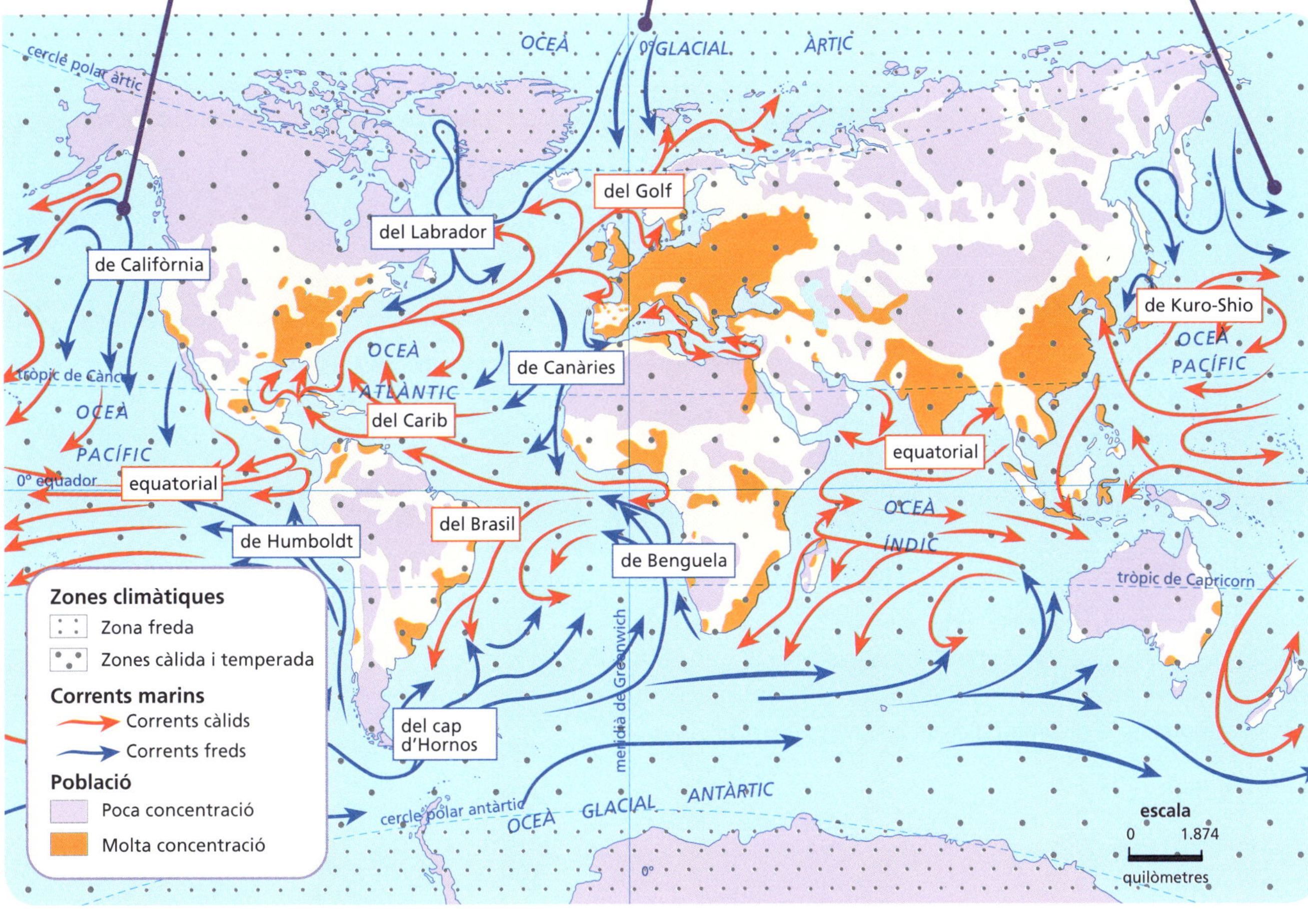

QUINS PASSOS HAS DE SEGUIR?

1. **Analitza** els símbols del mapa. Fixa't en què representen cada un dels símbols recollits en la llegenda del mapa. Observa quantes categories de símbols hi ha.
2. **Identifica** els territoris representats en el mapa.
3. **Localitza** sobre el mapa una representació de cada símbol recollit a la llegenda.
4. **Observa** la distribució dels s ímbols sobre el mapa.

Fes-ho tu

18 **Interpreta el mapa d'aquesta pàgina.**

- En quines grans àrees del planeta es concentra la població?
- Aquestes àrees coincideixen amb zones de climes freds o de climes càlids i temperats?
- Fixa't en el sud-est asiàtic. Trobes alguna relació entre el clima, els corrents marins que afecten aquesta zona i la concentració de població?

AUTOAVALUACIÓ

Marca l'opció correcta en cada cas.

1. Les aigües de la Terra es poden dividir en dos grans grups:
   - ☐ Mars i oceans.
   - ☐ Aigües marines i aigües continentals.
   - ☐ Aigües subterrànies i aigües superficials.

2. Les aigües marines són:
   - ☐ Dolces.
   - ☐ Salades.
   - ☐ Insípides.

3. Què és un riu?
   - ☐ Un corrent continu d'aigua.
   - ☐ Un corrent discontinu i intermitent d'aigua.
   - ☐ Una acumulació subterrània d'aigua.

4. Indica les parts d'un riu:
   - ☐ Curs superior, curs subterrani i curs inferior.
   - ☐ Curs alt, curs mitjà i curs baix.
   - ☐ Capçalera, sedimentació i desembocadura.

5. Com s'anomena la quantitat d'aigua que porta un riu?
   - ☐ Densitat.
   - ☐ Cabal.
   - ☐ Estiatge.

6. Indica el nom de les masses d'aigua acumulades de manera permanent a l'interior dels continents:
   - ☐ Aqüífers.
   - ☐ Llacs.
   - ☐ Oceans.

7. Quin nom reben les masses de glaç formades per acumulació de neu durant centenars d'anys?
   - ☐ Icebergs.
   - ☐ Glaceres.
   - ☐ Deus.

8. Quins són els moviments de les aigües marines?
   - ☐ Constants, discontinus i permanents.
   - ☐ Marees, onades i corrents marins.
   - ☐ Superficials, intermedis i profunds.

9. Què origina les marees?
   - ☐ L'atracció de la costa sobre les aigües del mar.
   - ☐ L'atracció de la Lluna i el Sol sobre les aigües.
   - ☐ L'atracció del fons marí sobre les aigües.

10. El moviment de grans corrents d'aigua submarins s'anomenen:
    - ☐ Onades.
    - ☐ Marees.
    - ☐ Corrents marins.

REPÀS ACUMULATIU

Consulta el mapa físic del món. El podràs trobar a l'Annex cartogràfic.

- Indica el nom dels continents banyats pels oceans Pacífic, Índic i Atlàntic.

- Escriu el nom de tres rius d'Àfrica, tres d'Amèrica, tres d'Àsia, tres d'Europa i un d'Oceania.

4 El clima i els problemes del medi ambient

Per saber quines són les característiques del clima d'un lloc hem d'observar el comportament habitual de les temperatures i les precipitacions durant una sèrie d'anys. També hem de tenir en compte altres elements del clima, com la pressió atmosfèrica, el vent i la humitat.

EL CLIMA

- **L'ATMOSFERA** — Capa de gasos que envolta la Terra
- **ELEMENTS** — La temperatura, les precipitacions, la humitat, la pressió atmosfèrica i el vent
- **TIPUS** — Càlids, freds i temperats
- **LES CATÀSTROFES NATURALS** — Inundacions, sequeres, huracans...
- **LA INFLUÈNCIA HUMANA** — Contaminació, canvi climàtic...

1 L'atmosfera

Les capes de l'atmosfera

L'atmosfera és una capa de gasos de més de 1.000 km de gruix que envolta la Terra. Està composta principalment d'**oxigen** i **nitrogen**. Aquesta capa gasosa regula la temperatura terrestre, perquè impedeix que la Terra es refredi molt durant la nit i permet la circulació de la calor des de les zones càlides del planeta fins a les més fredes.

L'atmosfera es divideix en cinc capes. Les dues capes més properes a la superfície de la Terra són la troposfera i l'estratosfera.

- La **troposfera** és la capa inferior de l'atmosfera i està en contacte amb la superfície terrestre. En aquesta capa tenen lloc la majoria de fenòmens meteorològics.
- L'**estratosfera** és a sobre de la troposfera. En aquesta capa abunda un gas anomenat **ozó** que impedeix que les radiacions solars ultraviolades, que són perjudicials per a la salut, arribin a la superfície terrestre.

Els conceptes de temps i de clima

El **temps** és l'estat de l'atmosfera en un moment i un lloc concrets. Així, quan diem que avui plou, però que demà farà un dia fred i sec, parlem del temps atmosfèric.

En canvi, quan estudiem les condicions de l'atmosfera d'un lloc durant molts anys, ens referim al **clima**, és a dir, a l'estat característic de l'atmosfera en un lloc concret del planeta. Així, quan afirmem que a la primavera sol ploure sovint, ens referim al clima. Per conèixer el clima d'un lloc s'estudia el temps que hi fa durant dècades.

Per conèixer el temps i el clima s'analitzen sobretot cinc elements:

- la humitat
- les temperatures
- les precipitacions
- les pressions
- els vents.

DICCIONARI VISUAL Estructura de l'atmosfera

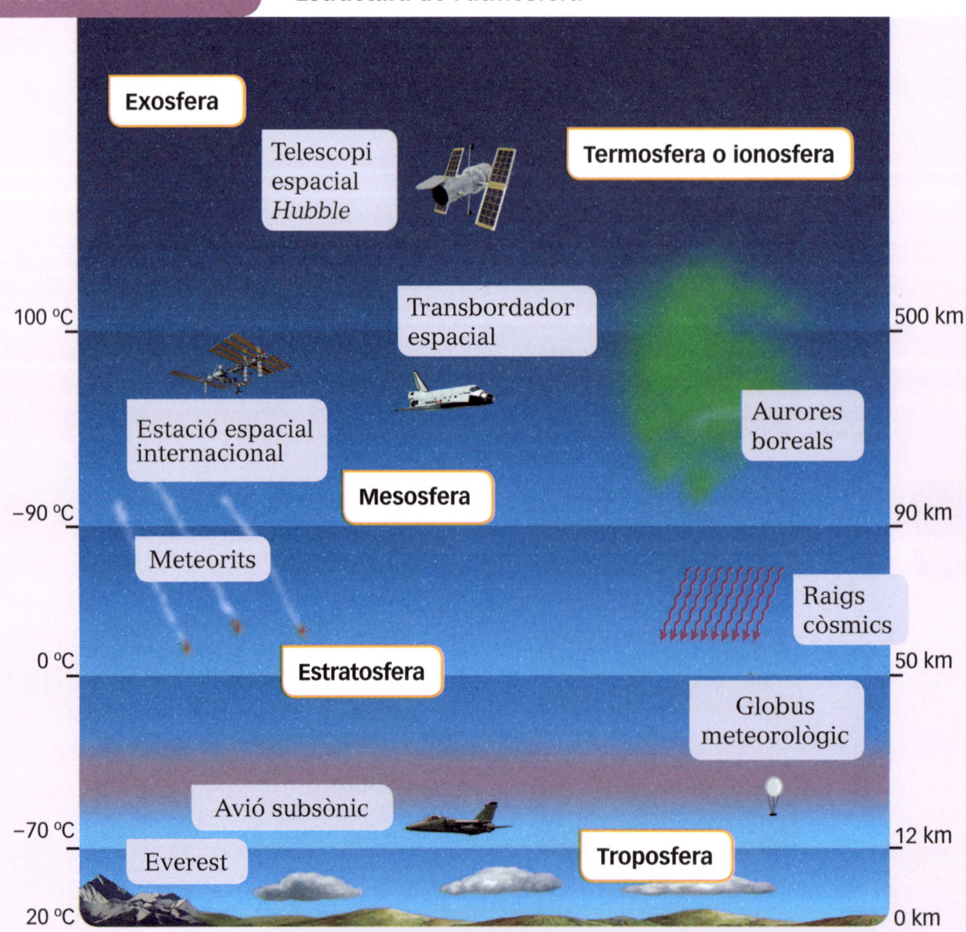

ACTIVITATS

Comprèn

1 **Conceptes.** Defineix els termes següents.

- Atmosfera.

____

____

- Troposfera.

____

____

- Estratosfera.

____

____

2 **Recorda.** Completa les oracions.

El ______________________ és l'estat de l'atmosfera en un moment i un lloc concrets.

El ______________________ és l'estat característic de l'atmosfera en un lloc concret del planeta.

3 **Identifica.** Marca vertader (V) o fals (F), segons correspongui.

- ☐ L'atmosfera és una capa de gasos.
- ☐ La troposfera és la capa inferior de l'atmosfera.
- ☐ L'estratosfera és a sota de la troposfera.
- ☐ L'atmosfera es divideix en dues capes.

4 **Enumera.** Escriu el nom dels cinc elements de l'atmosfera que ens permeten conèixer el temps i el clima.

____

____

____

____

____

5 **Relaciona.** Uneix cada concepte amb les frases corresponents.

TEMPS

CLIMA

- A l'estiu, a Lleida fa molta calor.
- Avui fa un bon oratge.
- Les previsions meteorològiques per a demà són bones.
- Al cercle polar fa molt fred.
- Ahir va fer un dia plujós.

Aplica

6 **Interpreta.** Observa el mapa i digues quin temps fa a les diferents parts del territori.

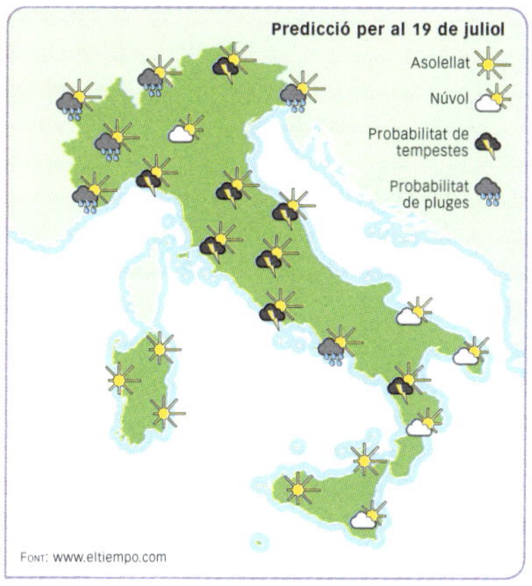

____

____

Recapitula

7 **Resumeix.** Completa les taules.

Atmosfera	
Composició	
Capes més properes a la superfície	• Troposfera •

Definició	
Clima	És l'estat de...
Temps	

2 La temperatura

La **temperatura** és la quantitat de calor que conté l'aire de l'atmosfera. La temperatura es mesura amb el **termòmetre** i s'expressa en **graus Celsius (°C)**. Als mapes es representa amb unes línies anomenades **isotermes**.

Els factors que modifiquen la temperatura

Les temperatures no són les mateixes a tots els llocs del planeta, sinó que varien segons la latitud, l'altitud i la distància al mar.

- La **latitud**. Les temperatures són més elevades a l'equador i descendeixen progressivament des de l'equador cap als dos pols.
- L'**altitud**. Les temperatures acostumen a ser més elevades a les zones més baixes i van disminuint a mesura que anem pujant.
- La **distància al mar.** El mar suavitza les temperatures; per això, les temperatures a la costa són més moderades que a l'interior.

Les zones climàtiques

Segons la temperatura, la terra es divideix en cinc zones climàtiques.

- Una **zona càlida**, situada entre els tròpics, on els rajos solars incideixen perpendicularment i escalfen més. Les temperatures sempre son elevades.
- Dues **zones temperades**, situades entre els tròpics i els cercles polars. Les temperatures són moderades i varien segons les estacions.
- Dues **zones fredes**, situades dins dels cercles polars. Les temperatures sempre són molt fredes.

PARA ATENCIÓ

Per estudiar les temperatures d'un lloc cal conèixer els conceptes següents:

- **Temperatures màxima i mínima absolutes.** Són, respectivament, la temperatura més alta i més baixa que hi ha hagut en un període de temps.
- **Amplitud tèrmica.** És la diferència entre la temperatura màxima i la mínima d'un període de temps.
- **Temperatura mitjana mensual.** S'obté sumant les temperatures mitjanes de tots els dies d'un mes i dividint el resultat entre el nombre de dies que té aquest mes.
- **Temperatura mitjana anual.** S'obté sumant les temperatures mitjanes de cada mes i dividint el resultat pels dotze mesos de l'any.

DICCIONARI VISUAL **Zones climàtiques de la Terra**

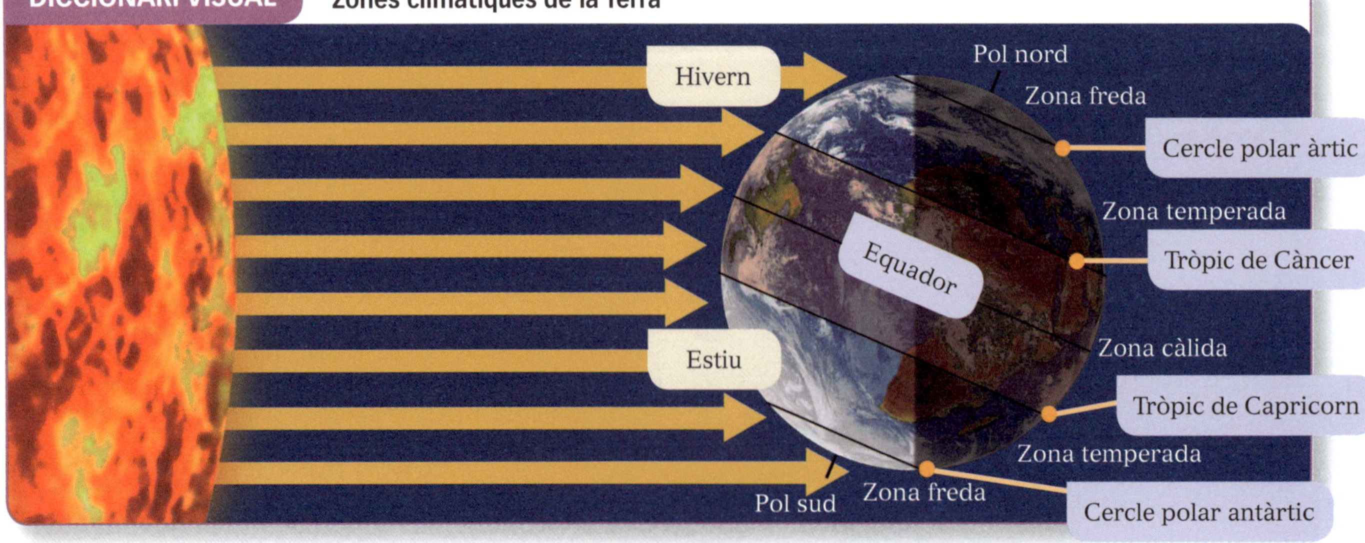

ACTIVITATS

Comprèn

8 **Identifica.** Numera els cercles i identifica les zones climàtiques de la Terra.

1. ____________ 4. ____________

2. ____________ 5. ____________

3. ____________

9 **Conceptes.** Defineix els conceptes següents.

- Temperatura
- Temperatura màxima absoluta
- Temperatura mínima absoluta
- Temperatura mitjana mensual
- Temperatura mitjana anual

10 **Relaciona.** Uneix cada zona climàtica amb la seva localització.

Zones fredes	Situada entre els tròpics.
Zones temperades	Situades entre els tròpics i els cercles polars.
Zona càlida	Situades dins dels cercles polars.

Raona

11 **Analitza.** Llegeix la definició i respon les preguntes.

L'amplitud tèrmica és la diferència entre la temperatura màxima absoluta i la mínima absoluta d'un període de temps.

- Què entenem per temperatura màxima absoluta?
- Què entenem per temperatura mínima absoluta?
- Quina operació matemàtica hem de fer per calcular l'amplitud tèrmica?

Recapitula

12 **Resumeix.** Completa la taula.

La temperatura		
Definició		
Factors que la modifiquen	• La latitud • •	
Zones climàtiques	Càlida	Localització: Temperatures: sempre són elevades
		Localització: Temperatures:
	Fredes	Localització: Temperatures:

3 Les precipitacions

La humitat de l'aire

La **humitat** és la quantitat de vapor d'aigua que hi ha en l'aire. Es mesura amb l'higròmetre i els valors enregistrats s'expressen en tants per cent.

Quan el vapor d'aigua de l'atmosfera es refreda, es condensa i es converteix en petites gotes que s'agrupen formant els **núvols**. Si les gotes són petites, queden suspeses a l'atmosfera. Però quan es refreden, augmenten de mida i de pes, no poden continuar suspeses i precipiten, és a dir, cauen sobre la superfície terrestre.

L'aigua pot caure en forma de **pluja** (aigua líquida) i en forma de **neu** o de **calamarsa** (en estat sòlid). Les precipitacions es mesuren amb un **pluviòmetre** i s'expressen en **mil·límetres (mm)** o en litres per metre quadrat (l/m^2).

Els factors que modifiquen les precipitacions

Les zones del planeta reben quantitats diferents de precipitacions a causa, sobretot, de tres factors:

- La **latitud**. A les zones pròximes a l'equador plou més que a les zones temperades i les regions polars.
- L'**altitud**. A les zones baixes plou menys que a les més elevades.
- La **distància respecte al mar**. Les precipitacions són més abundants a la costa que a l'interior; el mar és una font d'humitat.

DICCIONARI VISUAL

Les precipitacions i el relleu

1. L'aire càlid i humit procedent del mar puja per superar el relleu.
2. Amb l'altitud, l'aire es refreda.
3. El vapor d'aigua es condensa i forma núvols.
4. Quan els núvols es refreden molt, es produeixen les precipitacions.

MAPA DE DISTRIBUCIÓ DE LES PRECIPITACIONS

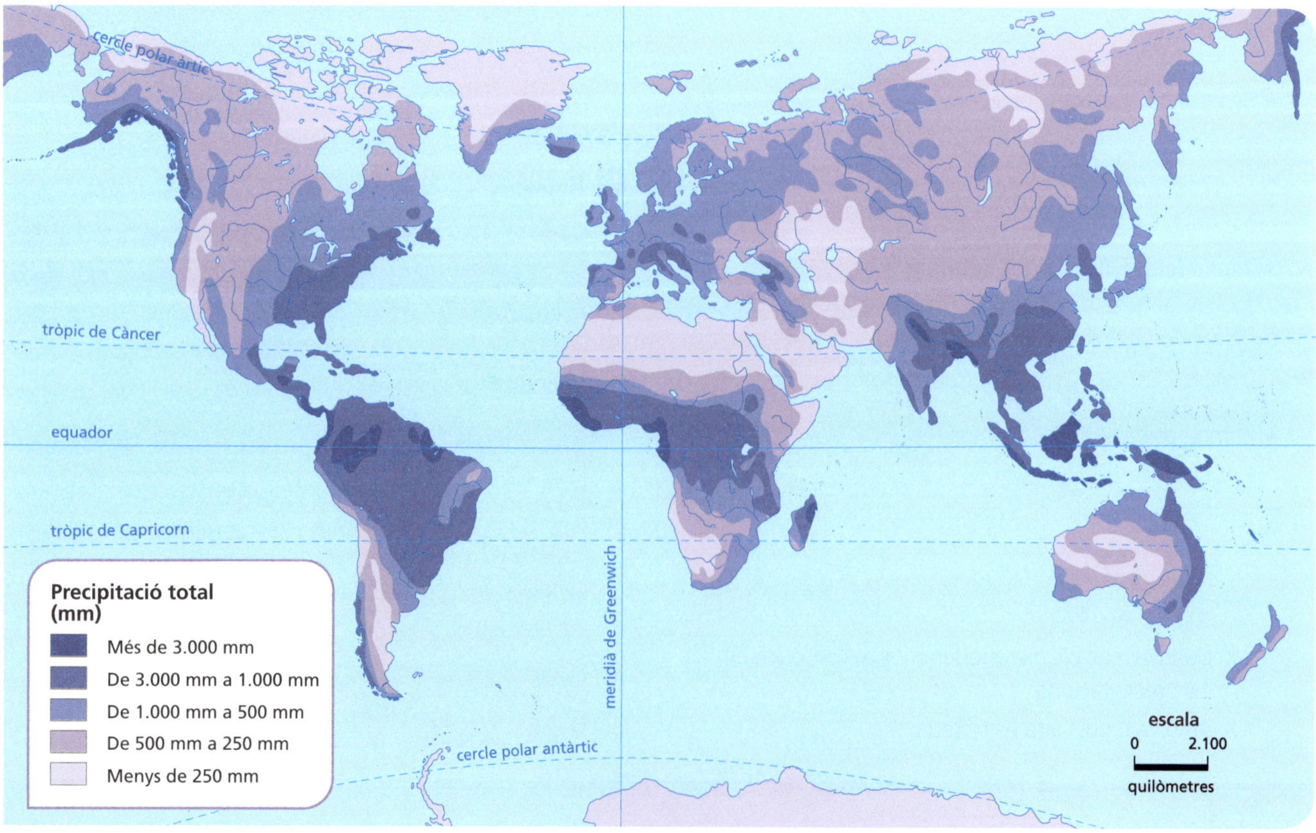

ACTIVITATS

Comprèn

13 **Conceptes.** Defineix les paraules següents.

- Humitat
- Precipitacions

14 **Identifica.** Marca cert (C) o fals (F), segons correspongui.

- ☐ L'aigua pot caure en forma líquida.
- ☐ L'aigua pot caure en forma de neu.
- ☐ L'aigua pot caure en estat sòlid.
- ☐ L'aigua no pot caure sobre la Terra.

Raona

15 **Ordena.** Observa el dibuix. Numera cada fase per ordenar el procés.

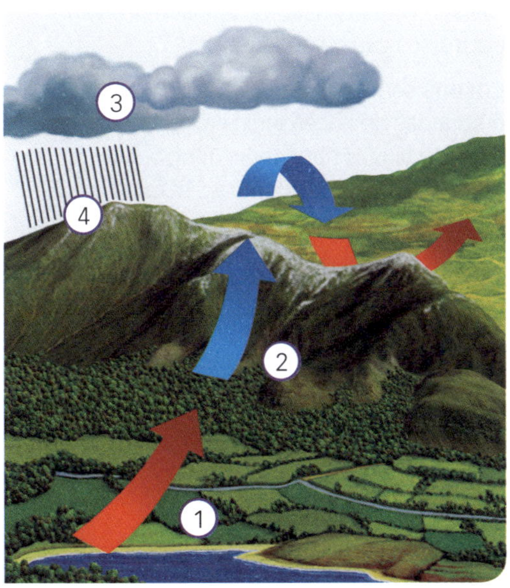

- ◯ El vapor d'aigua es condensa i forma núvols.
- ◯ L'aire càlid i humit procedent del mar puja per superar el relleu.
- ◯ Quan els núvols es refreden molt, es produeixen les precipitacions.
- ◯ Amb l'altitud, l'aire es refreda.

Aplica

16 **Analitza.** Observa el mapa de la pàgina 50 i respon les preguntes.

- On es produeixen les precipitacions més abundants, entre els tròpics o a les zones temperades?
- On plou menys, a l'equador o a les zones tropicals?
- Indica la zona de l'Àfrica on plou més i la zona on plou menys.

Recapitula

17 **Resumeix.** Completa la taula.

	Les precipitacions
Definició	
Formació	
Tipus	• Pluja • •
Factors que les modifiquen	• Latitud • •

4 La pressió atmosfèrica i el vent

La pressió atmosfèrica

La **pressió atmosfèrica** és el pes que exerceix l'aire en un punt determinat de la superfície terrestre. Com més pes de l'aire, més pressió hi ha. La pressió es mesura amb el **baròmetre** i s'expressa en **mil·libars (mbar)** o en **hectopascals (hPa)**.

La pressió de l'aire no és igual a tot el planeta, depèn de l'altitud i de la temperatura:

- **La pressió disminueix amb l'altitud.** A les zones més altes la pressió és més baixa, ja que tenen a sobre menys quantitat d'aire.
- **La pressió varia amb la temperatura de l'aire.** L'aire càlid pesa menys que l'aire fred i, per tant, exerceix menys pressió.

Les zones que tenen una pressió inferior a 1.013 hectopascals s'anomenen de **baixes pressions o depressions (D)** i solen originar un temps inestable i pluges.

Les zones que tenen una pressió superior a 1.013 hectopascals s'anomenen d'**altes pressions o anticiclons (A)** i solen originar un temps estable i sec.

DICCIONARI VISUAL

Mapa de pressió atmosfèrica

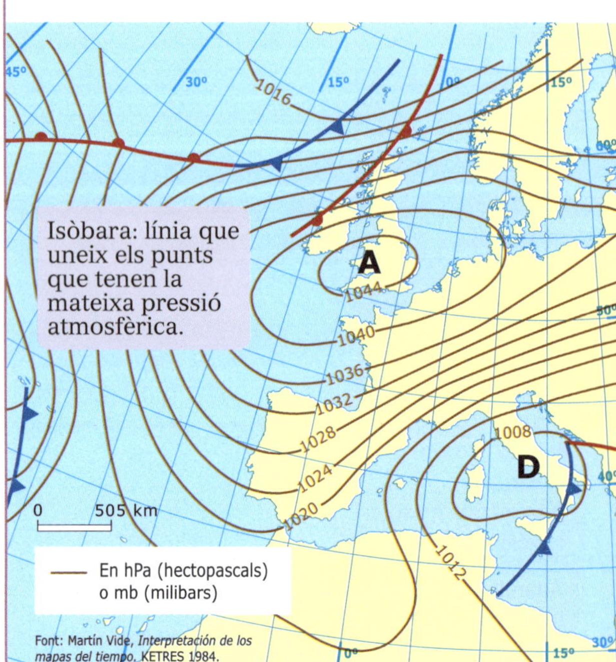

El vent

El **vent** és una massa d'aire en moviment. La velocitat del vent es mesura amb l'**anemòmetre** i s'expressa en **quilòmetres per hora (km/h)**. Per conèixer-ne la direcció es fa servir el **penell**.

El vent s'origina per les diferències de pressió atmosfèrica entre unes zones de la Terra i unes altres. L'aire bufa sempre des de les zones d'altes pressions fins a les zones de baixes pressions.

Hi ha diferents tipus de vents:

- Els **vents constants**, que sempre bufen en la mateixa direcció.
- Els **vents estacionals**, que canvien de direcció segons les estacions.
- Els **vents** que experimenten **canvis diaris**.
- Hi ha **vents locals**, propis de determinades zones.

ALGUNS EXEMPLES

Els **alisis** són vents constants, que sempre van des dels tròpics cap a l'equador.

Els **monsons** són vents estacionals: a l'estiu, el monsó bufa des de l'oceà Índic cap al continent asiàtic i porta pluges abundants, mentre que a l'hivern bufa des del continent cap al mar i porta un temps estable i sec.

Les **brises marines** són vents diaris, que durant el dia bufen des del mar cap a terra, i durant la nit des de terra cap al mar.

La **tramuntana** a Catalunya o el cerç a la vall de l'Ebre són vents locals.

Brises marines

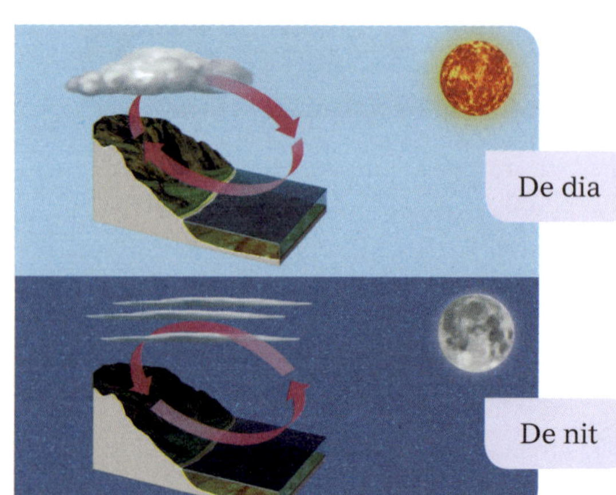

ACTIVITATS

Comprèn

18 **Recorda.** Completa les oracions.

- La ________________ atmosfèrica és el pes que exerceix l'aire en un punt determinat de la superfície terrestre. Com més pes de l'aire, més ________________ hi ha.
- El vent és una massa d'________________ en moviment. El vent s'origina per les diferències de ________________ atmosfèrica entre unes zones de la ________________ i unes altres.

19 **Identifica.** Marca si són vertaderes (V) o falses (F) les afirmacions següents.

- ☐ La pressió atmosfèrica augmenta amb l'altitud.
- ☐ La pressió sempre és constant.
- ☐ Per conèixer la direcció en què es mou el vent es fa servir el penell.
- ☐ L'aire bufa sempre des de les zones de baixes pressions fins a les zones d'altes pressions.

20 **Ordena.** Completa la taula

Tipus de vent	Característiques
Constants	

Raona

21 **Pensa.** Un meteoròleg informa que la pressió atmosfèrica sobre una zona determinada serà de 1.018 hPa.

- Quina lletra farà servir en el mapa del temps per indicar la pressió, la A o la D? Argumenta la resposta.

____

____

- Quin temps farà, estable o inestable? Raona la resposta.

____

____

Aplica

22 **Interpreta el mapa.** Completa el mapa i respon les preguntes.

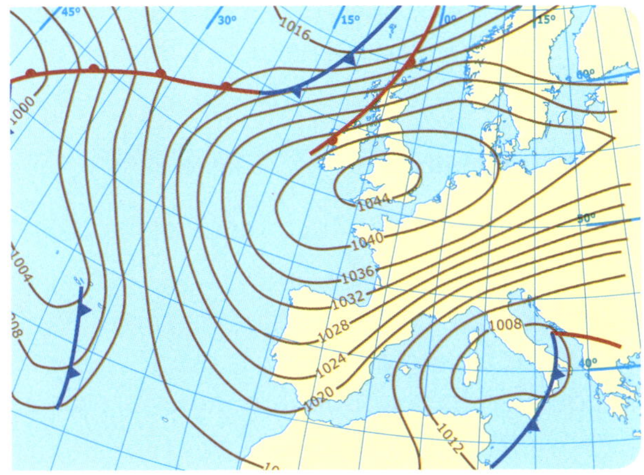

- Escriu la A (anticicló), la D (depressió) i la F (front) on correspongui.
- La península Ibèrica està sota la influència d'un anticicló o d'una depressió?

____

- Segons les isòbares, quin temps fa?

____

Recapitula

23 **Resumeix.** Completa la taula.

La pressió atmosfèrica	
Definició	
Tipus	
Aparell de mesura	
Factors i elements que la modifiquen	
El vent	
Definició	
Tipus	• Constants. • • •
Aparell que mesura la velocitat	
Aparell que indica la direcció	

5 Els climes de la Terra

La Terra es divideix en cinc zones climàtiques: una zona càlida, dues de temperades i dues de fredes. Dins de cada zona hi ha climes molt diferents.

Els climes càlids

La **zona càlida** està situada entre els tròpics. S'hi distingeixen tres grans climes:

- **Equatorial**. Les temperatures són càlides i varien poc al llarg de l'any. Les precipitacions són regulars i molt abundants, superiors als 2.000 mm anuals.
- **Tropical**. Les temperatures són altes. Les precipitacions, abundants en el **tropical humit** i força escasses en el **tropical sec**, es concentren en una estació humida, llarga en l'humit i breu en el sec.
- **Desèrtic**. Les temperatures són molt elevades durant el dia, i les precipitacions, molt escasses, inferiors als 250 mm anuals.

Els climes temperats

La **zona temperada** se situa entre els tròpics i els cercles polars. S'hi distingeixen **quatre estacions**.

S'hi diferencien tres tipus de climes:

- **Mediterrani i similars**. D'hiverns suaus i estius càlids. Les precipitacions són escasses i irregulars; n'és característica la sequera estival.
- **Oceànic o atlàntic**. Les temperatures són suaus durant tot l'any. Les precipitacions són abundants i regulars.
- **Continental**. Els hiverns són molt freds i els estius són càlids. Les precipitacions es concentren a l'estiu.

Els climes freds

El **clima polar** es dóna entre els cercles polars i els pols, amb les temperatures més baixes del planeta i precipitacions escasses.

A les **muntanyes altes** també es dóna un clima fred, però amb precipitacions abundants, sovint en forma de neu.

DICCIONARI VISUAL

Climogrames

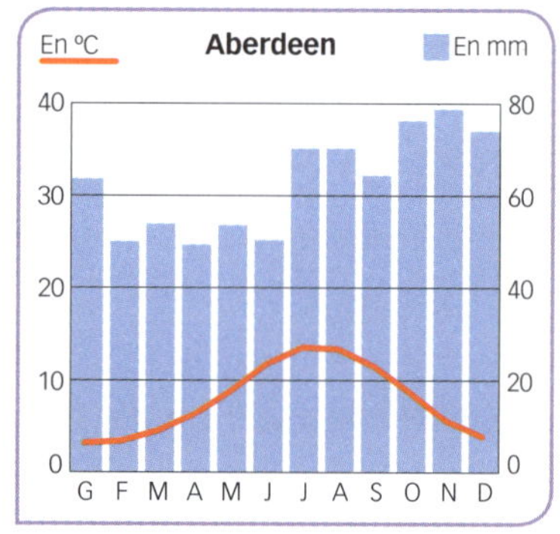

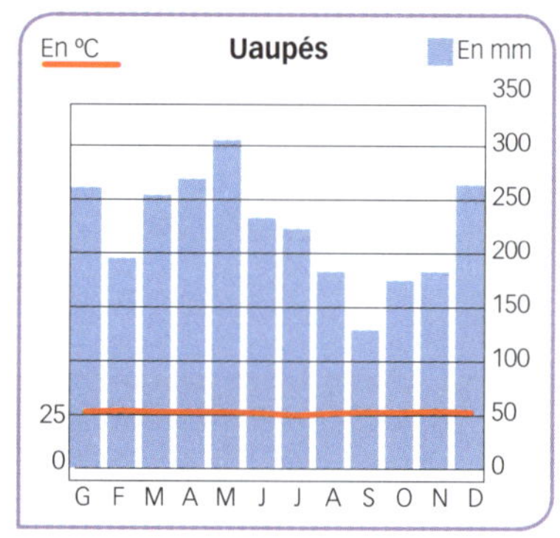

PARA ATENCIÓ

Els climes s'agrupen i es distribueixen dins de cada zona climàtica.

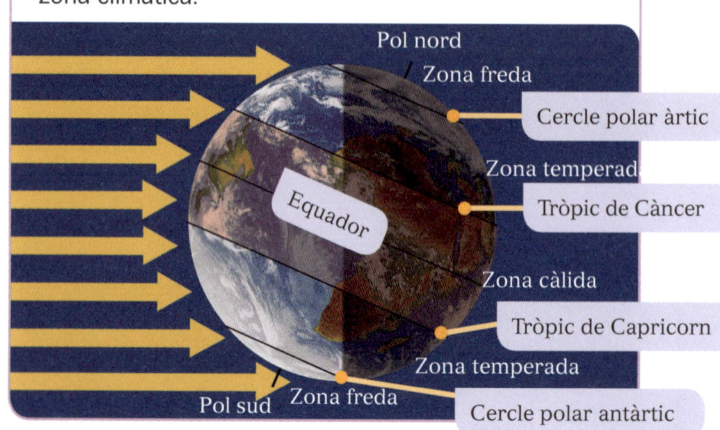

ACTIVITATS

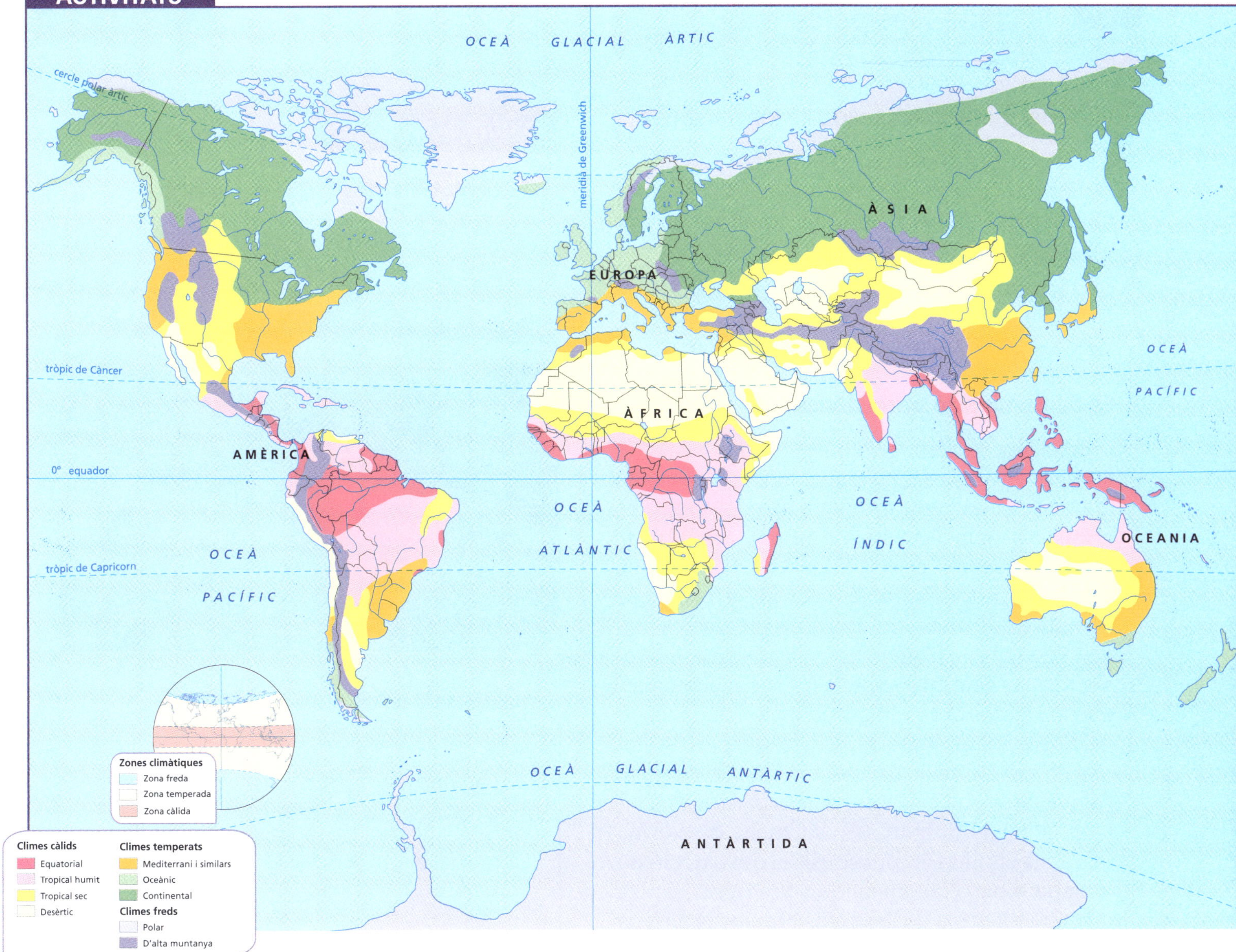

Aplica

24 **Situa en el mapa.** Observa el mapa i respon les preguntes.

- Indica el nom de tres països amb clima mediterrani.
- Quins climes trobem a Europa?
- Indica els diferents tipus de climes de l'Amèrica del Nord.
- En quins continents hi ha clima equatorial? En quins no?

Recapitula

25 **Resumeix.** Completa la taula.

Climes			
Tipus		Caracterítiques	
		Temperatures	Precipitacions
Càlids	Equatorial		
	Tropical humit		
Temperats			
Freds			

6 El clima i les persones

El clima condiciona la vida de les persones

Les condicions climàtiques limiten en gran manera l'ús del sòl i les activitats humanes. El **fred**, l'**aridesa** i la **calor humida i constant** en són els obstacles principals.

El clima també presenta riscos per a les persones. De fet, una gran part de les **catàstrofes naturals**, les originen fenòmens meteorològics.

La contaminació atmosfèrica

L'atmosfera concentra impureses i gasos residuals derivats de les activitats humanes. Això és el que anomenem **contaminació atmosfèrica**. Les principals fonts d'emissió de gasos contaminants són les indústries, els fertilitzants nitrogenats que s'usen en l'agricultura, les centrals elèctriques i els mitjans de transport. Entre els problemes mediambientals més importants cal destacar els següents: l'**efecte hivernacle** (es caracteritza perquè uns gasos determinats permeten que la calor del Sol arribi a la superfície terrestre, però eviten que en torni a sortir), la **pluja àcida** (té lloc quan l'aigua de la pluja es barreja amb partícules contaminants), el **boirum** (és una mena de boirina que irrita els ulls i els pulmons) i la **destrucció de la capa d'ozó** (l'augment de clor a l'atmosfera fa disminuir la capa de l'estratosfera que protegeix la Terra de les radiacions ultraviolades del Sol).

La comunitat científica ha alertat que si no s'adopten mesures per frenar l'emissió de gasos d'efecte hivernacle, serà molt difícil evitar-ne les conseqüències negatives per al clima. Per aquesta raó se celebren periòdicament **cimeres climàtiques** en què es pacta una reducció de la producció de gasos d'efecte hivernacle.

L'escalfament global i el canvi climàtic

L'**escalfament global** és l'augment de la temperatura mitjana en la superfície terrestre durant els darrers cent anys. Els científics han alertat que l'ascens de les temperatures pot provocar un **canvi climàtic**. Segons les seves prediccions, el clima es farà més extrem i imprevisible. D'altra banda, l'augment de les temperatures està intensificant el **desglaç dels casquets polars**, i ha provocat una **pujada del nivell del mar**.

DICCIONARI VISUAL

Efectes de la força de l'aigua en una riera

Evolució de la temperatura de l'atmosfera

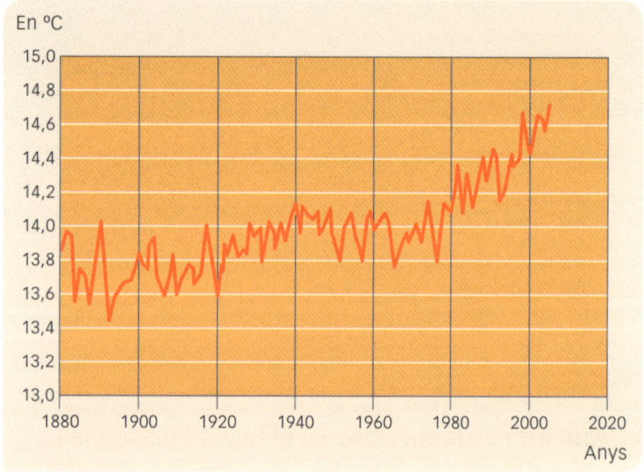

Evolució de les emissions mundials de diòxid de carboni

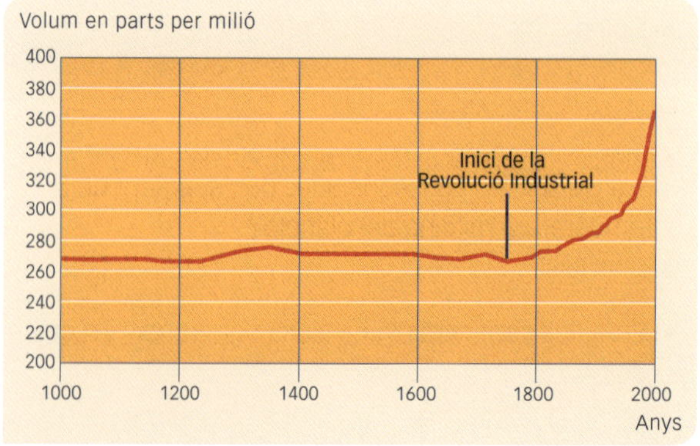

ACTIVITATS

Comprèn

26 **Conceptes.** Explica el significat.

- Contaminació atmosfèrica
- Efecte hivernacle
- Capa d'ozó

27 **Identifica.** Indica si són vertaderes (V) o falses (F) les afirmacions següents.

☐ El fred, l'aridesa i la calor humida i constant són els obstacles principals per als assentaments humans.

☐ L'augment de les temperatures està intensificant el desglaç dels casquets polars i provoca la disminució del nivell del mar.

☐ Una gran part de les catàstrofes naturals, com ara les inundacions, els huracans i les sequeres, les originen fenòmens meteorològics.

Raona

28 **Contesta les preguntes següents.**

- Quin és l'origen de la contaminació atmosfèrica?
- Què provoca el canvi climàtic?
- Quines són les conseqüències de l'augment de la temperatura mitjana del planeta?

Aplica

29 **Interpreta el dibuix.** Respon les preguntes.

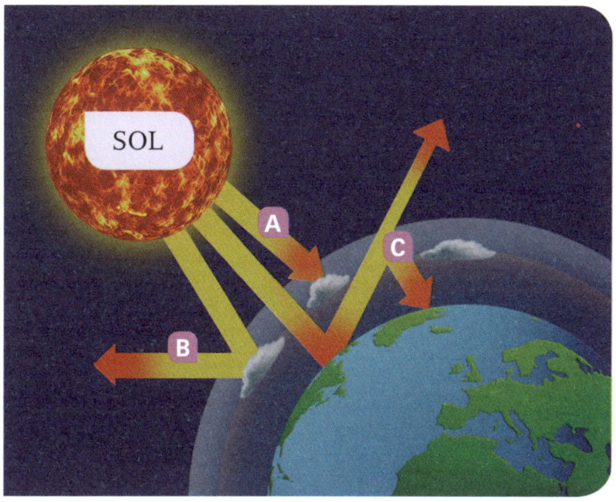

- Què vol dir "efecte hivernacle"?
- Ordena les diferents fases del procés de l'efecte hivernacle.
- De quina manera l'emissió de determinats tipus de gasos provoca l'efecte hivernacle?

Recapitula

30 **Resumeix.** Completa l'esquema.

CLIMA

Condiciona la vida dels éssers humans	Pot provocar catàstrofes	Pot ser modificat pels éssers humans
• • •	• inundacions • huracans • sequeres	• • •

➔ SABER FER: Interpretar un climograma

El **climograma** és un gràfic que ens permet conèixer el clima d'un lloc. Amb una línia vermella i unes barres blaves s'hi representen les temperatures mitjanes i les precipitacions absolutes dels dotze mesos de l'any d'una estació meteorològica.

A l'eix vertical esquerre es representen les temperatures en graus Celsius (°C).

L'altura de cada barra vertical indica les precipitacions que han caigut en aquell lloc durant aquell mes. La barra es pinta de blau.

A l'eix horitzontal es representen els mesos de l'any, cada un amb la seva inicial.

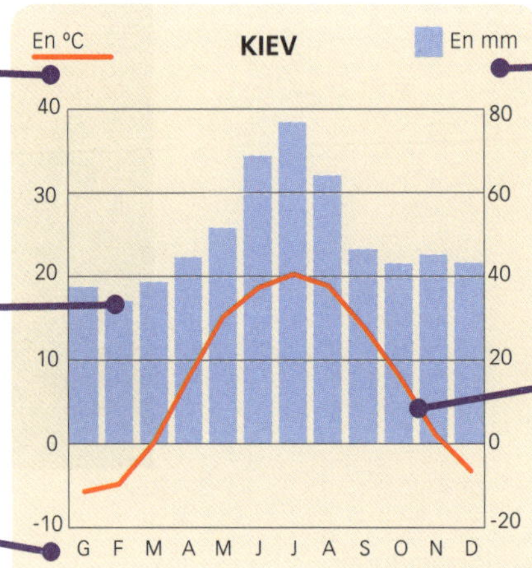

A l'eix vertical dret es representen les precipitacions en mil·límetres (mm).

La línia contínua uneix les temperatures mitjanes de cada mes. La corba resultant es pinta de vermell i ens indica l'evolució anual de les temperatures.

QUINS PASSOS HAS DE SEGUIR?

1 Com se sap quina temperatura ha fet en un mes concret?

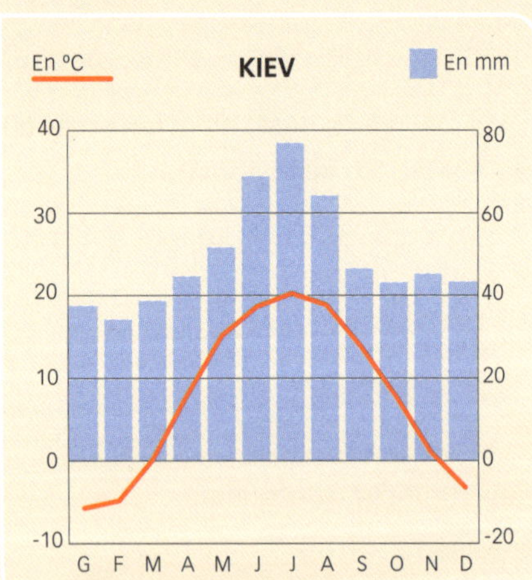

Has de mirar el mes que t'interessa i traçar una línia vertical des de la lletra del mes fins a la línia vermella. En el punt de tall, dibuixa una línia horitzontal fins a l'eix de l'esquerra. En l'exemple, al mes d'abril la temperatura va arribar als 7 °C.

2 Com se sap quina ha estat la quantitat de pluja que ha caigut durant un mes concret?

Observa la barra del mes que t'interessa i que comença a la línia horitzontal que indica 0 mm. Dibuixa una línia fins on arriba. Des d'allà, traça una línia horitzontal fins a l'eix de la dreta. En l'exemple, a l'abril la precipitació va ser de 43 mm.

3 Què has de fer?

1r Analitza les temperatures. T'indicaran si es tracta d'un clima càlid (superiors a 20 °C), temperat (canvien segons les estacions) o fred (sempre baixes).

2n Analitza les precipitacions. Et permetrà saber si es tracta d'un clima sec o humit.

- Si les pluges superen els 1.000 mm anuals es tracta d'un clima humit. Si són inferiors a 250 mm es tracta d'un clima sec.
- Quant a la distribució, has de comprovar si plou durant tot l'any o si hi ha estacions seques. Als mesos secs, la barra de les precipitacions queda per sota de la línia de les temperatures.

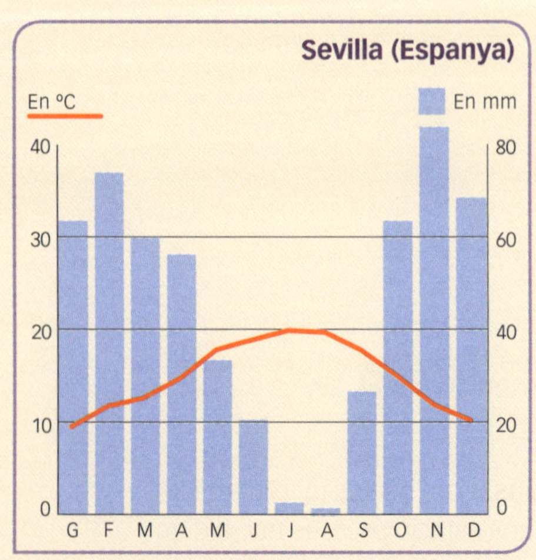

CLIMES CÀLIDS Les temperatures superen sempre els 20 °C.	**Equatorial**	• Hi plou molt. La suma de les precipitacions de tot l'any supera els 2.000 mm. • No hi ha estació seca.
	Tropical	• Hi plou molt. Les precipitacions oscil·len entre els 500 i els 2.000 mm anuals. • Hi ha una estació seca.
	Desèrtic	• Quasi no plou. Les precipitacions són inferiors als 250 mm anuals.
CLIMES TEMPERATS Les temperatures varien segons les estacions de l'any.	**Mediterrani**	• Hi plou poc, entre 300 i 800 mm l'any. • L'estiu és força sec.
	Oceànic o atlàntic	• Hi plou per sobre dels 800 mm anuals. • Plou durant tot l'any.
	Continental	• Les precipitacions anuals no són gaire abundants. • L'estiu és l'estació més plujosa.
CLIMES FREDS Les temperatures són força baixes, cap mes no supera els 10 °C.	**Polar**	• Les precipitacions anuals són força escasses, inferiors als 300 mm.
	Alta muntanya	• Les precipitacions són abundants, superen els 1.000 mm anuals. • Hi plou durant tot l'any.

Exemple resolt

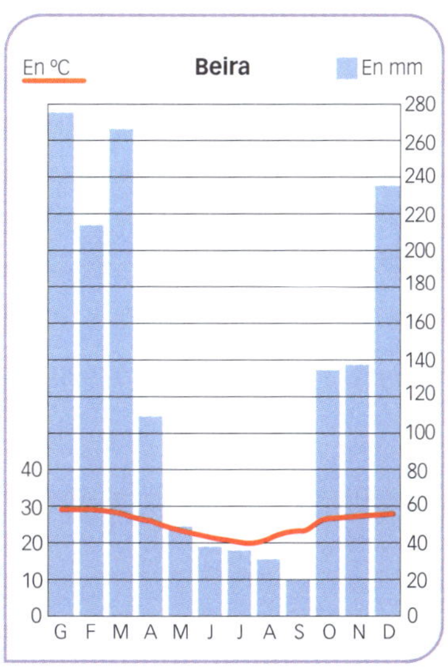

Temperatures. Les temperatures superen sempre els 20 °C. Per tant, és un clima càlid.

Precipitacions.

- **Total anual.** Hi plou molt. Les precipitacions superen els 1.000 mm anuals. Es tracta d'un clima plujós
- **Distribució anual.** Té una estació seca.

Conclusions. Com que és un clima càlid, plujós i té una estació seca, es tracta d'un clima tropical.

Fes-ho tu

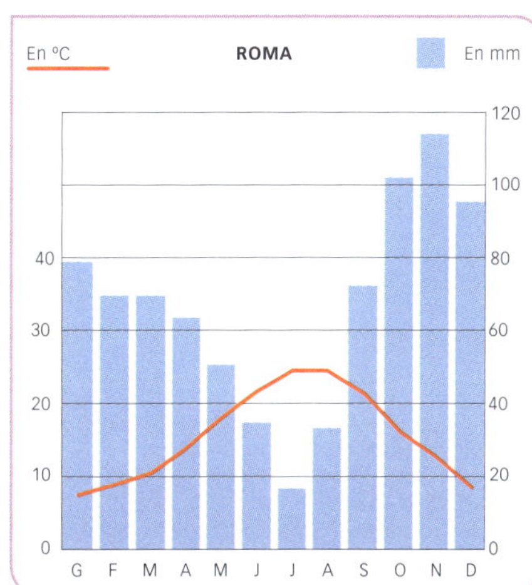

31 **Analitza el climograma.** Respon les preguntes.

- Com són les temperatures?
  ☐ Altes ☐ Baixes ☐ Varien segons l'estació de l'any
- Com és el clima, segons la temperatura?
  ☐ Fred ☐ Càlid ☐ Temperat
- Quant plou?
  ☐ Entre 300 i 800 mm anuals ☐ Inferiors als 250 mm anuals
  ☐ Superiors als 2.000 anuals
- Hi ha una estació seca?
  ☐ Sí ☐ No
- Si hi ha una estació seca, indica quina.
  ☐ Primavera ☐ Estiu ☐ Tardor ☐ Hivern
- De quin tipus de clima es tracta? Argumenta la resposta.

AUTOAVALUACIÓ

Marca l'opció correcta en cada cas.

1. Les dues capes de l'atmosfera més properes a la superfície terrestre són:
   - ☐ L'exosfera i la ionosfera.
   - ☐ La troposfera i l'estratosfera.
   - ☐ La mesosfera i la ionosfera.

2. Què és el temps?
   - ☐ És la temperatura mitjana d'un lloc concret.
   - ☐ És l'estat de l'atmosfera en un moment i un lloc concrets.
   - ☐ És l'estat de l'atmosfera durant un període de 50 anys.

3. Què és el clima?
   - ☐ Les característiques del comportament habitual de l'atmosfera en una zona concreta del planeta.
   - ☐ El comportament de l'atmosfera en una estació de l'any.
   - ☐ Les característiques de l'atmosfera en un lloc i un moment determinat.

4. Quantes zones climàtiques hi ha a la Terra?
   - ☐ Cinc: dues fredes, dues temperades i una càlida.
   - ☐ Sis: dues fredes, dues temperades i dues càlides.
   - ☐ Set: dues fredes, dues temperades i tres càlides.

5. Quins factors modifiquen les temperatures?
   - ☐ La latitud, l'altitud i la distància al mar.
   - ☐ La latitud, la longitud i la distància al mar.
   - ☐ La latitud, la pressió i la distància al mar.

6. Quins tipus de vents hi ha?
   - ☐ Vents irregulars, diaris, setmanals i mensuals.
   - ☐ Vents constants, estacionals, diaris i locals.
   - ☐ Vents constants, estacionals, diaris i setmanals.

7. De què depèn la pressió de l'aire?
   - ☐ De l'altitud i la temperatura.
   - ☐ De la latitud i la longitud.
   - ☐ De l'altitud i el vent.

8. Les zones que tenen una pressió superior a 1.013 hPa són zones que s'anomenen...
   - ☐ D'altes pressions.
   - ☐ De baixes pressions.
   - ☐ De pressions intermèdies.

9. El clima mediterrani és un tipus de clima...
   - ☐ Fred.
   - ☐ Temperat.
   - ☐ Càlid.

10. L'escalfament global és...
    - ☐ L'augment del forat de la capa d'ozó.
    - ☐ L'augment de la temperatura mitjana en la superfície terrestre durant els darrers cent anys.
    - ☐ L'emissió de gasos contaminants.

REPÀS ACUMULATIU

Observa la fotografia i respon les preguntes.

- Com han de ser les temperatures d'aquest lloc?

  ____

  ____

- I les precipitacions?

  ____

  ____

- Per tant, quin ha de ser el tipus de clima?

  ____

  ____

5 Els paisatges de la Terra

A la Terra podem trobar força varietat de paisatges. Els paisatges naturals es configuren a partir del clima, el relleu, la vegetació i el sòl.

Els paisatges naturals han estat transformats en molts casos per l'acció humana.

ELS PAISATGES DE LA TERRA

- **ELS PAISATGES NATURALS**
  - La selva
  - El paisatge mediterrani
  - El paisatge continental
  - La sabana
  - El paisatge oceànic
  - Els paisatges freds
- **ELS PAISATGES TRANSFORMATS**
  - El paisatge rural
  - El paisatge urbà
  - El paisatge industrial

1 El paisatge natural

Els elements del paisatge natural

El paisatge natural és el resultat de la interacció del clima, el relleu, la vegetació i el sòl, fonamentalment. Els elements del paisatge condicionen l'ocupació humana d'aquest espai:

- **El clima.** El fred de les regions polars, l'aridesa dels deserts i la calor i la humitat de les selves dificulten la vida de les persones en aquests indrets.
- **El relleu.** La majoria de la població viu en zones planes o costaneres. S'estima que un terç de la població mundial habita a menys de 50 km del mar.
- **Les aigües.** La població es concentra a prop dels rius, així els humans poden disposar d'aigua per al seu consum, per regar els camps, per a les indústries, etc.

Hi ha paisatges naturals pràcticament deshabitats, perquè presenten grans dificultats per a l'assentament de la població. No obstant això, els éssers humans són capaços de superar les limitacions imposades pel medi natural mitjançant la tecnologia. Per fer front a l'aridesa, es construeixen sistemes de reg.

DICCIONARI VISUAL

Paisatge del desert

Paisatge mediterrani litoral

DICCIONARI VISUAL **Paisatge natural**

ACTIVITATS

Comprèn

1 Identifica. Marca vertader (V) o fals (F), segons correspongui.

- ☐ El paisatge natural és el resultat de la interacció del clima, el relleu, la vegetació i el sòl, fonamentalment.
- ☐ El paisatge natural és el resultat de la intervenció de les persones sobre el relleu.
- ☐ El paisatge natural és el resultat de la interacció del clima i l'acció humana.

2 Resumeix. Completa l'esquema.

ELS ELEMENTS DEL PAISATGE

que condicionen

l'ocupació humana

són

[ ] [ ] [ ]

3 Analitza. Contesta les preguntes següents.

- Per què a les regions polars la vida és pràcticament impossible?
- On viu la majoria de la població mundial, a la muntanya, a la plana o a la costa?
- Per què els humans acostumen a habitar zones properes als rius?

Raona

4 Identifica. Marca amb una creu el paisatge més apte per viure-hi.

☐ 

☐ 

5 Explica. Pensa i respon per què en l'exercici anterior has triat el paisatge marcat.

6 Explica. Pensa i respon.

- Per què hi ha paisatges naturals protegits?
- Coneixes alguna zona natural protegida? Digues-ne el nom i la ubicació.

Recapitula

7 Resumeix. Explica quins elements del paisatge condicionen l'ocupació humana en un indret.

2 El paisatge transformat

L'acció dels humans

El **paisatge transformat** o **humanitzat** és el resultat de la intervenció dels humans sobre el medi natural. Els paisatges més favorables per a la vida són els més habitats i també són els més transformats.

Entre els paisatges transformats podem diferenciar:

- **El paisatge rural**: és el paisatge natural modificat a causa de les activitats agràries. L'agricultura altera l'entorn, elimina la vegetació natural, es creen terrasses als vessants de les muntanyes per conrear-les, es construeixen embassaments i canals de reg, es fan servir adobs i pesticides que contaminen el sòl, etc.
- **El paisatge urbà**: és el paisatge natural modificat per l'edificació de pobles i ciutats. Els terrenys s'aplanen per poder-hi construir, i els habitants contaminen l'aire, el sòl i l'aigua.
- **El paisatge industrial**: és el paisatge natural modificat per la construcció d'indústries. Les indústries, la mineria, els transports... alteren el relleu i la vegetació, i contaminen el medi ambient.

La transformació del medi natural depèn de la capacitat tecnològica dels éssers humans. Com més tecnologia té una societat, més transforma el paisatge natural.

DICCIONARI VISUAL

Paisatge transformat per l'acció humana

DICCIONARI VISUAL **Paisatge transformat**

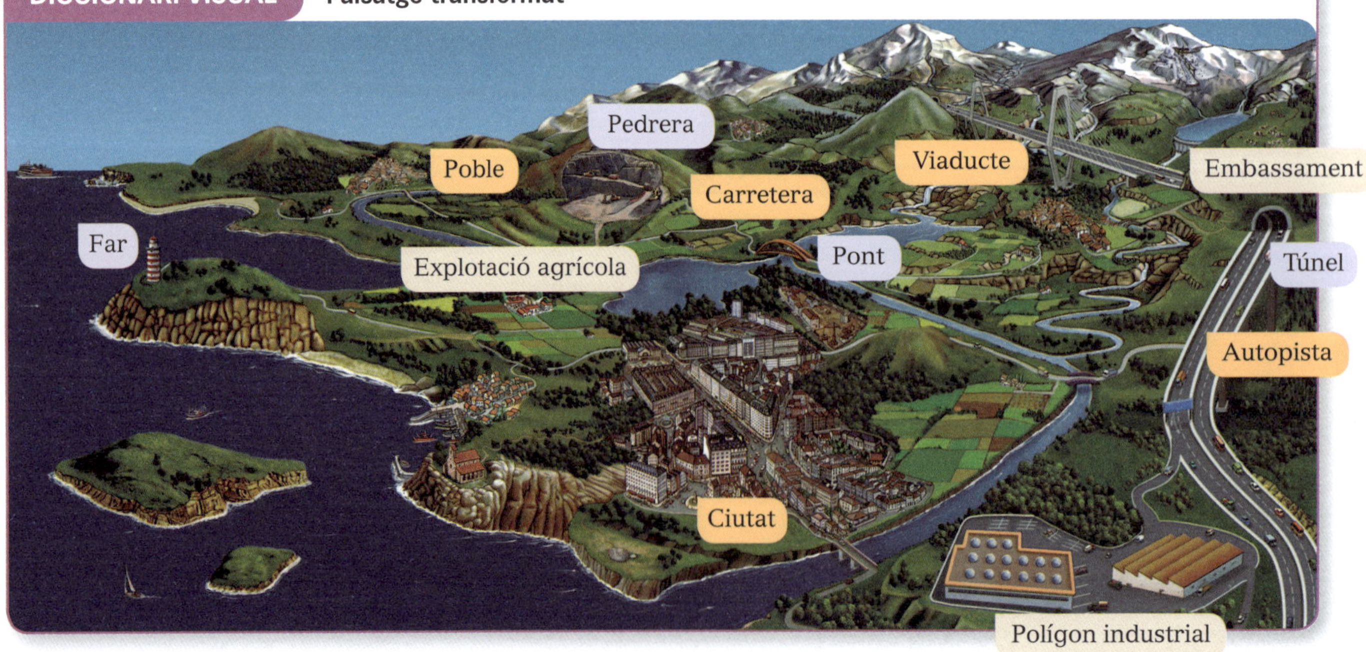

ACTIVITATS

Comprèn

8 **Identifica.** Marca amb una creu la definició correcta de paisatge transformat.

- ☐ El paisatge transformat o humanitzat és el resultat de la intervenció dels humans sobre el medi natural.
- ☐ El paisatge transformat o humanitzat és el resultat de la intervenció del clima, el relleu, la vegetació i el sòl.

9 **Resumeix.** Completa l'esquema.

PAISATGE TRANSFORMAT O HUMANITZAT

podem diferenciar-ne tres tipus

10 **Relaciona.** Uneix cada paisatge amb la seva definició.

Paisatge rural	És el paisatge natural modificat per la construcció d'indústries.
Paisatge urbà	És el paisatge natural modificat a causa de les activitats agràries.
Paisatge industrial	És el paisatge natural modificat per l'edificació de poblacions i ciutats.

11 **Conceptes.** Explica de què depèn, principalment, la transformació del medi natural.

Aplica

12 **Interpreta.** Segueix aquests passos per interpretar la imatge d'aquest paisatge.

- Observa i enumera primer els elements naturals i a continuació els elements humans.
- Classifica el paisatge com a natural o transformat. Si és transformat, indica si es tracta d'un paisatge rural, urbà, turístic...
- Descriu el paisatge. Elabora un text breu.

Recapitula

13 **Resumeix.** Defineix.

- Paisatge natural:
- Paisatge transformat o humanitzat:

3 Els paisatges càlids: la zona equatorial i la zona tropical

El paisatge de la zona equatorial: la selva

La selva s'estén per les regions situades al voltant de l'equador, en què el clima és equatorial.

Les característiques del clima equatorial són:

- **Les temperatures sempre són càlides.** Gairebé no hi ha diferències de temperatura entre les estacions ni entre el dia i la nit.
- **Les precipitacions són molt abundants** al llarg de l'any.

Els **rius equatorials** són molt **cabalosos i regulars**, ja que travessen zones de pluges abundants.

La calor i la humitat afavoreixen el desenvolupament d'un **bosc sempre verd i molt dens**. Hi ha gran varietat d'espècies, tant vegetals com animals.

La zona equatorial és poc poblada pels éssers humans. A l'interior de la selva hi ha grans zones pràcticament deshabitades. Només hi viuen alguns pobles dedicats a la caça i la recol·lecció. La població es concentra a la costa, els altiplans i les faldes de les muntanyes.

El paisatge de la zona tropical: la sabana

Al nord i al sud de la zona equatorial, cap als tròpics, s'estenen les regions tropicals.

Les característiques del **clima tropical** són les següents:

- **Les temperatures són elevades** durant tot l'any.
- **Les precipitacions són abundants**, però es concentren en una època de l'any. Per tant, hi ha una alternança de l'**estació seca** i l'**estació humida**.

Els **rius tropicals** tenen un **cabal irregular** que varia segons les pluges.

L'existència de l'estació seca origina un paisatge de **sabana**. La sabana és una enorme plana formada per herbes que poden assolir una gran alçada. Entre les herbes creixen alguns arbustos.

La població que viu a la sabana es concentra a les costes i a les ribes dels rius. La majoria de la població viu al camp.

Clima equatorial

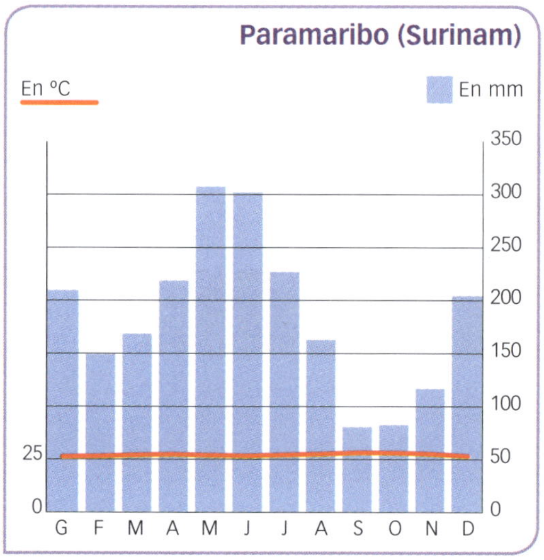

Clima tropical sec

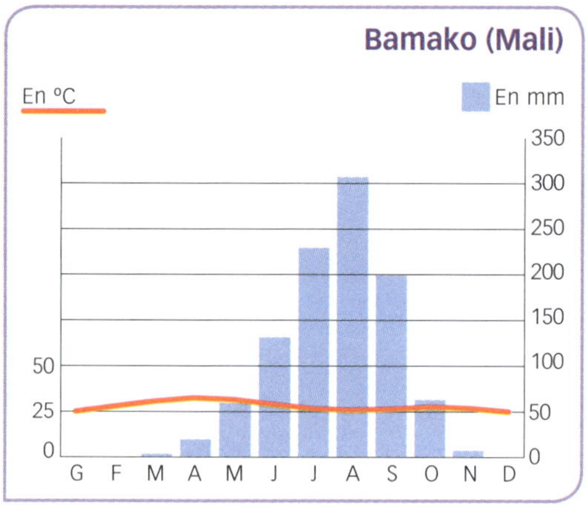

SABIES QUE...

Els **pigmeus**, que viuen a la selva, a l'Àfrica central, són d'estatura baixa (entre 1,25 i 1,45 m) i viuen de la caça, la pesca i la recol·lecció. Es desplacen contínuament a la recerca d'aliments.

ACTIVITATS

Comprèn

14 **Indica.** Marca E si pertany a la zona equatorial i T si és característic de la zona tropical.

	E	T
• Les precipitacions són abundants durant tot l'any.	☐	☐
• Les temperatures són elevades tot l'any.	☐	☐
• Les precipitacions són abundants però es concentren en una època de l'any.	☐	☐
• Hi ha alternança d'estació seca i humida.	☐	☐
• Els rius són cabalosos i regulars.	☐	☐
• Hi ha gran varietat d'espècies animals i vegetals.	☐	☐
• Els rius tenen un cabal irregular.	☐	☐

15 **Identifica.** Escriu a quin tipus de paisatge correspon cada fotografia.

____

____

Raona

16 **Identifica.** Observa la fotografia i fes les activitats.

- Com són les precipitacions d'aquesta zona?

____

- Com són les temperatures, càlides o fredes?

____

- Com és la vegetació: verda o groga; abundant o escassa?

____

- A quin tipus de clima correspon? Per què ho creus?

____

____

- Com s'anomena la vegetació d'aquesta zona?

____

Recapitula

17 **Resumeix.** Completa la taula.

	Paisatge equatorial: selva	Paisatge tropical: sabana
Temperatura		
Precipitacions		
Vegetació		
Rius		

4 El paisatge desèrtic de la zona càlida

Els deserts

La característica principal del clima desèrtic és l'aridesa: les pluges són molt escasses i no sobrepassen els 250 mm anuals. En alguns deserts poden passar anys sense que hi plogui.

Ara bé, les temperatures varien entre els diferents deserts, i així es distingeixen els deserts càlids i els deserts freds.

- Els **deserts càlids** se situen al voltant dels tròpics. Les temperatures diürnes són sempre molt elevades i poden superar els 50 °C. De nit, les temperatures baixen bruscament, de vegades per sota dels 0 °C.
- Els **deserts amb estació freda** estan situats a la zona temperada. Durant l'estiu, les temperatures diürnes també són molt altes, però tenen un llarg hivern en què les temperatures baixen fins als 10 °C sota zero.

Als **deserts de sorra** hi predominen les dunes, mentre que als **deserts pedregosos** hi ha grans extensions de pedres i roques nues.

Els rius estan pràcticament secs la major part de l'any i només porten aigua quan plou. Aquests rius intermitents s'anomenen **uadis**.

La vegetació i la fauna del desert són escasses. Només hi viuen espècies adaptades a l'aridesa. A les zones més humides hi creixen palmeres datileres i s'hi formen **oasis**.

Els deserts són zones poc aptes per a la vida. Són zones pràcticament deshabitades. Hi viu menys del 2% de la població mundial.

Clima desèrtic

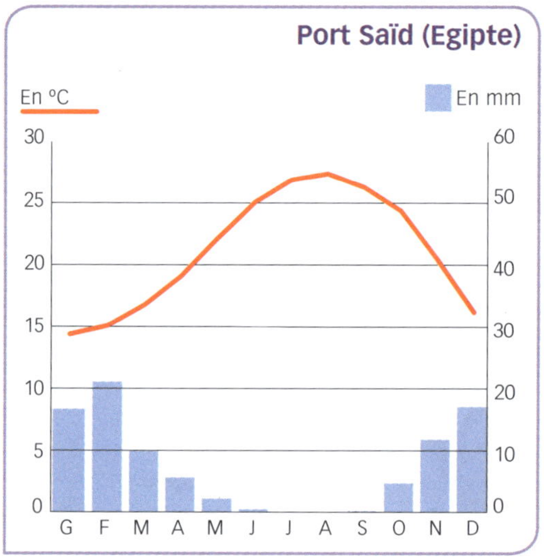

DICCIONARI VISUAL Paisatge del desert

ACTIVITATS

Comprèn

18 **Identifica.** Marca si són vertaderes (V) o falses (F) les afirmacions següents. Si consideres que alguna és errònia, escriu-la a sota correctament.

- ☐ La característica principal del clima desèrtic és que hi plou poc.
- ☐ Als deserts pedregosos hi predominen les dunes.
- ☐ Els rius de les zones desèrtiques sempre porten poc cabal.

19 **Relaciona.** Uneix els conceptes de totes dues columnes.

Deserts de sorra	roques nues
Deserts pedregosos	dunes

20 **Conceptes.** Defineix cada un d'aquests termes.

- Duna:
- Uadi:
- Oasi:

Raona

21 **Explica.** Escriu per què:

- Als deserts hi viuen molt poques persones.
- Els rius de les zones desèrtiques estan pràcticament secs la major part de l'any.
- Els oasis són un punt de trobada i descans per als que transiten pels deserts.
- Els tuaregs, nòmades del desert del Sàhara, es protegeixen el cap i la cara amb un mocador.
- Al desert és molt difícil orientar-se.

22 **Analitza.** Observa el mapa i fes les activitats:

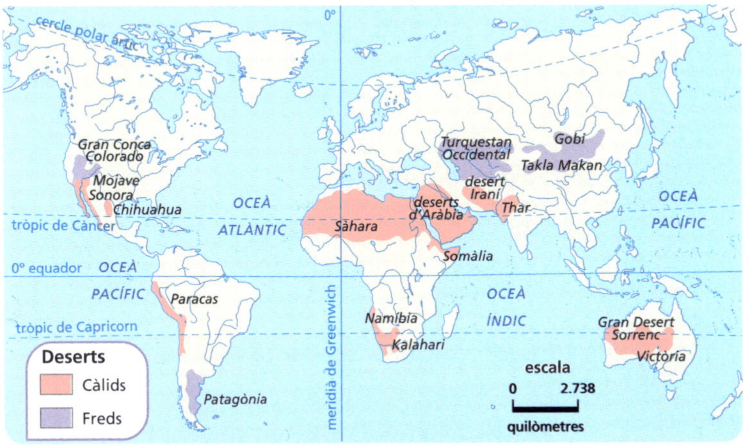

- En quin hemisferi hi ha més deserts i més grans, a l'hemisferi nord o a l'hemisferi sud?
- Quins són els deserts càlids principals?
- I els deserts amb estació freda?

5 Els paisatges de la zona temperada

El paisatge mediterrani

El paisatge mediterrani s'estén, sobretot, per les terres banyades pel mar Mediterrani.

Les característiques del clima mediterrani són les següents:

- Les **temperatures** són **elevades a l'estiu** i **suaus a l'hivern**.
- Les **precipitacions no són gaire abundants** i es concentren a la primavera i a la tardor. L'estiu és molt sec.

Els **rius** tenen un **cabal irregular**: a l'estiu redueixen significativament els seu cabal, mentre que en l'època de crescuda poden provocar fortes inundacions.

La vegetació s'adapta a la sequera estival. Les espècies característiques del clima mediterrani són l'**alzina** i l'**alzina surera** a l'interior, i el **pinastre** i el **pi pinyoner** a la costa.

Les regions de clima mediterrani estan molt poblades. La major part de la població viu en ciutats i es dedica a la indústria i els serveis.

El paisatge oceànic

El paisatge oceànic o atlàntic s'estén, sobretot, per les costes occidentals de les zones temperades.

Les característiques del clima oceànic són les següents:

- Les **temperatures són suaus** tot l'any a causa de la influència de l'oceà, encara que són més càlides a l'estiu que a l'hivern.
- Les **precipitacions** són **abundants** i **regulars**.

Els **rius** tenen un cabal **abundant** i **regular** tot l'any.

La **vegetació** és **abundant** i **molt verda**: prades extenses, boscos d'arbres de fulla caduca com el **faig**, el **castanyer** i el **roure**.

El paisatge oceànic està molt poblat. L'Europa occidental és una de les àrees més densament poblades del món. El clima bo, els sòls fèrtils i els recursos abundants n'han afavorit, des de temps antics, l'ocupació i el desenvolupament de les activitats humanes.

DICCIONARI VISUAL

Paisatge mediterrani d'interior

El paisatge continental

El paisatge continental s'estén sobretot a l'interior d'Europa, Àsia i l'Amèrica del Nord.

Les característiques del clima continental són:

- Les **temperatures són molt contrastades**: l'hivern és llarg i fred i l'estiu és curt i calorós.
- Les **precipitacions no són abundants** i es concentren a l'estiu.

Els **rius**, **glaçats durant els mesos més freds**, durant el desglaç poden provocar inundacions.

La vegetació característica de les zones més fredes és la **taigà** (formada per avets i pins) i a les zones més humides i càlides hi creixen **praderies**. A les zones més càlides i seques hi trobem l'**estepa**, formada per herbes de mida petita.

En la zona de la taigà la població és escassa.

DICCIONARI VISUAL

Taigà a Noruega

ACTIVITATS

Aplica

23 **Descriu.** Escriu M (Mediterrani), C (Continental) o O (Oceànic) on correspongui.

	M	C	O
• Les temperatures són fredes a l'hivern i elevades a l'estiu, que és quan plou.	☐	☐	☐
• Tot l'any les temperatures són suaus i les precipitacions, abundants.	☐	☐	☐
• Les temperatures són elevades a l'estiu i suaus a l'hivern. Plou principalment a la primavera i a la tardor.	☐	☐	☐
• La vegetació està formada per alzines, arbustos...	☐	☐	☐
• La vegetació característica és la taigà, les praderies i l'estepa.	☐	☐	☐
• La vegetació és abundant i verda.	☐	☐	☐

24 **Classifica.** Escriu a quin tipus de paisatge correspon cada fotografia.

____

____

25 **Identifica.** Relaciona cada frase amb el paisatge corresponent.

Paisatge mediterrani — Els rius tenen un cabal abundant i regular.

Paisatge oceànic — Els rius es mantenen glaçats durant els mesos més freds.

Paisatge continental — Els rius tenen un cabal irregular.

Raona

26 **Explica.** Imagina que ets un turista i aquest estiu vols anar a un país on faci calor i no hi plogui gaire. Per quin dels paisatges següents t'inclinaries? Explica per què:

- Paisatge mediterrani:

____

____

- Paisatge continental:

____

____

- Paisatge oceànic:

____

____

Recapitula

27 **Resumeix.** Completa la taula.

	Paisatge mediterrani	Paisatge continental	Paisatge oceànic
Temperatura			
Precipitacions			
Vegetació			
Rius			

6 Els paisatges freds

El paisatge polar

El paisatge polar es troba: a l'Àrtic, al nord, i a l'Antàrtida, al sud.

Les característiques del clima polar són:

- És el **clima més fred de la Terra**. L'estiu pràcticament no existeix i la nit als pols s'allarga sis mesos.
- Les **precipitacions són escasses** i cauen en forma de neu.

Hi són freqüents els **torbs** i les **borrasques** molt intenses.

Els elements característics del paisatge polar són el **glaç** i la **neu**. A gairebé totes les regions, el sòl i el subsòl es mantenen sempre glaçats i el fred impedeix que s'hi desenvolupi la vegetació.

A les zones més properes a les zones temperades, on hi ha un estiu curt, hi creix la **tundra**, formada, sobretot, per molses i líquens.

La zona polar està gairebé deshabitada. A la zona àrtica hi ha alguns grups de **lapons** i **inuits**, mentre que a l'Antàrtida només hi ha bases científiques.

Clima polar

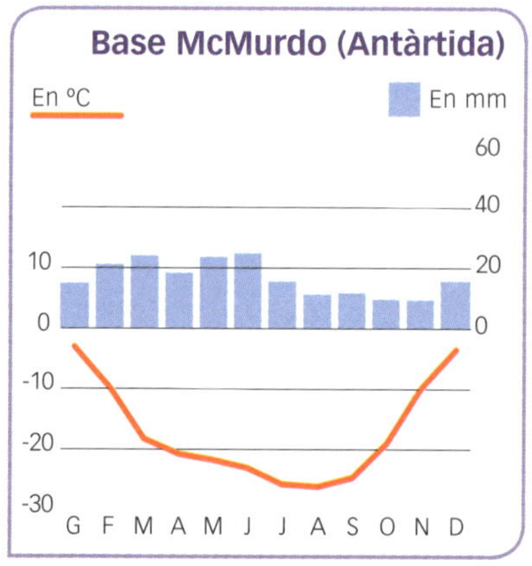

Clima d'alta muntanya

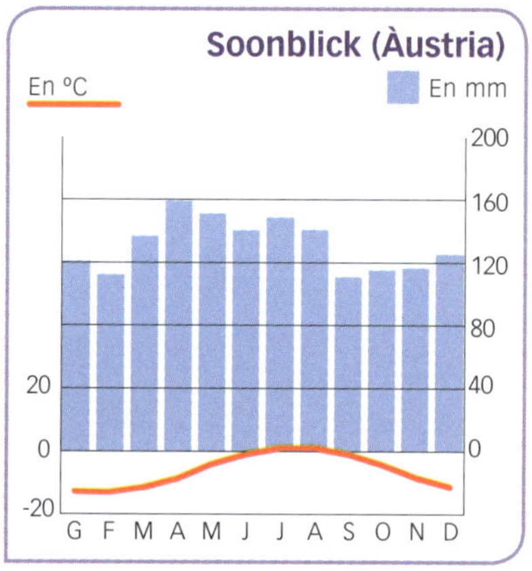

El paisatge d'alta muntanya

Els paisatges d'alta muntanya es troben als cims de les grans serralades.

Les característiques del clima d'alta muntanya són:

- Les **temperatures** són molt **baixes a l'hivern i fresques a l'estiu**.
- Les **precipitacions són abundants** tot l'any i a l'hivern cauen en forma de neu.

A mesura que ascendim per la muntanya, la temperatura disminueix i les precipitacions augmenten. Per això la vegetació varia amb l'altitud. A mesura que es va pujant, trobem arbustos, matolls i prats.

A les zones càlides, les muntanyes estan molt poblades, perquè el descens de la temperatura millora les condicions de vida humana.

A les zones temperades, en canvi, estan poc poblades i les persones es concentren a les valls.

DICCIONARI VISUAL Paisatge de muntanya

ACTIVITATS

Comprèn

28 **Localitza.** Marca sobre el mapa i escriu al lloc corresponent: zona àrtica i Antàrtida.

29 **Descriu.** Marca amb una creu la resposta correcta.

El paisatge polar:

- ☐ Es troba als tròpics.
- ☐ Es troba a l'Àrtic i a l'Antàrtida.
- ☐ Té el clima més fred de la Terra.
- ☐ Té el clima més fred de la Terra només els mesos d'hivern.
- ☐ Les precipitacions són escasses i cauen en forma de neu.
- ☐ Les precipitacions són molt abundants al llarg de tot l'any.
- ☐ El fred impedeix que s'hi desenvolupi la vegetació.
- ☐ El fred fa que només hi hagi boscos de coníferes i alzinars.

30 **Conceptes.** Observa i contesta.

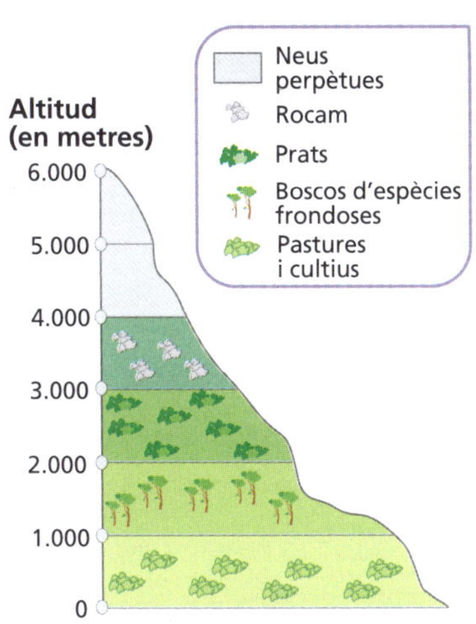

- A quina alçada trobem els prats? ______
- A quina alçada hi ha neus perpètues? ______

31 **Relaciona.** Uneix els conceptes de totes dues columnes.

Taigà	clima tropical
Tundra	clima polar
Sabana	clima continental
Selva	clima tropical

Raona

32 **Interpreta.** En aquesta taula s'han recollit les temperatures i les precipitacions d'un lloc de la Terra durant els mesos de l'any. Llegeix les dades i respon.

	G	F	M	A	M	J	J	A	S	O	N	D
T °C	–41	–49	–40	–30	–21	–15	–11	–15	–29	–41	–40	–39
P mm	20	15	17	15	12	12	12	17	18	21	21	40

- Com són les temperatures durant tot l'any?

  ______
- És estiu en algun mes (per considerar estiu la temperatura ha d'arribar, com a mínim, a 10 °C)?

  ______
- Com són les precipitacions durant tot l'any?

  ______
- És un clima polar o de muntanya? Per què?

  ______

Recapitula

33 **Resumeix.** Completa l'esquema.

ELS PAISATGES FREDS

______	______
• Temperatures ______ • Precipitacions ______	• Temperatures ______ • Precipitacions ______

➔ SABER FER: Analitzar l'evolució d'un paisatge a partir de fotografies aèries

Analitzar i comparar **fotografies aèries** d'un mateix lloc en dos moments diferents en el temps és una manera de conèixer com ha evolucionat el paisatge en aquest lloc.

L'anàlisi de les fotografies aèries permet identificar les modificacions del paisatge en una àrea àmplia. A més, és molt útil per detectar els efectes d'algunes activitats humanes sobre el medi i sobre el paisatge natural.

Benidorm el 1960.

QUINS PASSOS HAS DE SEGUIR?

Per analitzar les fotografies has de seguir els passos següents:

1. **Localitza el paisatge.** Situa el lloc i la data als quals correspon cadascuna de les fotografies i calcula el temps que ha passat entre totes dues.
2. **Identifica els elements naturals.** Localitza els cims, les planes, els rius, les platges, els caps... Fixa't també en la superfície que ocupa la coberta vegetal en cada imatge.
3. **Identifica els elements transformats:** carreteres, vies de ferrocarril, correus, indústries, embassaments...
4. **Explica els canvis.** Fixa't en els elements que es mantenen igual en les dues fotografies i els han modificat.
5. **Valora.** Explica si el paisatge s'ha transformat poc o molt, així com els aspectes que et semblen positius i negatius d'aquests canvis.

Benidorm el 2007.

Fes-ho tu

34 Localitza el paisatge.

- A quin lloc corresponen les fotografies?
- Quin any es va fer cadascuna?

35 Identifica els elements naturals de les dues dates.

Elements naturals	
El 1960	El 2007

36 Identifica ara els elements humanitzats.

Elements humanitzats	
El 1960	El 2007

37 Explica les modificacions en el paisatge.

- Quines activitats econòmiques predominaven en la primera imatge? Com ho saps?
- Quines activitats econòmiques predominen en la fotografia actual? Per què ho creus?
- Quins elements es mantenen en les dues fotografies?
- Quines han estat les principals transformacions del paisatge durant aquests anys?

38 Valora.

- Per què creus que s'han produït aquestes transformacions?
- Quins aspectes positius i quins aspectes negatius creus que han representat aquests canvis?
- Consideres que els canvis que han tingut lloc al litoral han augmentat la contaminació de les aigües?
- I la contaminació atmosfèrica?

AUTOAVALUACIÓ

Marca l'opció correcta en cada cas.

1. Quins són els elements del paisatge que determinen l'ocupació de les persones en un territori?
   - [ ] Les aigües i la vegetació.
   - [ ] El clima, el relleu i les aigües.
   - [ ] La vegetació, les ciutats i les indústries.

2. Quins tres tipus de paisatge trobem en el paisatge humanitzat?
   - [ ] El paisatge agrícola, rural i urbà.
   - [ ] El paisatge rural, urbà i industrial.
   - [ ] El paisatge industrial, comercial i agrícola.

3. On es troben situats els paisatges equatorials?
   - [ ] Al voltant dels tròpics.
   - [ ] A les zones banyades pel mar Mediterrani.
   - [ ] Al voltant de l'equador.

4. Quins són els paisatges de les zones temperades?
   - [ ] El paisatge mediterrani, continental i oceànic.
   - [ ] La selva, la sabana i el desert.
   - [ ] Les zones d'alta muntanya.

5. Quina és la temperatura dels paisatges mediterranis?
   - [ ] Temperatures molt suaus tot l'any i més càlides a l'estiu que a l'hivern.
   - [ ] Temperatures elevades a l'estiu i suaus a l'hivern.
   - [ ] Temperatures més fredes a l'hivern i elevades a l'estiu.

6. Quin cabal tenen els rius dels paisatges mediterranis?
   - [ ] Cabal irregular.
   - [ ] Cabal regular tot l'any.
   - [ ] Generalment estan secs tot l'any.

7. La tundra està formada per:
   - [ ] Molses, líquens i arbustos petits.
   - [ ] Boscos d'avets i de pins.
   - [ ] Boscos de fulla caduca.

8. Què és la sabana?
   - [ ] Una formació vegetal d'herbes molt altes amb alguns arbustos.
   - [ ] Una formació vegetal de boscos de fulla perenne.
   - [ ] Una prada molt extensa.

9. En quin clima trobem dues estacions: la seca i la humida?
   - [ ] En el clima desèrtic.
   - [ ] En el clima oceànic.
   - [ ] En el clima tropical.

10. Quin clima té les temperatures més fredes?
    - [ ] El clima oceànic.
    - [ ] El clima polar.
    - [ ] El clima d'alta muntanya.

REPÀS ACUMULATIU

- Quin és el paisatge del lloc on vius?

  ____

  ____

- Quines característiques climàtiques té aquest paisatge?

  ____

  ____

- Com són els rius?

  ____

- Quina vegetació és la més habitual?

  ____

6 Atles dels continents

L'Antàrtida va ser l'última regió del planeta explorada.

A la Terra hi ha paisatges molt diferents, que estan repartits pels sis continents: Àfrica, Àsia, Amèrica, Europa, Oceania i l'Antàrtida.

ELS CONTINENTS

- ÀFRICA
- ÀSIA
- AMÈRICA
- EUROPA
- OCEANIA
- ANTÀRTIDA
  - El relleu
  - Els rius i els llacs
  - El clima i la vegetació

1 L'Àfrica, un continent de grans altiplans

L'Àfrica és el tercer continent més extens del planeta.

El relleu

A l'Àfrica podem diferenciar:

- **Amplis altiplans** s'estenen per tot el continent. En aquests altiplans hi ha deserts, com ara el Sàhara.
- **Diversos sistemes muntanyosos** com els monts Atles. El Kilimanjaro és el cim més alt d'Àfrica. Les muntanyes més elevades són volcans i es troben a Rift Valley, que és una gran falla quan s'estén a l'est.
- **Algunes depressions** com la conca del riu Níger.

La costa és poc retallada.

Els rius i els llacs

Hi ha diferències segons on desemboquen els rius:

- Els **rius del vessant atlàntic** són llargs i cabalosos com el Congo.
- Els **rius del vessant mediterrani** són curts i poc cabalosos, excepte el riu Nil.
- Els **rius del vessant índic** són més curts que els del vessant atlàntic, com el Zambezi.

El clima i la vegetació

La major part de l'Àfrica se situa entre els tròpics. Per això predominen els climes càlids.

- Els **climes càlids** es donen a l'Àfrica intertropical.
- Els **climes temperats** al nord i al sud.
- El **clima d'alta muntanya** a les zones elevades.

L'ÀFRICA

ACTIVITATS

Comprèn

1 **Situa en el mapa.** Localitza els principals accidents del relleu africà.

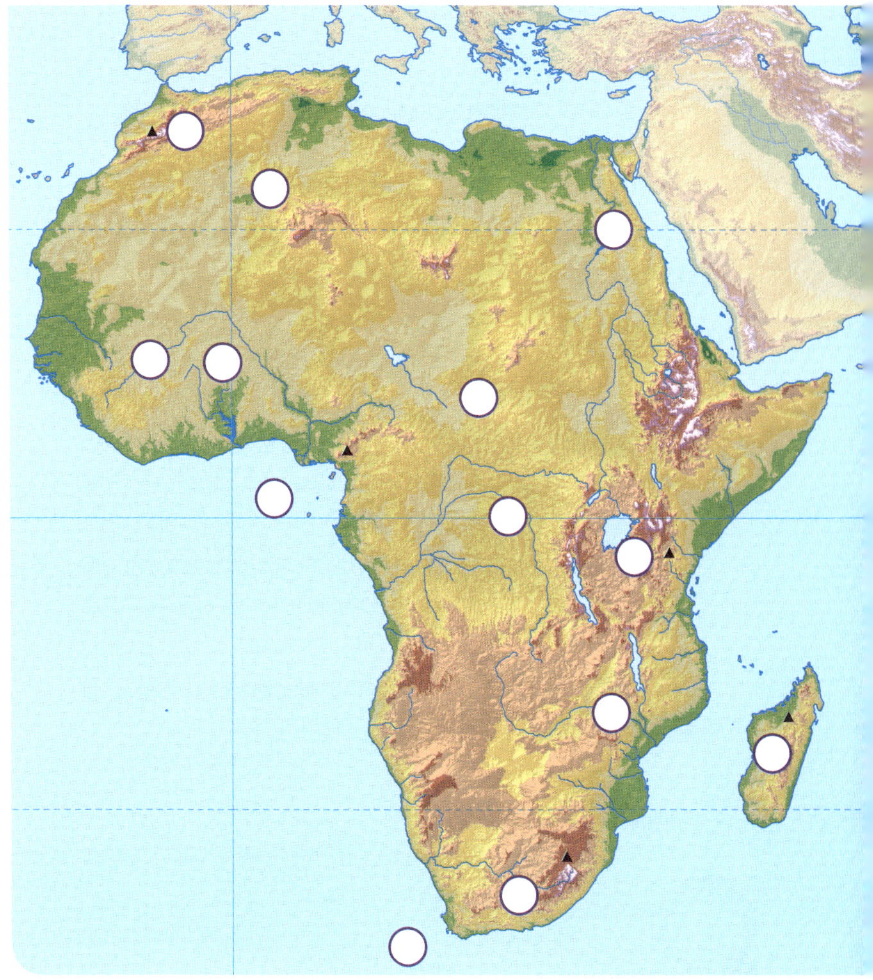

- Escriu els nombres on correspongui.

1 Monts Atles
2. Desert del Sàhara
3. Kilimanjaro
4. Altiplà de Darfur
5. Cap de Bona Esperança
6. Monts Drakensberg
7. Golf de Guinea
8. Illa de Madagascar
9. Conca del Níger
10. Riu Congo
11. Riu Zambezi
12. Riu Níger
13. Riu Nil

- Escriu el nom de l'Oceà Índic, Oceà Atlàntic i mar Mediterrani.

2 **Classifica.** Relaciona.

Nil	vessant Atlàntic
Níger	vessant Mediterrani
Congo	vessant Índic
Zambezi	

3 **Classifica.** Relaciona.

• Els climes càlids...	...en les zones elevades.
• Els climes temperats...	...es donen a l'Àfrica intertropical.
• Els climes d'alta muntanya...	...al nord i al sud del continent

Raona

4 **Pensa.** Si viatgessis en línia recta des de la serralada de l'Atles fins als monts Drakensberg, quines unitats de relleu travessaries?

Recapitula

5 **Identifica.** Escriu el nom de:

- Un desert:
- Un cap:
- Un riu:
- Una depressió:
- Una illa:
- El pic més alt:

6 **Identifica.** Observa el mapa de la pàgina anterior i escriu els oceans i els mars que envolten l'Àfrica.

2 L'Àsia, un continent extens

L'Àsia és el continent més extens del planeta.

El relleu

A l'Àsia hi ha les muntanyes i els altiplans més alts del món.

- **Muntanyes.** Les serralades principals són al centre. Destaca l'Himalaia, on hi ha l'Everest (8.850 m), que és el cim més alt del món.
- **Altiplans i planes.** Els altiplans s'estenen per tot el continent. En destaca el Tibet, el més elevat del món.
- **Depressions.** Les principals depressions estan ocupades per tres mars interiors: el Caspi, l'Aral i el Mort.

La costa d'Àsia és retallada. Presenta penínsules extenses i amples golfs i moltes illes.

Els rius i els llacs

Els **rius** de l'Àsia són **llargs**. El cabal varia a causa del desglaç i les pluges del monsó a l'estiu.

El **Iang-Tsé** és el més llarg i cabalós de l'Àsia.

També trobem el llac Baikal, el més profund de la Terra, i el mar Caspi, el llac més extens.

El clima i la vegetació

L'Àsia té una gran varietat climàtica.

- **Climes freds.** Al nord, el clima polar origina la **tundra**. A les zones més altes hi trobem el clima d'alta muntanya.
- **Climes temperats.** Al nord hi ha el clima continental, on creix la **taigà**. A les planes xineses hi ha el clima xinès, semblant al mediterrani.
- **Climes càlids.** Al sud. On podem trobar la selva, el bosc tropical i el desert.

L'ÀSIA

ACTIVITATS

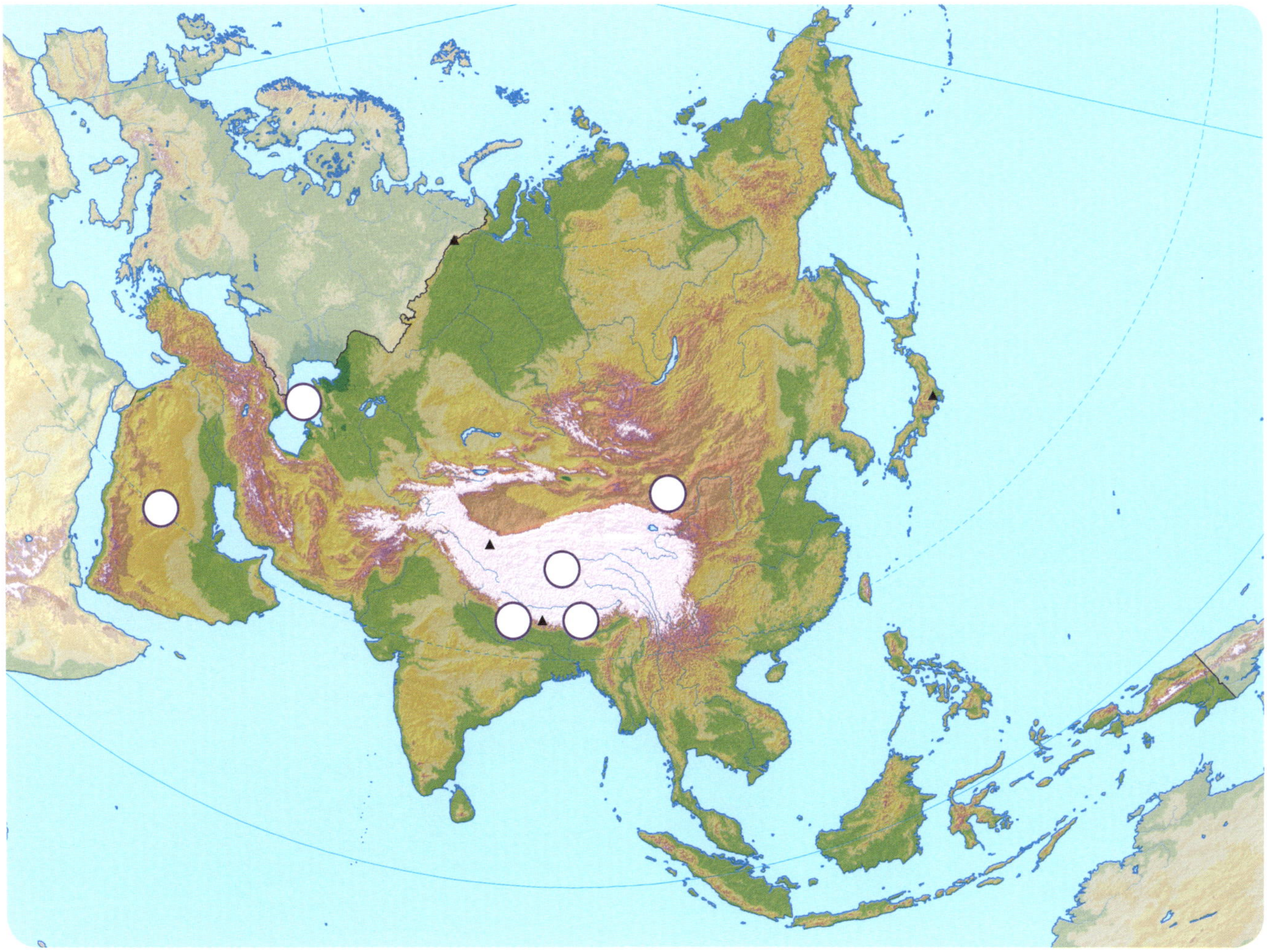

Comprèn

7 **Situa en el mapa.** Localitza els principals accidents del relleu asiàtic. Escriu els nombres on correspongui.

1. Everest
2. Península Aràbiga
3. Mar Caspi
4. Himàlaia
5. Desert de Gobi
6. Altiplà de Tibet

- Escriu el nom d'aquests rius al lloc corresponent: Indus, Iang-Tsé i Obi.

8 **Conceptes.** Contesta.

- A quina serralada hi ha els cims més alts de l'Àsia?
- Quin és l'altiplà més elevat del planeta?

Raona

9 **Pensa.** Com és el relleu de l'Àsia, contrastat o poc contrastat? Explica la resposta.

Recapitula

10 **Resumeix.** Completa l'esquema.

L'ÀSIA
- relleu
- rius
- clima

3 Amèrica, de pol a pol

Amèrica es divideix en dos subcontinents: l'Amèrica del Nord i l'Amèrica del Sud.

El relleu

En el relleu americà destaquen:

- **Les serralades.** Les més elevades són a l'oest. Com per exemple les muntanyes Rocalloses, a l'Amèrica del Nord; i els Andes a l'Amèrica del Sud.
- **Grans planes.** S'estenen entre les muntanyes orientals i occidentals. Recorregudes per grans rius com el Mississipí i l'Amazones.
- **Altiplans.** L'altiplà de Bolívia és el més elevat.

Els rius i els llacs

Els rius varien segons els vessant:

- Els rius del **vessant atlàntic** són llargs i cabalosos, com el Mississipí i l'Amazones, que és el riu més cabalós del món.
- Els rius del **vessant àrtic** són cabalosos i connecten llacs que es glacen a l'hivern.
- Els rius del **vessant pacífic** són curts com el Colorado.

Els llacs són abundants, sobretot a l'Amèrica del Nord, on destaquen els Grans Llacs, entre el Canadà i els Estats Units A l'Amèrica del Sud el més gran és el Maracaibo, i també hi destaca el Titicaca, el llac més alt del món.

El clima i la vegetació

El continent americà s'estén del pol al pol. Per això presenta tots els climes i paisatges possibles. Hi trobem, doncs, climes freds, climes temperats i climes càlids. En consonància amb la varietat climàtica hi ha també una gran diversitat de paisatges.

ACTIVITATS

Comprèn

11 **Situa en el mapa.** Localitza els principals accidents del relleu.

- Escriu els nombres on correspongui.

1. Aconcagua
2. Península del Labrador
3. Muntanyes Rocalloses
4. Altiplà de Bolívia
5. Andes
6. Grans Llacs
7. Illa de Grenlàndia
8. Serralades dels Apalatxes
9. Península de Florida

- Escriu el nom d'aquests rius al lloc corresponent: Amazones, Mississipí, Missouri i Orinoco.

12 **Analitza el mapa.** Quines són les grans unitats del relleu d'Amèrica? Posa'n exemples.

13 **Compara.** Quines diferències hi ha entre els rius del vessant atlàntic i els del vessant del Pacífic.

14 **Pensa.** El relleu del continent americà és variat o monòton? Explica per què.

Aplica

15 **Interpreta el mapa.** Escriu el nom de:

- Dos altiplans:
- Tres illes:
- Tres serralades:

Europa, una península de l'Àsia

Europa és la part més occidental del gran continent euroasiàtic.

El relleu

El relleu europeu està format per una gran plana central envoltada de muntanyes.

- **Grans planes.** S'estenen pel centre i l'est d'Europa. Destaca la Gran Plana Europea.
- **Serralades antigues.** Són al nord i a l'est, com els Urals.
- **Serralades joves.** Són al sud i són elevades, com els Alps.

Els rius i els llacs

- Els rius del **vessant àrtic** són cabalosos i es glacen a l'hivern, com el Petxora.
- Els rius del **vessant atlàntic** són els més cabalosos d'Europa, com el Rin.
- Els rius del **vessant mediterrani** són poc cabalosos i irregulars, com el Po.
- Els rius que desemboquen al **mar Negre**, com el Danubi , o al **mar Caspi**, com el Volga, són molt llargs i cabalosos.

Entre Europa i Àsia hi ha el mar Caspi.

El clima i la vegetació

A Europa predominen els climes temperats.

- **Clima oceànic.** Domina el vessant atlàntic, on creixen **boscos de fulla caduca** i **landes**.
- **Clima mediterrani.** El trobem a la costa mediterrània. Hi predominen els **boscos de fulla perenne**. El paisatge està molt transformat.
- **Clima continental.** És propi del centre i l'est d'Europa. Hi abunden les **planes** i les **estepes**.
- **Clima polar.** Es localitza al nord. Hi predominen la **tundra** i la **taigà**.

Als cims alts trobem el **clima de muntanya**.

EUROPA

ACTIVITATS

Comprèn

16 **Situa en el mapa.** Localitza els principals accidents del relleu europeu.

- Escriu els nombres on correspongui.

1. Monts Urals
2. Massís Central francès
3. Península Escandinava
4. Alps
5. Illa d'Islàndia
6. Cap Nord
7. Caucas
8. Península Balcànica
9. Pirineus

- Escriu el nom d'aquests rius al lloc corresponent: Rin, Danubi, Petxora i Volga.

17 **Classifica.** Completa la taula.

Clima	Vegetació
Oceànic	Boscos de fulla caduca i landes.

Aplica

18 **Interpreta el mapa.** Escriu el nom de:

- Dues planes:
- Quatre penínsules:
- Tres illes:
- Tres sistemes muntanyosos:
- Els mars i oceans que envolten el continent:

5 Oceania, un continent format d'illes

Oceania és el continent més petit. Situat al sud-est de l'Àsia, els oceans Pacífic i Índic en banyen les costes. Oceania està format per milers d'illes.

El relleu i les aigües

Destaquen quatre illes grans:

- **Austràlia**, que és l'illa més extensa. Hi predominen les planes i els altiplans baixos. En aquesta illa s'hi troba la **Gran Serralada Divisòria**. Aquesta illa és l'única que té rius importants.
- **Nova Guinea**, que està dividida entre Àsia i a Oceania. Té un relleu muntanyós.
- Les dues illes que formen **Nova Zelanda**. Tenen un relleu muntanyós.

En algunes illes del Pacífic, com Hawaii, hi ha **volcans**, mentre que altres s'hi formen **atols**, que són illes de coral amb forma d'anell.

A Oceania hi ha molts pocs rius importants.

El clima

A Oceania predominen els **climes càlids**, com l'equatorial i el tropical. També hi trobem climes temperats al sud i al nord del continent. La diversitat climàtica provoca una gran varietat de paisatges.

DICCIONARI VISUAL

Hawaii

L'atol de Kagangel, a les illes Palau

OCEANIA

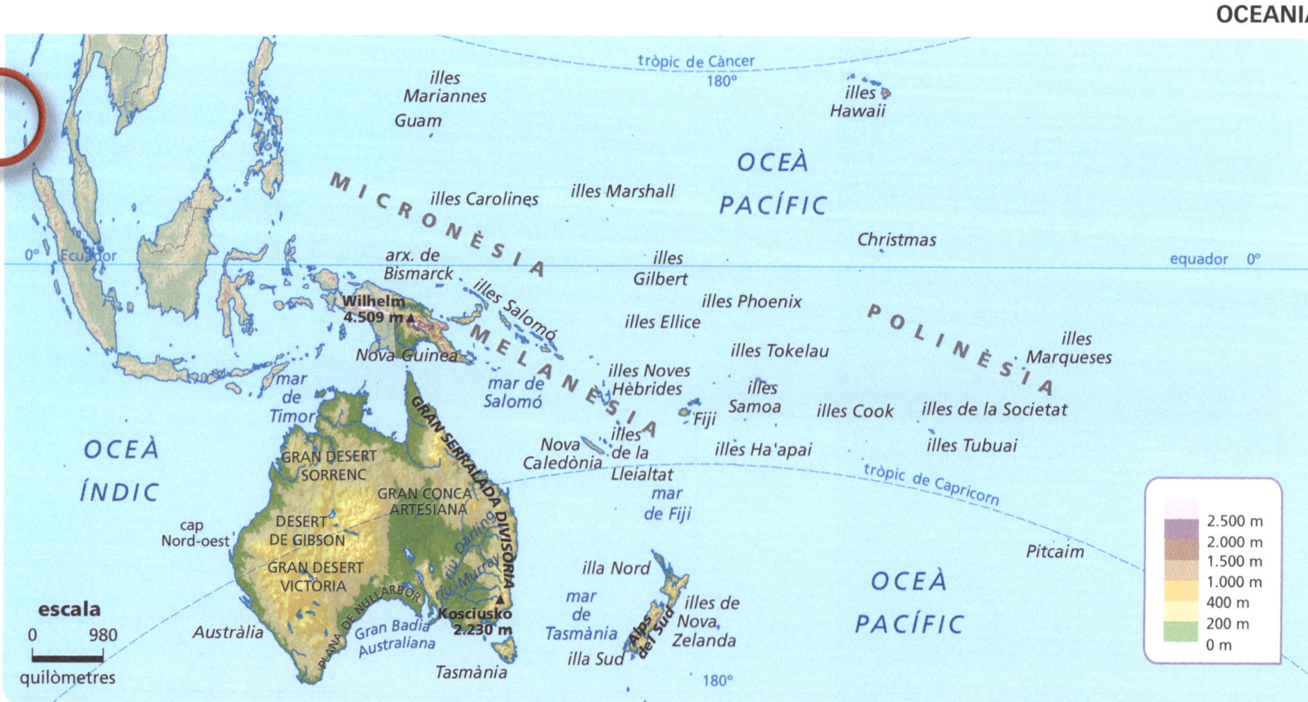

ACTIVITATS

Comprèn

19 **Compara.** Quines peculiaritats presenta el relleu de cada illa d'Oceania?

Austràlia	
Nova Zelanda	
Nova Guinea	
Illes del Pacífic	

20 **Conceptes.** Marca V (vertader) o F (Fals) segons correspongui. Després, escriu correctament les afirmacions falses.

- ☐ Austràlia està formada per milers d'illes i illots.
- ☐ La Gran Serralada Divisòria és el sistema muntanyós més destacat de l'Antàrtida.
- ☐ Els atols són illes volcàniques en forma d'anell.

21 **Descriu.** Escriu dues característiques destacades del paisatge d'Oceania.

Aplica

22 **Interpreta el mapa.** Observa el mapa físic d'Oceania i respon.

- On se situa la Gran Serralada Divisòria?
- Escriu el nom de quatre illes.
- Austràlia és muntanyosa? Per què ho saps?

23 **Descriu.** Enumera els principals sistemes muntanyosos d'Oceania.

24 **Observa el mapa.** Detecta-hi la diversitat climàtica i respon.

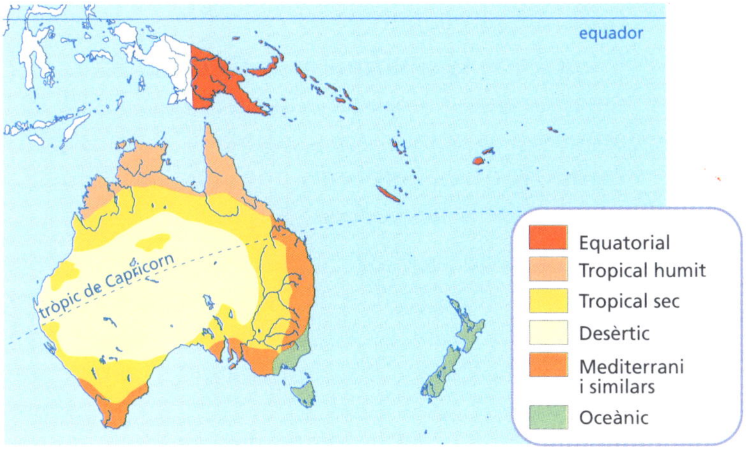

- Quina és l'illa representada?
- Quin clima és present en la major part de l'illa?
- Quin és el clima amb menys presència de territori?
- Quants climes hi ha marcats sobre aquest mapa?
- Quin és el clima més càlid?
- Defineix el clima desèrtic.
- Localitza i encercla sobre el mapa les zones de clima oceànic.

6 L'Antàrtida, el continent glaçat

L'Antàrtida està situada a l'hemisferi sud.

A l'hivern les aigües que circumden l'Antàrtida es congelen i el continent dobla la mida. És el continent de més altitud mitjana. Malgrat això, una capa de glaç molt gruixuda en cobreix el relleu. Per sobre d'aquesta capa només sobresurten els cims més elevats, com el **mont Vinson**, que té més de 5.000 metres.

El glaç de l'Antàrtida representa el 80% de l'aigua dolça del nostre planeta.

L'Antàrtida té una forma gairebé circular, només trencada per la península Antàrtica.

L'Antàrtida té el **clima més fred del món**. Per això, només hi creixen alguns líquens, molses i algues, i hi viuen pocs animals. Només **pingüins**, **foques** i **elefants marins** sobreviuen a les roques de les costes.

Al subsòl de l'Antàrtida hi ha abundants recursos petrolífers i minerals, fet que ha despertat l'interès de molts països per posseir aquest continent i explotar-lo. Per impedir-ho s'ha prohibit l'explotació de l'Antàrtida durant cinquanta anys. Per això, actualment, només hi viuen uns quants grups científics.

L'ANTÀRTIDA

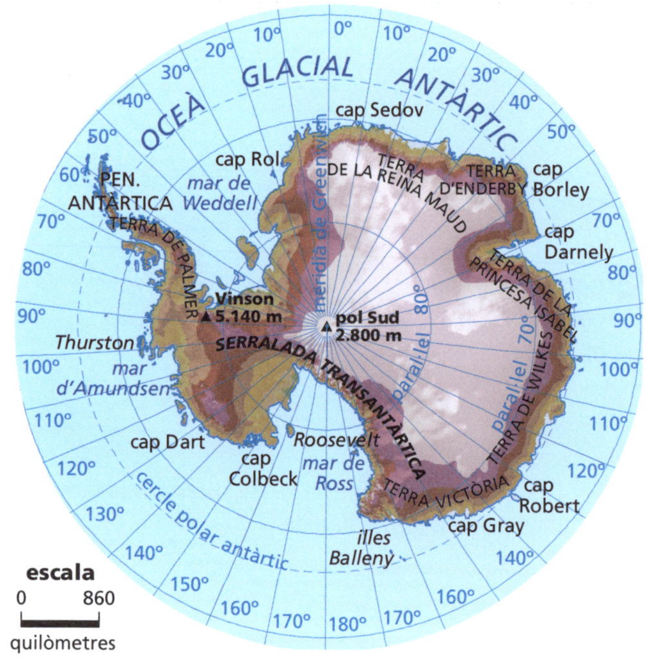

DICCIONARI VISUAL Instal·lacions científiques a l'Antàrtida

ACTIVITATS

Comprèn

25 **Interpreta.** Observa el tall longitudinal de l'Antàrtida i respon.

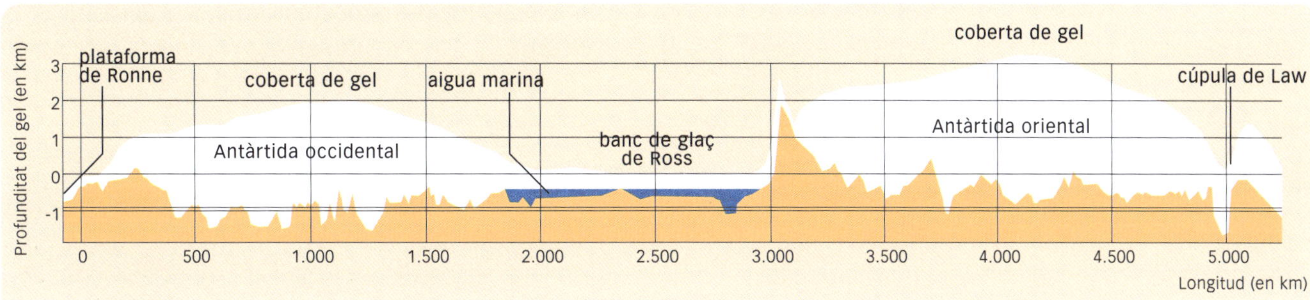

- En quina zona de l'Antàrtida hi ha més gruix de gel?
- Quina longitud aproximada té el banc de glaç de Ross'
- Segons el gràfic, quin gruix de gel té el banc de glass de Ross?

26 **Situa en el mapa.** Encercla els principals accidents del relleu de l'Antàrtida.

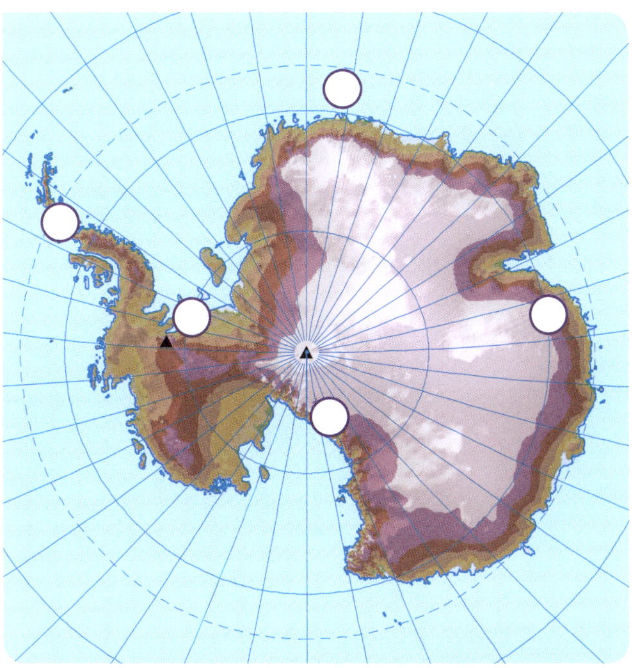

1. Mont Vinson
2. Serralada Transantàrtica
3 Cap Sedov
4. Terra de la Princesa Isabel
5. Península Antàrtica

Raona

27 **Explica.** Per què l'Antàrtida està pràcticament deshabitada?

28 **Pensa.** Explica per què et sembla que s'ha prohibit l'explotació de l'Antàrtida?

Recapitula

29 **Conceptes.** Contesta:

- Quin és el continent amb més altitud mitjana?
- Quina altitud té el mont Vinson?
- Quant representa el glaç de l'Antàrtida?
- Quins animals hi poden viure?

SABER FER: Saber fer servir un atles

Un **atles** és una col·lecció de mapes. Es tracta d'una eina fonamental en l'estudi de la geografia, ja que permet localitzar a l'espai molts dels aspectes que defineixen un territori. Generalment en un atles hi ha mapes físics, polítics i temàtics. És habitual que la base de l'atles siguin grans mapes mixtos que resumeixen informació física i política. Hi ha diferents tipus d'atles:

- Segons el territori, hi ha atles **mundials** i altes **regionals** (un continent, un país, una comunitat autònoma...).
- Segons els temes, un atles pot ser **general**, si representa tots els aspectes geogràfics del territori, o **temàtic**, quan se centra en algun aspecte concret de la realitat. Els atles temàtics poden ser econòmics, geopolítics, històrics...
- Segons el suport en què es presenten, els atles poden ser **impresos** o **digitals**. Aquests últims ofereixen moltes possibilitats: permeten ampliar i disminuir les escales, traçar rutes, obrir enllaços...

Les seccions d'un atles

Llegenda i símbols. Permet identificar el significat dels colors i signes que s'utilitzen en els mapes.

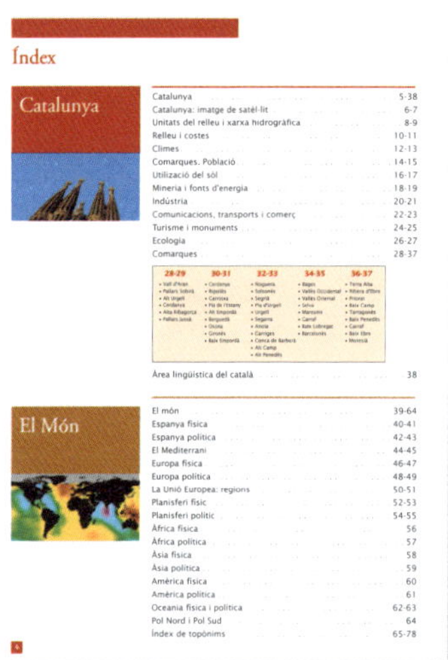

Índex de continguts. Indica la informació que conté l'atles: elements físics, aspectes humans, econòmics...

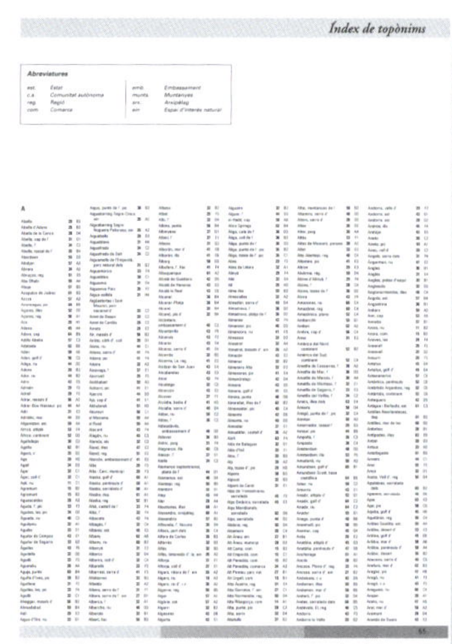

Índex de topònims. Conté la llista dels llocs representats als mapes. S'hi indiquen la pàgina i les coordenades del quadre on estan situats per poder localitzar-los.

QUINS PASSOS HAS DE SEGUIR?

Per fer servir un atles de seguir els passos següents:

1. **Llegeix el títol.** Quin abast territorial té? Es tracta d'un atles general o temàtic? En cas de ser temàtic, quins aspectes tracta?
2. **Llegeix l'índex de continguts.** Quina informació ofereix?
3. **Busca l'índex de mapes.** En quantes parts s'ha dividit el territori estudiat?
4. **Analitza els mapes de l'atles:**
   - A quina escala es representen els mapes?
   - Quins elements acompanyen la cartografia general? Per exemple, textos, fotografies, gràfics o mapes complementaris.

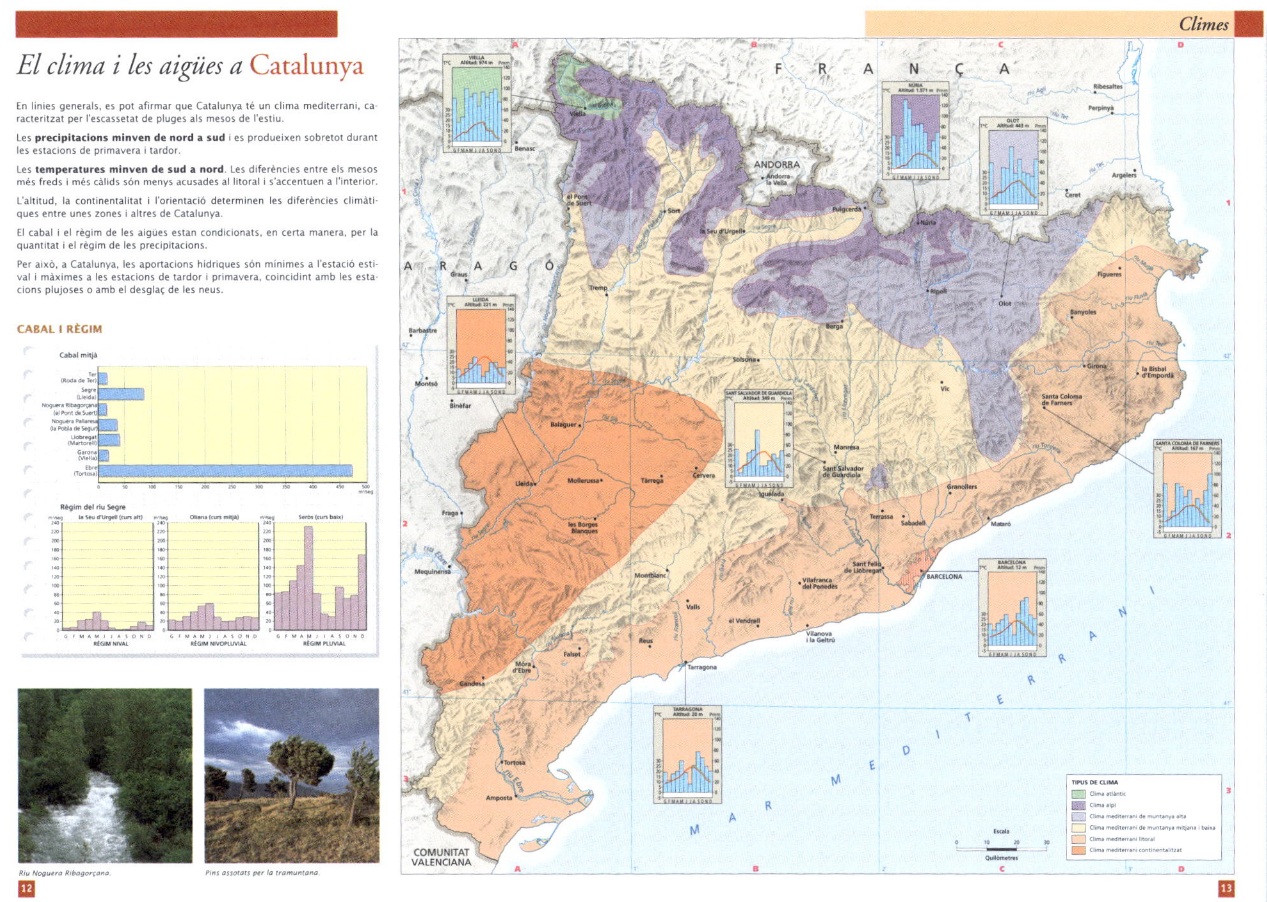
Climes

El clima i les aigües a Catalunya

En línies generals, es pot afirmar que Catalunya té un clima mediterrani, caracteritzat per l'escassetat de pluges als mesos de l'estiu.

Les **precipitacions minven de nord a sud** i es produeixen sobretot durant les estacions de primavera i tardor.

Les **temperatures minven de sud a nord**. Les diferències entre els mesos més freds i més càlids són menys acusades al litoral i s'accentuen a l'interior.

L'altitud, la continentalitat i l'orientació determinen les diferències climàtiques entre unes zones i altres de Catalunya.

El cabal i el règim de les aigües estan condicionats, en certa manera, per la quantitat i el règim de les precipitacions.

Per això, a Catalunya, les aportacions hídriques són mínimes a l'estació estival i màximes a les estacions de tardor i primavera, coincidint amb les estacions plujoses o amb el desglaç de les neus.

CABAL I RÈGIM

Riu Noguera Ribagorçana.

Pins assotats per la tramuntana.

12

13

Fes-ho tu

30 **Observa el mapa que s'ha reproduït a dalt.**

- Quina informació presenta?
- A quin àmbit territorial es refereix?
- Quina informació ofereix el requadre de la llegenda?
- Quin tipus de mapa s'ha fet servir?

31 **Consulta la pàgina web de l'Atles Nacional de Catalunya i respon les preguntes següents:**

- Quin tipus de mapes hi ha: físics, polítics...?
- A quina escala es representen els mapes?
- Quina informació dóna el mapa principal?

32 **Quines avantatges i inconvenients tenen els atles digitals respecte als de paper?**

AUTOAVALUACIÓ

Marca l'opció correcta en cada cas.

1. L'Àfrica és:
   - ☐ És el tercer continent més extens del planeta.
   - ☐ És el continent menys extens del planeta.
   - ☐ Oceania i Àfrica tenen la mateixa extensió.

2. Els principals rius de l'Àfrica són:
   - ☐ El Rin i el Nil.
   - ☐ El Nil, el Congo i el Zambezi.
   - ☐ El Zambezi i el Petxora.

3. En el relleu de l'Àsia s'hi troben:
   - ☐ Muntanyes i depressions.
   - ☐ Muntanyes, altiplans, planes i depressions.
   - ☐ Planes i depressions.

4. Els llacs més importants de l'Àsia són:
   - ☐ El mar Roig.
   - ☐ El Victòria i Sant Maurici.
   - ☐ El llac Baikal i el mar Caspi.

5. Amèrica es divideix en:
   - ☐ Dos subcontinents.
   - ☐ Dues illes.
   - ☐ Dues depressions molt extenses.

6. El continent americà s'estén:
   - ☐ Per l'hemisferi nord.
   - ☐ Per l'hemisferi sud.
   - ☐ De pol a pol.

7. Europa forma part:
   - ☐ Del continent euroasiàtic.
   - ☐ Del continent euroafricà.
   - ☐ Del continent americà.

8. En el relleu d'Europa hi trobem:
   - ☐ Només depressions.
   - ☐ Serralades antigues i joves.
   - ☐ Només serralades joves.

9. Oceania està format per:
   - ☐ Nova Zelanda.
   - ☐ Milers d'illes.
   - ☐ Austràlia.

10. L'Antàrtida representa:
    - ☐ El 10% d'aigua del planeta.
    - ☐ L'1% d'aigua del planeta.
    - ☐ El 80% d'aigua del planeta.

REPÀS ACUMULATIU

- Escriu els oceans i els mars que envolten Europa.

  ____

- Quines són les serralades més elevades del continent americà?

  ____

- Quin és el cim més alt de l'Àfrica?

  ____

- A quin continent se situa el llac Baikal i el mar Caspi?

  ____

- Defineix què són els atols.

  ____

7 L'estudi físic d'Espanya i de Catalunya

Amb una altitud mitjana de 660 metres, Espanya és un dels països més elevats d'Europa i és també un dels més extensos. D'acord amb el clima, distingim diverses zones: una Espanya humida, una Espanya seca i una Espanya subtropical.

Catalunya té un relleu molt variat, amb molts sistemes muntanyosos, una plana central i una façana marítima d'uns 615 km. Hi ha una Catalunya humida, més fresca i plujosa, i una Catalunya seca, més extrema i seca.

L'ESTUDI FÍSIC D'ESPANYA I DE CATALUNYA

- **ESPANYA –territori extens i elevat–**
  - El relleu
  - Les aigües
  - Els climes i els paisatges
- **CATALUNYA –territori amb un relleu molt variat–**
  - El relleu
  - Les aigües
  - Els climes i els paisatges

1 El relleu d'Espanya

Gairebé la meitat de la península Ibèrica està ocupada per un gran altiplà, la **Meseta Central**. Al voltant de la Meseta hi ha els sistemes muntanyosos de la Península:

- **Sistemes interiors a la Meseta:** El Sistema Central i els Montes de Toledo.
- **Sistemes que voregen la Meseta:** El Massís Galaic, les Muntanyes de Lleó, la Serralada Cantàbrica, les Muntanyes Basques, el Sistema Ibèric i Sierra Morena voregen la Meseta.
- **Sistemes exteriors a la Meseta:** Els Pirineus, el Sistema Mediterrani Català i les Serralades Bètiques.

Entre la Meseta i els sistemes muntanyosos exteriors hi ha dues depressions recorregudes per dos rius importants: la **depressió de l'Ebre** i la **depressió del Guadalquivir**.

Llevat de Galícia i el litoral cantàbric, la península Ibèrica té unes costes rectilínies i baixes.

El relleu insular

Les **illes Balears** són un arxipèlag situat al mar Mediterrani. Està compost per cinc illes (Mallorca, Menorca, Eivissa, Formentera i Cabrera) i nombrosos illots. El relleu d'aquestes illes és fonamentalment pla, tret de la **serra de Tramuntana**, a Mallorca.

Les **illes Canàries** són un arxipèlag d'origen volcànic situat a l'oceà Atlàntic. Està format per set illes (Tenerife, La Palma, La Gomera, el Hierro, Gran Canària, Fuerteventura i Lanzarote) i diverses illes més petites i illots. Tret de Lanzarote i Fuerteventura, que tenen un relleu pla, les altres illes són muntanyoses. A Tenerife hi ha el volcà del Teide, el cim més alt d'Espanya, amb 3.718 m.

RELLEU D'ESPANYA

ACTIVITATS

Comprèn

1 **Situa en el mapa.** Escriu els nombres al lloc correcte.

1. Sistema Central
2. Serralada Cantàbrica
3. Pirineus
4. Teide
5. Sistema Ibèric
6. Depressió de l'Ebre
7. Sierra Morena
8. Submeseta Nord
9. Serralades Bètiques
10. Depressió del Guadalquivir
11. Montes de Toledo
12. Massís Galaic
13. Muntanyes de Lleó
14. Muntanyes Basques
15. Sistema Mediterrani Català

2 **Classifica.** Uneix cada sistema muntanyós amb la seva situació respecte de la Meseta.

- Sistema Central
- Muntanyes de Lleó
- Sistema Ibèric
- Pirineus
- Serralades Bètiques
- Montes de Toledo

- Travessa la Meseta
- Voreja la Meseta
- És exterior a la Meseta

Aplica

3 **Interpreta el mapa.** Escriu el nom de:

- Dos cims de més de 2.000 metres: ____________________
- Dues depressions: ____________________
- Tres illes: ____________________

2 Les aigües de la península Ibèrica i de l'Espanya insular

Els rius del vessant cantàbric

Els **rius** que aboquen les aigües al mar Cantàbric són **curts**, de **fort pendent** i de **corrent ràpid**, ja que neixen en muntanyes properes a la costa. Són **cabalosos** i de **règim regular**, perquè flueixen per zones amb abundants precipitacions durant tot l'any.

Els més importants són el **Nerbion**, el **Nalón** i el **Navia**.

Els rius del vessant atlàntic

Els **rius** que aboquen les aigües a l'oceà Atlàntic solen ser **llargs**, perquè neixen en muntanyes allunyades de la desembocadura, i **cabalosos**, ja que tenen molts afluents nascuts en muntanyes on plou abundantment.

Els més importants, de nord a sud, són el **Miño**, el **Duero**, el **Tajo** (el riu més llarg de la Península), el **Guadiana** i el **Guadalquivir**.

Els rius del vessant mediterrani

Els **rius** que aboquen les aigües al mar Mediterrani són de **llargada curta** o **mitjana**. El **cabal** és **escàs**, perquè circulen per zones amb poques pluges, i **irregular**, perquè les estacions plujoses són la tardor i la primavera. És el cas dels rius **Túria**, **Xúquer** i **Segura**.

El riu **Ebre** és un cas a part, perquè és el **riu més llarg i cabalós del vessant Mediterrani**; té nombrosos afluents i molts neixen als Pirineus, una zona amb moltes precipitacions.

La xarxa fluvial insular

A les illes Canàries i a les Balears no hi ha rius. Només en tenen a La Palma (Canàries) i a Eivissa.

Llacs i embassaments

A Espanya hi ha molts llacs i llacunes. A les zones de la costa plana i baixa hi abunden **llacunes litorals** o **albuferes**, com la de València, i **aiguamolls**, com els del Guadalquivir.

RIUS I EMBASSAMENTS D'ESPANYA

ACTIVITATS

Comprèn

4 **Situa en el mapa.** Escriu els nombres al lloc correcte i acoloreix segons la llegenda.

1. riu Miño
2. riu Ebre
3. riu Duero
4. riu Tajo
5. riu Xúquer
6. riu Guadiana
7. riu Segura
8. riu Guadalquivir

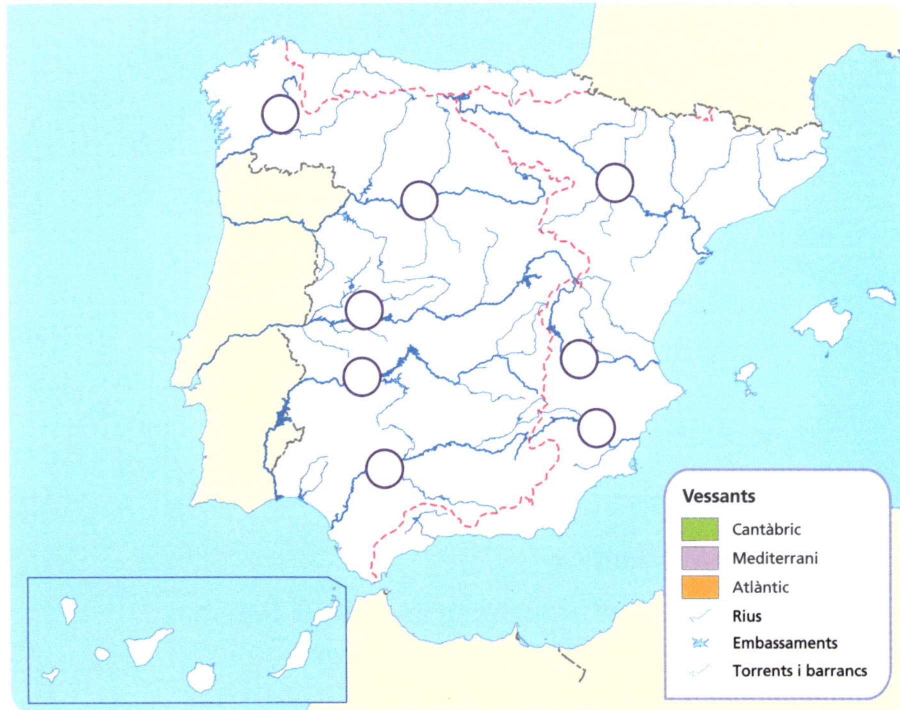

5 **Conceptes.** Marca, en cada cas, si és una característica del vessant cantàbric, del vessant atlàntic o del mediterrani.

	C	A	M
• Rius curts	☐	☐	☐
• Rius cabalosos	☐	☐	☐
• Rius poc cabalosos	☐	☐	☐
• Rius de règim irregular	☐	☐	☐
• Rius amb pendents forts	☐	☐	☐

6 **Classifica.** Escriu cada un d'aquests rius a la casella corresponent.

Nalón – Ebre – Duero – Guadalquivir
Xúquer – Nerbion

Vessant cantàbric	Vessant atlàntic	Vessant mediterrani

Raona

7 **Explica.** Respon les qüestions.

- Per què els rius del vessant mediterrani són poc cabalosos?

____

____

____

- Per què el riu Ebre és cabalós si forma part del vessant mediterrani?

____

____

____

____

Recapitula

8 **Relaciona.** Acoloreix cada etiqueta segons el vessant al qual es refereix.

VESSANT ATLÀNTIC — VESSANT CANTÀBRIC — VESSANT MEDITERRANI

Nerbion	Rius amb fort pendent i corrent ràpid
Ebre	Rius curts i de cabal escàs
Tajo	Rius llargs i cabalosos
Nalón	Rius cabalosos i de règim regular
Duero	Rius de règim irregular
Túria	Rius amb molts afluents provinents de zones on plou molt.

3 Els climes i paisatges d'Espanya

Un clima temperat

L'Espanya peninsular i mediterrània té un clima temperat, un clima més càlid i sec que el de bona part d'Europa, perquè està situada **al sud de la zona temperada**. El clima varia segons les estacions:

- L'**estiu** és l'**estació més càlida i seca**.
- La **primavera** i la **tardor** són les estacions més plujoses.
- L'**hivern** és l'**estació més freda**.

L'Espanya atlàntica

L'Espanya atlàntica, també anomenada la **Ibèria humida** o l'**Espanya verda**, comprèn el nord i el nord-oest peninsular. Presenta un **clima oceànic** o **atlàntic**, amb temperatures suaus, per la influència moderadora del mar, i precipitacions regulars durant tot l'any.

A causa del clima, la vegetació és abundant i sempre verda. El **bosc atlàntic** està format per arbres de fulla caduca, com **faigs**, **roures** i **castanyers**.

L'Espanya mediterrània

L'Espanya mediterrània, també anomenada la **Ibèria seca**, s'estén per l'est, el sud i l'interior de la península Ibèrica i les Balears. Presenta un **clima mediterrani**, amb precipitacions escasses i irregulars. A la costa les temperatures són suaus per la influència moderadora del mar. A la Meseta, les temperatures són extremes, molt càlides a l'estiu i molt fredes a l'hivern.

El paisatge característic és el **bosc mediterrani**, amb arbres de fulla perenne, com l'**alzina**, l'**alzina surera** i el **pi blanc**.

L'Espanya subtropical

L'Espanya subtropical s'estén per l'arxipèlag canari, situat a prop del tròpic de Càncer. Les Canàries tenen un **clima subtropical**. Les temperatures són suaus durant tot l'any i les precipitacions són escasses. A les zones més altes es fan el pi canari i la **laurisilva**. Les Canàries tenen algunes espècies vegetals, com el **drago**, que només creixen en aquestes illes.

CLIMES D'ESPANYA

DICCIONARI VISUAL

Bosc atlàntic a la península Ibèrica

ACTIVITATS

Comprèn

9 **Situa en el mapa.** Acoloreix el mapa segons la llegenda.

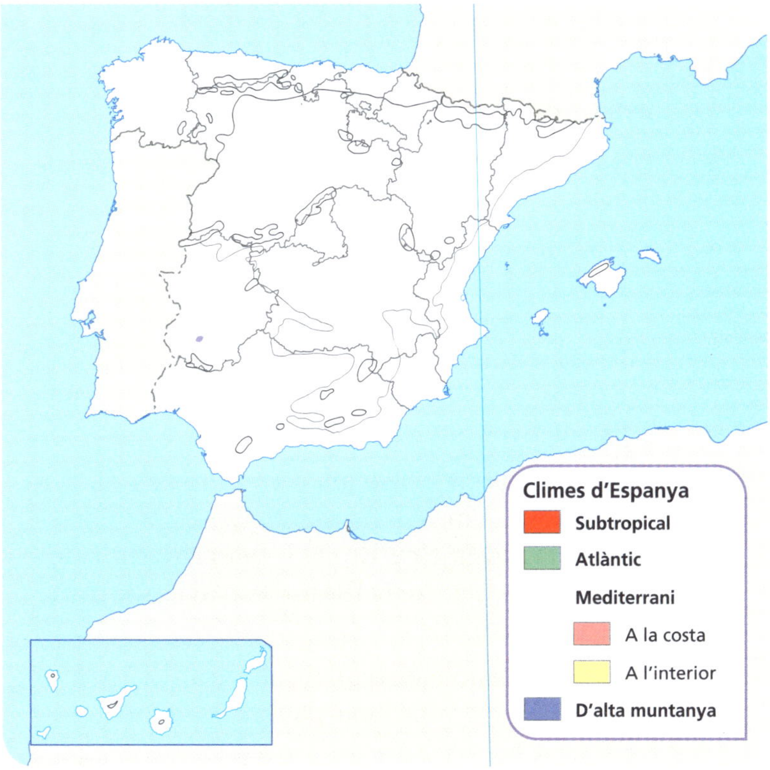

10 **Conceptes.** Completa cada enunciat.

- El clima subtropical és característic de les illes _______________.
- El clima mediterrani es caracteritza per les precipitacions _______________ i irregulars.
- L'Espanya atlàntica es correspon amb el _______________ i el nord-oest de la Península.
- A L'Espanya interior, les temperatures són extremes, és a dir, molt _______________ a l'hivern i molt _______________ a l'estiu.
- La primavera i la tardor són les estacions més _______________.
- L'Espanya mediterrània també se l'anomena _______________.
- El paisatge característic mediterrani és _______________.

Raona

11 **Interpreta el climograma.** Respon.

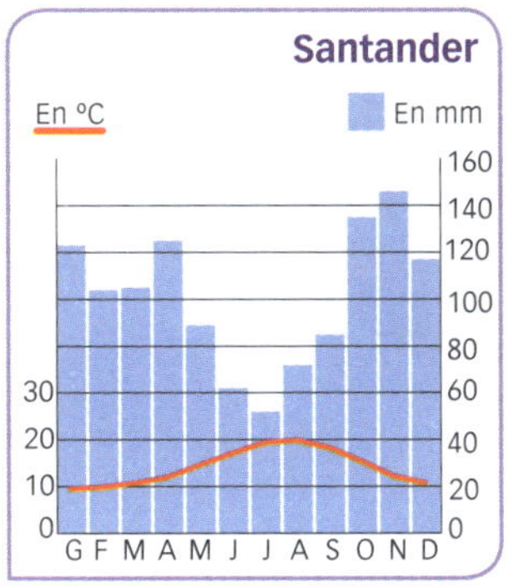

- Calcula la diferència entre la temperatura més alta i la més baixa.

____

- Creus que podem parlar de temperatures suaus o extremes? Per què?

____

- Et sembla que es pot parlar de precipitacions regulars durant tot l'any? Raona la resposta.

____

- Suma les precipitacions. Si són més baixes que 600 l/m², es tracta d'un clima sec. És un clima sec o humit?

____

- Quins són els mesos més plujosos?

____

- A quin tipus de clima diries que correspon?

____

Recapitula

12 **Resumeix.** Completa la taula.

Clima	Temperatures	Precipitacions
		Regulars durant tot l'any
Mediterrani litoral		
Mediterrani interior	extremes	
Subtropical		

4 El relleu de Catalunya

Les principals unitats

Catalunya està formada per tres grans unitats de relleu:

- **Els Pirineus.** S'estenen des de l'Atlàntic fins al Mediterrani. Hi distingim dues grans subunitats: el **Pirineu axial**, al centre del sistema, i els **Prepirineus**, situats un a cada vessant (al nord i al sud). Al Pirineu axial hi ha la Pica d'Estats (3.143 m) el cim més alt de Catalunya.
- Les **serralades litorals o costaneres**. Hi trobem dues alineacions muntanyoses paral·leles (la **serralada Prelitoral** i la **serralada Litoral**) i dues planes (la **Plana litoral** i la **depressió Prelitoral**).
- La **depressió Central**. És una gran plana situada entre el Prepirineu i la serralada Prelitoral.

Altres unitats de relleu

- La **serralada Transversal**. Enllaça la serralada Prelitoral amb el Prepirineu i ocupa una gran part de la comarca de la Garrotxa.
- La **plana de l'Empordà**. Està situada a l'extrem nord-oriental de Catalunya.
- El **delta de l'Ebre**. Situat al sud de Catalunya, està format per materials sedimentaris que hi ha anat portant el riu.

El litoral

El litoral català té uns **615 km de longitud**. El seu perfil és força rectilini i poc accidentat, si bé hi trobem sectors de costa alta i abrupta, com la Costa Brava, i sectors de costa baixa, com la major part de la costa Central i la costa Daurada.

EL RELLEU DE CATALUNYA

ACTIVITATS

Comprèn

13 **Situa en el mapa.** Escriu els noms dels accidents geogràfics corresponents.

1. ______
2. ______
3. ______
4. ______
5. ______
6. ______
7. ______

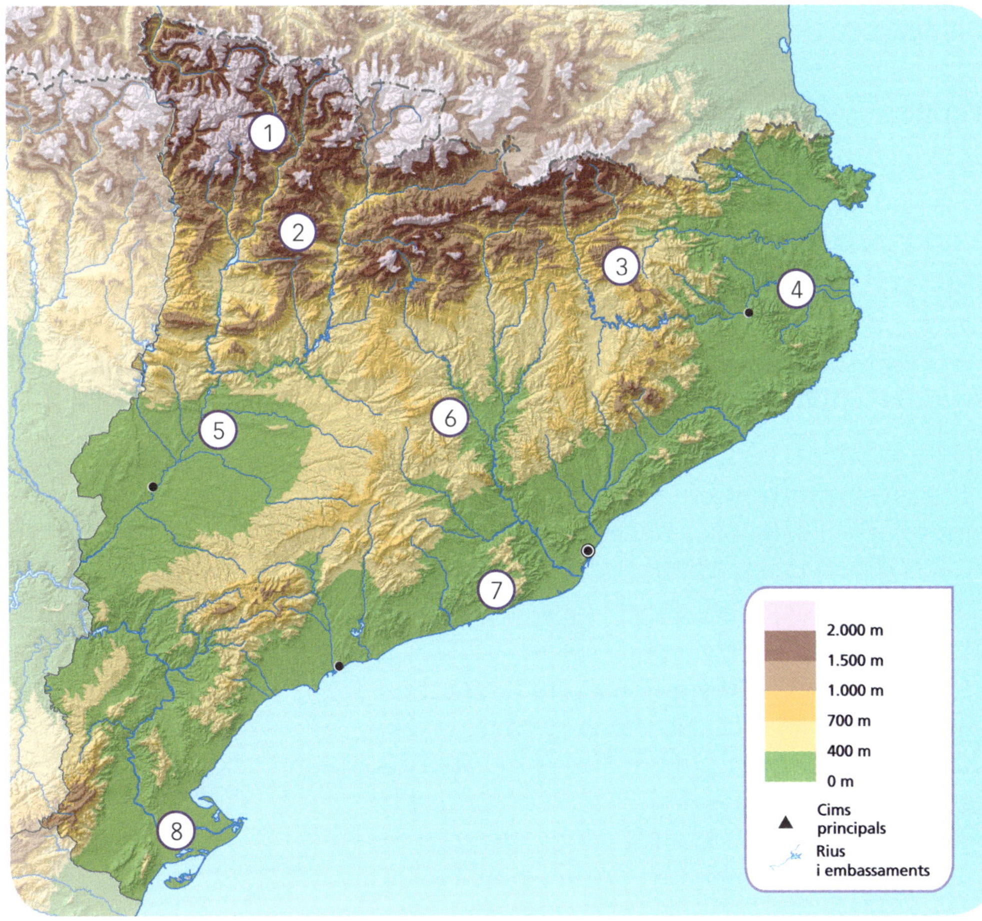

Aplica

14 **Identifica.** Respon:

- Entre quines serralades se situa la Depressió Central?

  ______

- Quines serralades paral·leles a la costa trobem?

  ______

- En quines dues grans subunitats s'estructuren els Pirineus?

  ______

- Quines serralades enllaça la serralada Transversal?

  ______

- Quina serralada és a la part més septentrional de Catalunya?

  ______

- Quina és la característica més significativa del relleu català?

  ______

Recapitula

15 **Organitza la informació.** Completa l'esquema.

EL RELLEU DE CATALUNYA

- Els Pirineus
  - ______
  - Prepirineus
- ______
  - Serralada prelitoral
  - ______
- ______
- Altres unitats de relleu
  - Serralada Transversal
  - ______
  - Delta de l'Ebre

Els rius

Per la localització geogràfica i per la disposició del relleu, tots els rius catalans **desemboquen al mar Mediterrani**, tret de la Garona, que desguassa a l'oceà Atlàntic.

Si exceptuem el tram de l'Ebre que passa per Catalunya, la majoria dels **rius** són **curts** i de **cabal irregular** i **força escàs**.

Podem distingir:

- **Els rius que neixen als Pirineus.** Són els més llargs i cabalosos perquè tenen conques força grans i es nodreixen del desglaç de la primavera i de les pluges. Són, doncs, rius de **règim nivopluvial**.
- **Els rius que neixen prop de la costa.** Són més curts i molt poc cabalosos, perquè travessen comarques on plou menys. Aquests rius són de **règim pluvial**. A la zona propera a la costa hi abunden les rieres, amb cursos intermitents i cabals molt inferiors als d'un riu.

Els rius que desemboquen al Mediterrani s'agrupen en tres xarxes hidrogràfiques:

- La **xarxa Pirineu-Ebre**. El Segre és el riu més important.
- La **xarxa Pirineu-Mediterrani**. En formen part el Llobregat, el Ter, el Fluvià o la Muga.
- La **xarxa mediterrània**. El Besòs, la Tordera i el Francolí són els més rellevants.

Els llacs i els embassaments

A Catalunya hi ha força llacs, tot i que no són gaire grans. La gran majoria són d'**origen glacial** i són al Pirineu, com el de Sant Maurici, però el més gran de Catalunya és el de Banyoles, d'**origen càrstic**.

L'acció dels rius ha format **llacunes** al litoral, com ara les de la Ricarda, la Murtra i el Remolar. També destaquen els **aiguamolls** de l'Empordà i els petits llacs del delta de l'Ebre, com els Ullals de Baltasar.

RIUS I EMBASSAMENTS DE CATALUNYA

ACTIVITATS

Comprèn

16 **Situa en el mapa.** Escriu els nombres al lloc correcte i acoloreix segons la llegenda.

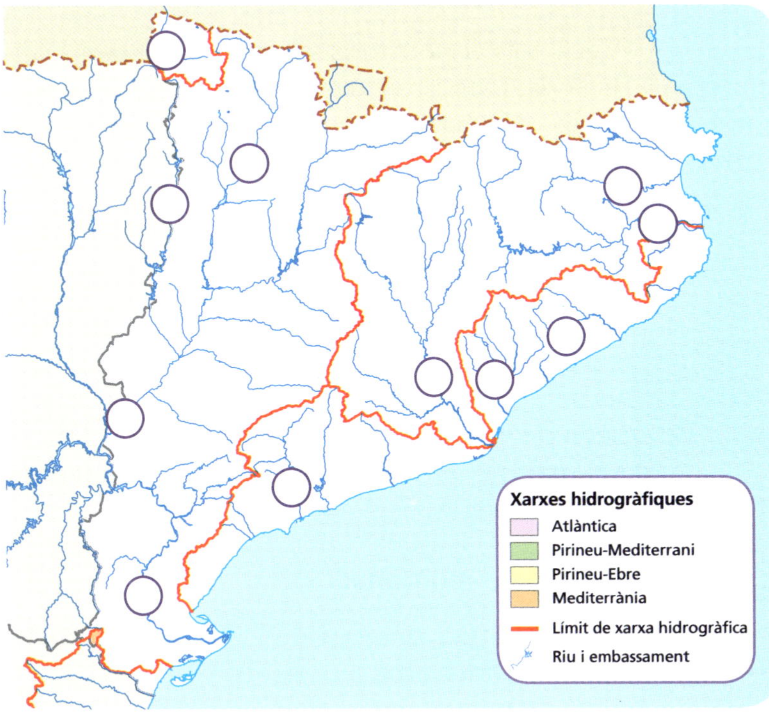

1. riu Ebre
2. riu Fluvià
3. riu Francolí
4. riu Llobregat
5. riu Segre
6. riu Ter
7. riu Tordera
8. riu Noguera Pallaresa
9. riu Noguera Ribagorçana
10. riu Besòs
11. La Garona

Xarxa Pirineu-Mediterrani

Xarxa Pirineu-Ebre

Xarxa mediterrània

17 **Identifica.** Respon:

- Quin és el principal afluent del riu Ebre a Catalunya?
- On neixen els rius de la xarxa Pirineu-Ebre?
- Quin riu desemboca a l'oceà Atlàntic?
- On neixen els rius de la xarxa mediterrània?
- Quins dos rius pirinencs són afluents del Segre?
- Quin riu important és el més proper al lloc on vius?

Raona

18 **Explica.** Quines són les característiques dels rius de Catalunya?

Recapitula

19 **Recorda.** Relaciona i acoloreix d'acord amb les xarxes hidrogràfiques.

Xarxa Pirineu-Ebre

Xarxa Pirineu-Mediterrani

Xarxa mediterrània

- Ter
- Llobregat
- Besòs
- Ebre
- Francolí
- Tordera
- Fluvià
- Noguera Pallaresa
- Noguera Ribargorçana

6 El clima de Catalunya

Els factors de la diversitat del clima mediterrani

La llarga franja litoral permet que una part molt important del territori rebi la **influència moderadora del mar**. Això fa que hi hagi un **clima mediterrani** litoral i un altre d'interior. Així, el clima més extrem el trobem cap a les terres de ponent. D'altra banda, la posició tan peculiar del relleu condiciona la circulació dels vents i la distribució de les precipitacions.

Al Pirineu, l'altitud explica l'aparició dels climes **alpí** i **subalpí**.

El clima mediterrani litoral

Es dóna en tota la franja litoral i gran part de la prelitoral, influenciades directament pel mar. Es tracta de zones de poca altitud que tenen uns **estius secs i calorosos** i uns **hiverns suaus i poc plujosos**. Les precipitacions són més abundants a la primavera i a la tardor, èpoques en què les pluges poden arribar a ser torrencials.

El clima mediterrani d'interior o continental

Afecta tots els territoris aïllats de la influència directa del mar. En aquesta zona els **hiverns són freds**, i **els estius, força calorosos**. Les temperatures són, doncs, més extremes. Les precipitacions són força escasses.

El clima atlàntic o oceànic

La zona d'influència d'aquest clima es redueix a la **vall d'Aran**, perquè a diferència de la resta del territori, l'orientació de la vall afavoreix l'entrada de **vents humits procedents de l'oceà Atlàntic**. Com a conseqüència de l'arribada d'aquests vents, el clima és plujós i humit.

El clima de muntanya

Al Pirineu, per damunt de 2.300 metres, hi ha àrees de **clima alpí**, i a parit de 1.500 metres, de **clima subalpí**. Les temperatures són baixes, sobretot a l'hivern, i les pluges i les nevades, abundants.

CLIMES DE CATALUNYA

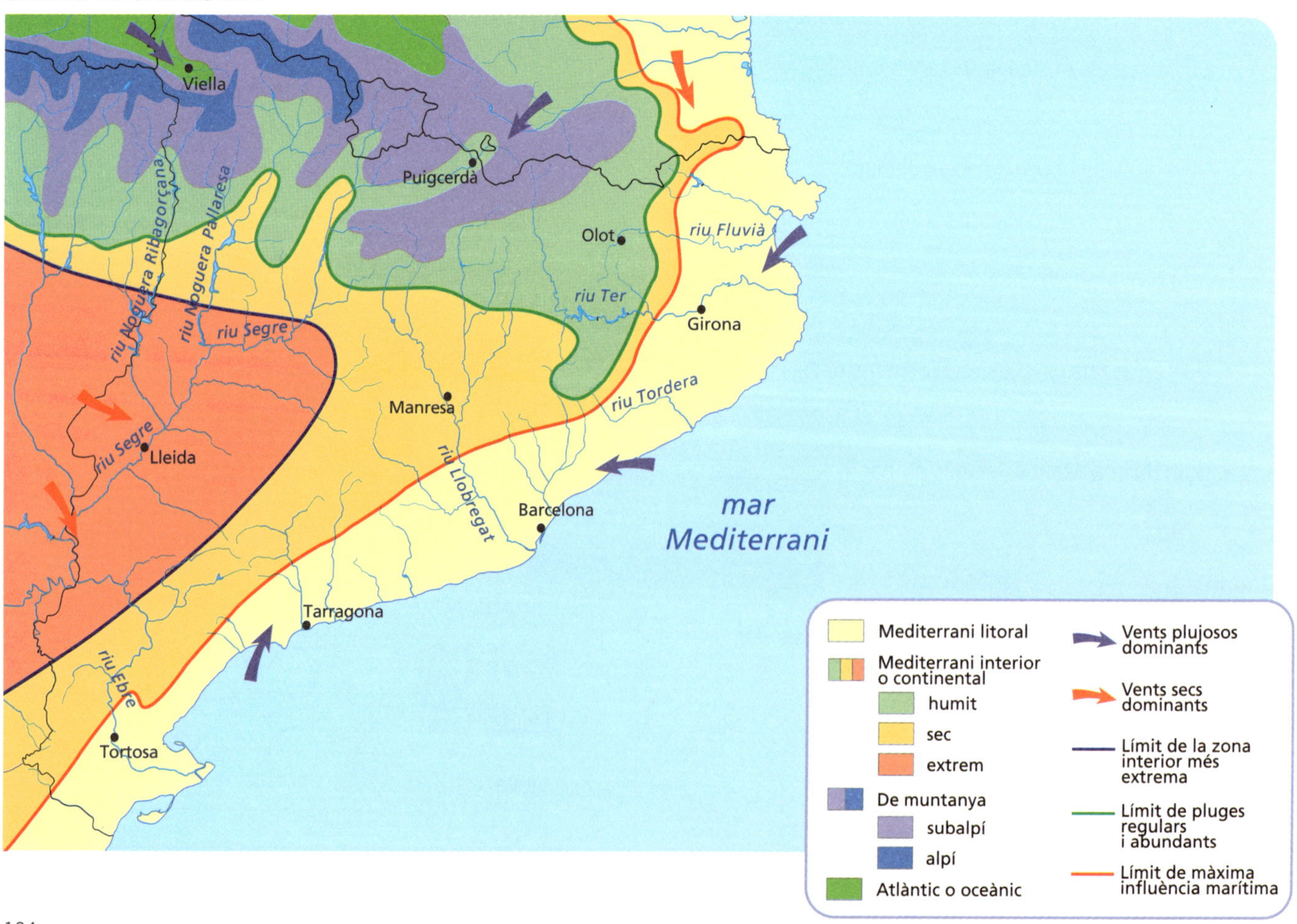

ACTIVITATS

Comprèn

20 **Identifica.** Respon:

- Quins climes es poden trobar a les zones de muntanya?
- Quin és el domini climàtic que es troba a la major part del territori català?
- Quines característiques té?
- Com és el clima a les zones costaneres?
- I a les àrees interiors?

Raona

21 **Explica.** Respon:

- Quins factors contribueixen a la diversitat climàtica de Catalunya?
- Les característiques del relleu, com modifiquen el clima al nostre territori?
- Per què la proximitat del mar suavitza les temperatures dels territoris?
- Per què la Vall d'Aran és una zona molt humida?

Aplica

22 **Interpreta.** Pinta el mapa d'acord amb la llegenda.

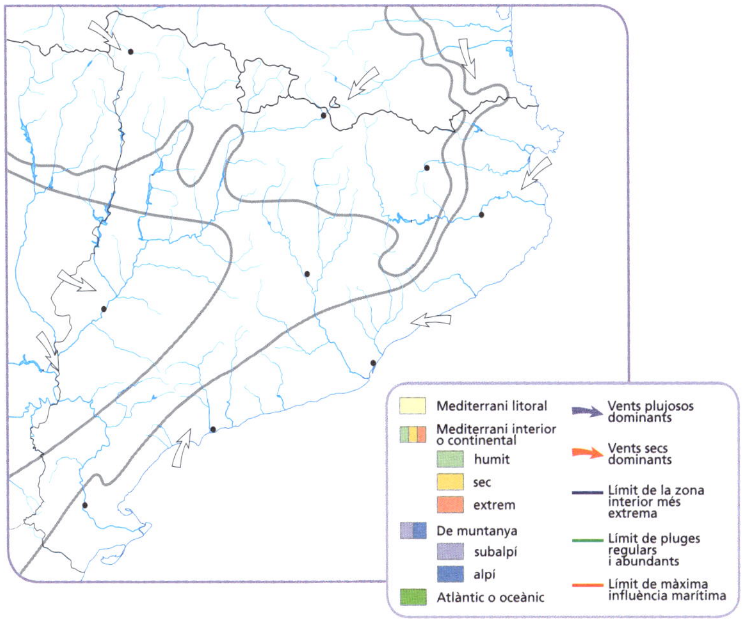

23 **Situa.** Marca sobre el mapa el punt on se situa la teva localitat. Quin tipus de clima hi ha?

- Descriu el clima de la teva localitat

Temperatures:

Precipitacions:

24 **Associa.** Completa aquesta taula climàtica:

	Tipus de clima	Temperatures	Precipitacions
Girona			
Manresa			
Lleida			
Viella			

7 La vegetació i els paisatges de Catalunya

Les característiques

La diversitat del relleu i la gran varietat de climes de Catalunya fan que també hi hagi una gran varietat de paisatges naturals. Tenint en compte les condicions de temperatura, humitat i característiques del sòl, es poden establir dos grans tipus de vegetació: de **muntanya** i **mediterrània** (interior i litoral).

A grans trets, la vegetació de muntanya correspon a la Catalunya humida, mentre que la vegetació mediterrània correspon a la Catalunya seca.

La Catalunya humida

Comprèn el conjunt d'àrees elevades, al nord del país, que reben precipitacions superiors a **700 mm anuals**. L'abundància d'aigua fa que el paisatge sigui verd. Als vessants de les muntanyes pirinenques hi ha boscos d'**arbres de fulla perenne**, principalment **pi negre**, **pi roig** i **avet**. Trobem **prats d'alta muntanya** fins a 2.800 metres.

Al Prepirineu, a la serralada Transversal i a la xona nord de la serralada Prelitoral, hi predominen els **boscos de fulla caduca**, on destaquen espècies com el **roure** i el **faig**.

La Catalunya seca

La **zona seca** es caracteritza per l'**escassetat de precipitacions**. El paisatge és típicament mediterrani i l'**alzinar** n'és el bosc característic.

A les serralades Prelitoral i Litoral, a les zones situades al nord del massís del Garraf, hi predomina el **bosc d'alzines**, **pi pinyoner** i **pi blanc**, mentre que a les zones del sud hi destaca la **màquia**, formada per arbustos baixos.

A l'àrea de la depressió Central, la **carrasca** i la **garriga** són vegetacions adaptades a les condicions de sequeres llargues. En les àrees on les precipitacions són inferiors als 300 mm anuals, la vegetació es degrada molt més i dóna origen a l'estepa.

LA VEGETACIÓ DE CATALUNYA

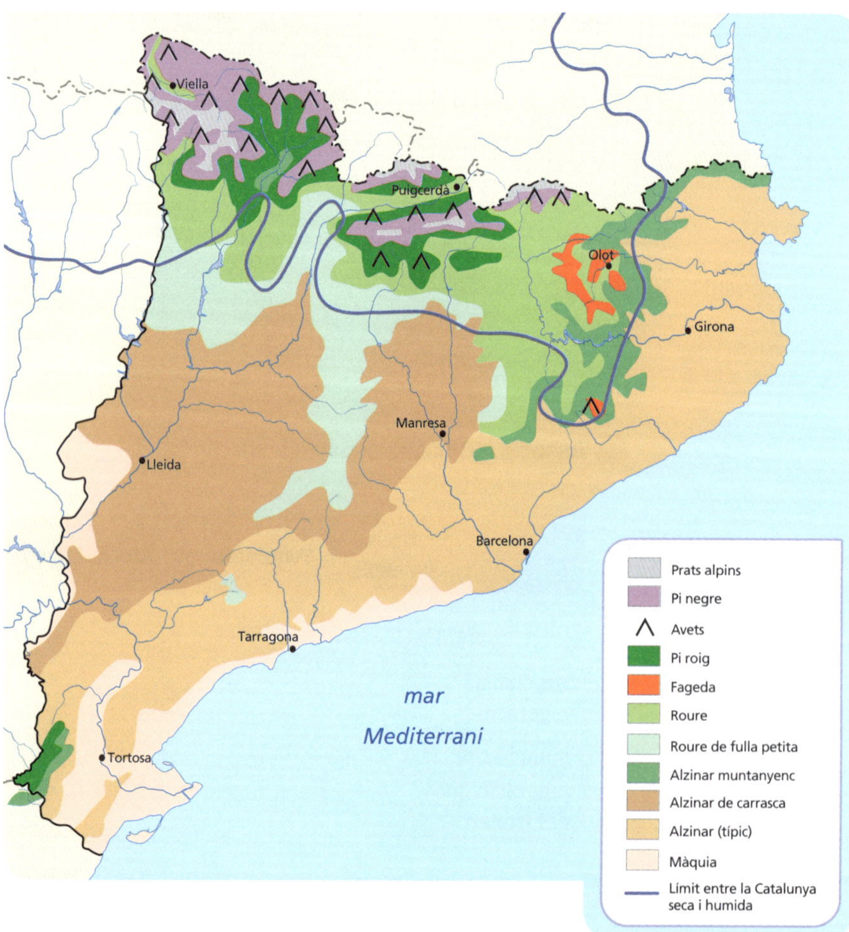

VEGETACIÓ A CATALUNYA SEGONS L'ALTITUD I L'ORIENTACIÓ

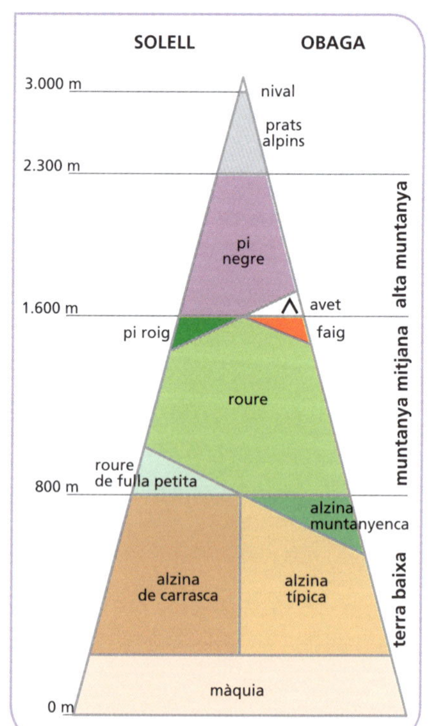

ACTIVITATS

Comprèn

25 **Identifica.** Respon:

- Quins són els dos grans tipus de vegetació que trobem a Catalunya?
- Quin és el volum de precipitacions anuals a la regió de la Catalunya humida?
- Quin és el bosc característic de la Catalunya seca?
- Fins a quina altura trobem prats d'alta muntanya?
- Què significa solell? I obaga?
- Què significa "arbres de fulla perenne"? I "arbres de fulla caduca"?

Raona

26 **Explica.** Respon:

- Per què a Catalunya trobem una gran varietat de paisatges naturals?
- Per què a les zones d'alta muntanya superiors a 2.800 metres no trobem vegetació?
- Per què les alzines estan tan esteses per Catalunya?

Aplica

27 **Interpreta.** Marca sobre el mapa el punt on se situa la teva localitat.

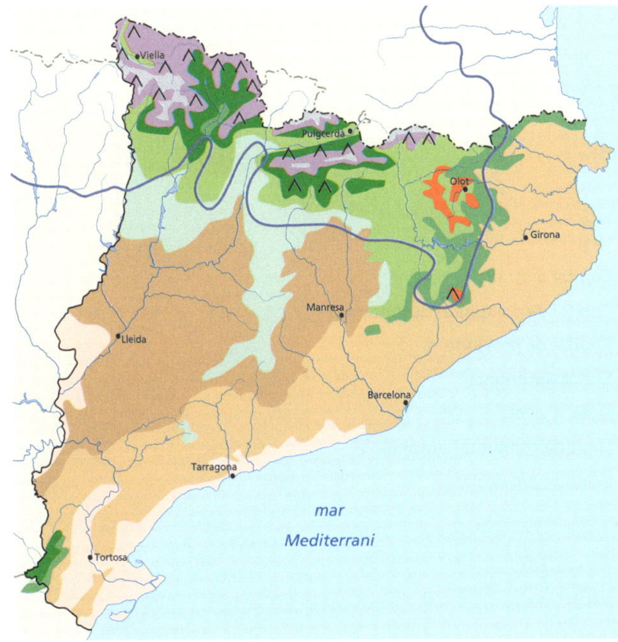

- Marca amb una tinta de color el límit entre la Catalunya humida i la Catalunya seca.
- A quina de les dues regions se situa la teva localitat: a la Catalunya humida o a la Catalunya seca?
- Marca amb una creu les espècies pròpies de la vegetació de la zona on vius.

☐ Pi negre	☐ Avet	☐ Pi roig
☐ Faig	☐ Roure	☐ Alzina
☐ Pi pinyoner	☐ Pi blanc	☐ Màquia

Recapitula

28 **Resumeix.** Completa la taula.

	Catalunya humida	Catalunya seca
Precipitacions		Inferiors als 700 mm anuals
Paisatge	Sol ser verd i amb moltes espècies	
Dominis de vegetació		Mediterrània
Espècies de vegetació que s'hi troben	Pi negre, pi roig, avet, roure, faig	

➔ SABER FER: Elaborar un dossier. Espanya a escales diferents

Un **dossier** està format per documents relacionats amb un tema concret. La documentació pot ser bibliogràfica, periodística, cartogràfica, estadística, etc. Per ordenar millor la informació es poden elaborar **fitxes** per a cada apartat del tema.

QUINS PASSOS HAS DE SEGUIR?

Per elaborar un dossier pots seguir aquests passos:

1. **Fes** un índex o esquema que reculli els aspectes principals de què es tracta.
2. **Escriu** una introducció i exposa-hi els objectius i la metodologia utilitzada. Presenta també el material que faràs servir.
3. **Prepara** una fitxa per cada un dels apartats. En cada fitxa podràs recollir els aspectes essencials de cada un dels apartats del dossier.
4. **Escriu** una conclusió, és a dir, un comentari breu en què valores la importància del tema.

Fes-ho tu

29 Elabora un dossier sobre les comunitats autònomes d'Espanya.

- Fes un índex. Escriu l'ordre en què figuraran les comunitats autònomes al dossier.
- Observa el mapa polític d'Espanya, busca informació i fes una fitxa per cada comunitat autònoma. Totes les fitxes han d'incloure els mateixos elements:
  - Nom de la comunitat
  - Superfície (en Km²)
  - Capital de la comunitat
  - Províncies
  - Cims més elevats
  - Rius principals
  - Espais naturals protegits

  Pots il·lustrar les fitxes amb les fotografies i els mapes que consideris necessaris.
- Ordena les fitxes i presenta-les.
- Redacta la introducció i la conclusió del dossier.

➔ SABER FER: Interpretar un mapa topogràfic físic: les corbes de nivell

Un **mapa topogràfic** físic representa les característiques físiques d'un territori determinat. Aquestes característiques s'hi representen mitjançant **corbes de nivell**. Si les corbes estan molt juntes, indiquen un pendent molt pronunciat; quan estan més separades marquen un relleu més suau. A més, les corbes de nivell expressen amb xifres l'altitud de cada corba respecte al nivell del mar.

Normalment, cada corba de nivell està marcada amb un color o una tonalitat pròpia, d'acord amb l'altitud que expressa.

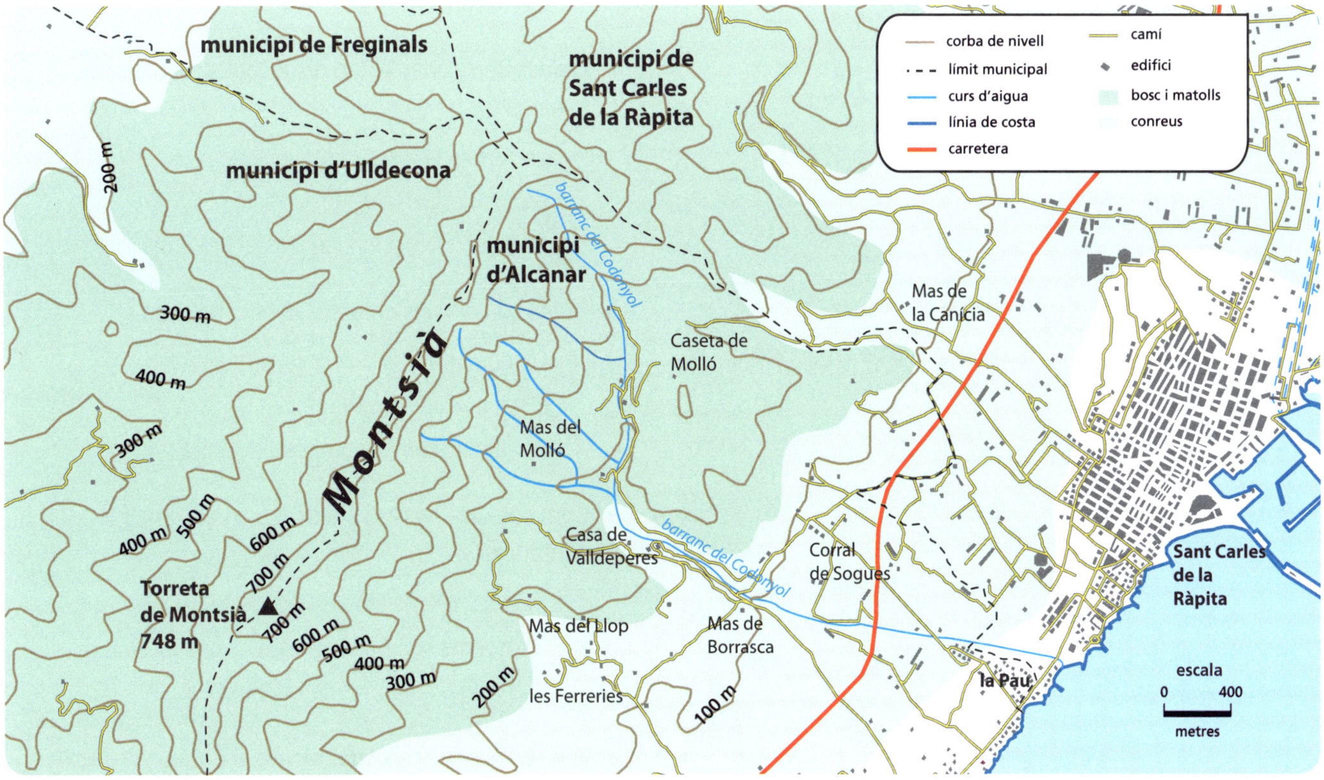

QUINS PASSOS HAS DE SEGUIR?

Per interpretar un mapa topogràfic cal tenir present aquests elements:

1. **Fixa't** en la llegenda que acompanya el mapa. Allà hi ha el símbol de les corbes de nivell, entre altres símbols cartogràfics.
2. **Observa** l'amplitud o separació entre corbes de nivell. Tingues present que si les corbes estan molt juntes indiquen un pendent molt pronunciat, i per contra, si estan molt separades expressen un relleu més suau.
3. **Llegeix** les xifres que indiquen sobre les corbes de nivell l'altitud del terreny.
4. **Tingues en compte** que les corbes de nivell d'altitud creixent al voltant d'un punt més alt ens informen del cim d'una muntanya. Per contra, en el cas contrari, les corbes concèntriques de valor decreixent indiquen un sot, un llac o una vall.

Fes-ho tu

30 Interpreta el mapa topogràfic de la comarca del Montsià.

- Digues un cim que estigui per sobre dels 700 metres d'altitud.
- A quina altitud sobre el nivell del mar es troba el municipi d'Ulldecona?
- I el municipi de Freginals?
- I el municipi de Sant Carles de la Ràpita?
- Encercla sobre el mapa la zona amb un relleu més abrupte.

AUTOAVALUACIÓ

Marca l'opció correcta en cada cas.

1. On és situat l'arxipèlag de les illes Balears?
   - [ ] Al mar Cantàbric.
   - [ ] Al mar Mediterrani.
   - [ ] Al mar Atlàntic.

2. Com solen ser els rius del vessant atlàntic?
   - [ ] Curts però cabalosos.
   - [ ] Curts i de cabal escàs.
   - [ ] Llargs i cabalosos.

3. Què són les albuferes?
   - [ ] Llacunes litorals.
   - [ ] Llacs d'aigua dolça vora el mar.
   - [ ] Forats excavats a la roca per l'acció de les aigües marines.

4. A Espanya distingim tres grans zones climàtiques:
   - [ ] L'Espanya cantàbrica, l'Espanya meridional i l'Espanya subtropical.
   - [ ] L'Espanya atlàntica, l'Espanya mediterrània i l'Espanya subtropical.
   - [ ] L'Espanya atlàntica, l'Espanya continental i l'Espanya subtropical.

5. Com són les temperatures a la Meseta?
   - [ ] Extremes.
   - [ ] Suaus.
   - [ ] Extremes a l'hivern i suaus a l'estiu.

6. De quina comarca ocupa una gran part la serralada Transversal?
   - [ ] El Pla de l'Estany.
   - [ ] La Segarra.
   - [ ] La Garrotxa.

7. Quines serralades estan disposades paral·lelament a la costa?
   - [ ] La serralada Transversal i el Pirineu.
   - [ ] La serralada Litoral i la serralada Prelitoral.
   - [ ] La serralada del Pirineu i la del Prepirineu.

8. Quins són els rius catalans més cabalosos?
   - [ ] Els que neixen a la serralada Prelitoral.
   - [ ] Els que neixen als Pirineus.
   - [ ] Els que neixen a la depressió Central.

9. Com són els hiverns i els estius en el clima mediterrani d'interior?
   - [ ] Tant els hiverns com els estius són suaus.
   - [ ] Els hiverns són freds i els estius calorosos.
   - [ ] Els hiverns són freds i els estius suaus.

10. Quin és el bosc característic de la Catalunya seca?
   - [ ] El pinar.
   - [ ] La pollancreda.
   - [ ] L'alzinar.

REPÀS ACUMULATIU

- Enumera els sistemes muntanyosos de la Península.

____

____

- Descriu com és el clima de l'arxipèlag canari.

____

____

- Consulta el mapa de la pàgina 100 i escriu el nom de tres embassaments catalans.

____

____

La feina de l'historiador

L'historiador, detectiu del passat

Els historiadors es dediquen a **estudiar el passat**. Tenen com a objectiu conèixer com vivien les persones d'altres èpoques i quins van ser els esdeveniments més destacats de cada moment.

Els historiadors es troben amb una dificultat: no coneixen directament els fets que volen estudiar perquè no han viscut en l'època en què es van produir. Per solucionar aquest problema, han de fer una **tasca d'investigació** a partir de les restes que han deixat els éssers humans.

Per això, sovint es compara el treball de l'historiador amb el d'un detectiu o un policia científic. Com ells, l'historiador ha d'**analitzar l'escenari** (el context històric), **buscar les pistes** (les restes del passat) i, mitjançant l'anàlisi i la interpretació d'aquestes dades, **reconstruir el que va passar**.

Les fonts històriques

Les **fonts històriques** són les restes que van deixar els nostres avantpassats i s'utilitzen per reconstruir la història.

Els historiadors utilitzen molts tipus de fonts per investigar el passat (escrites, orals, gràfiques i materials), però totes es poden agrupar en dues menes:

- **Fonts primàries**, que són les contemporànies als fets dels quals informen: lleis, tractats, memòries, censos de població, articles de premsa, fotografies, objectes de la vida quotidiana... **(2)**.
- **Fonts secundàries**, que són les posteriors als fets dels quals informen. Moltes són obra dels historiadors: cròniques, manuals, estudis científics, mapes, gràfics... **(1)**.

2. Fonts primàries gràfiques al museu Hispanic Society of America de Nova York.

PARA ATENCIÓ

La paraula **història** té dos sentits.

La història és el **conjunt de fets** protagonitzats per les persones en el passat.

Però també anomenem *història* la **ciència** que investiga quins van ser aquests fets i com vivien les persones d'altres èpoques.

COMPENDIO HISTORIAL DE LAS CHRONICAS Y VNIVERSAL HISTORIA DE TODOS LOS REYNOS DE ESPAÑA, DONDE SE ESCRIUEN las vidas de los condes, ſeñores de Caſtilla, y de los Reyes d'el meſmo reyno, y de Leon.

Proſigueſe tambien la ſucceſſion de los Emperadores Occidentales y Orientales,

Compueſto por Eſteuan de Garibáy y Çamálloa, de nacion Cantabro, vezino de la villa de Mondragon, de la prouincia de Guipuzcoa.

1. **Font secundària escrita.** *Compendio historial de las crónicas y universal historia de todos los reynos de España*, escrita per Esteban de Garibay y Zamalloa el 1571.

Les edats de la història

Els historiadors han dividit la història en períodes per poder estudiar millor l'evolució de l'ésser humà des de la seva aparició fins a l'actualitat. Aquests períodes s'anomenen **edats de la història** i són: la **prehistòria**, l'**edat antiga**, l'**edat mitjana**, l'**edat moderna** i l'**edat contemporània**.

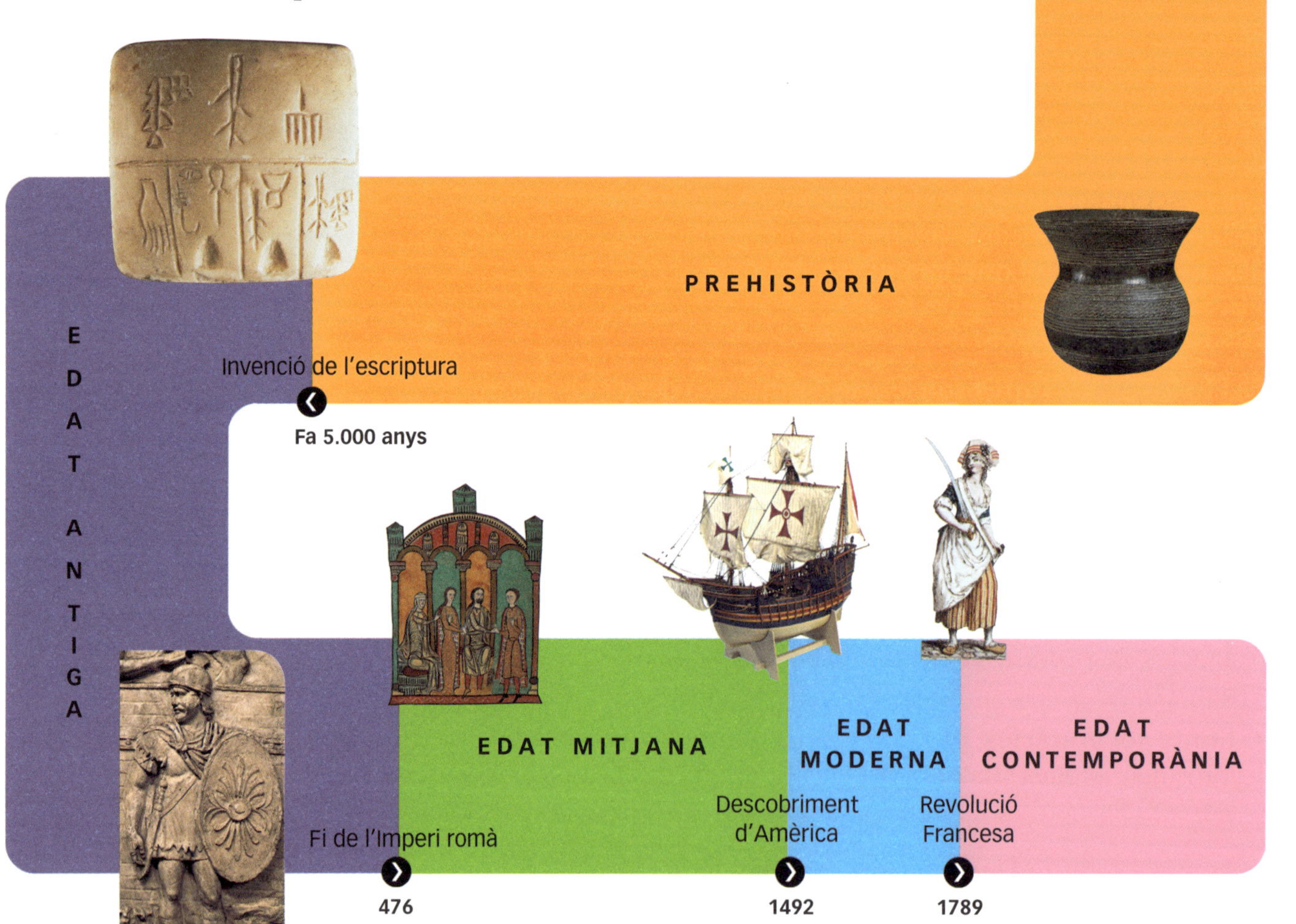

En aquest curs estudiaràs la prehistòria i l'edat antiga.

- La **prehistòria** va començar amb l'aparició de l'ésser humà fa uns 5 milions d'anys i va finalitzar amb la invenció de l'escriptura fa uns 5.000 anys.
- L'**edat antiga** es va iniciar amb la invenció de l'escriptura i va acabar l'any 476 dC amb la desaparició de l'Imperi romà d'Occident.

PARA ATENCIÓ

Els historiadors agrupen els anys de la manera següent:

10 anys = una **dècada**

100 anys = un **segle**

1.000 anys = un **mil·lenni**

L'any 0 no existeix. Es passa de l'any 1 aC a l'any 1 dC.

Els segles s'escriuen amb xifres romanes. Per exemple, segle V aC, segle XVII, segle XXI...

Per **ordenar dates que van tenir lloc abans de Crist (aC)** has de fer-ho a l'inrevés; l'any 343 aC va passar abans que l'any 341 aC, per exemple.

8 La prehistòria

La primera etapa del passat humà és la prehistòria, que engloba tot el que va passar abans de la història. El fet clau que marca l'inici de la història és l'aparició de l'escriptura i, per tant, tot el que va passar als humans anteriorment s'inclou en la prehistòria.

LA PREHISTÒRIA

- **EL PALEOLÍTIC**
  - Procés d'hominització
  - Economia depredadora
  - Nomadisme
  - Aparició de l'art i la religió
- **EL NEOLÍTIC**
  - Aparició de la ramaderia i l'agricultura
  - Sedentiarisme
  - Avenços tècnics: pedra polida, teixits, ceràmica
  - Divisió del treball i desigualtats socials
- **L'EDAT DELS METALLS**
  - Primers estris de metall: coure, bronze, ferro
  - Desenvolupament del comerç
  - Primeres ciutats
  - Societat més especialitzada i desigual
  - Invents: roda, vela, arada
  - Megalitisme

1 La prehistòria

Què és la prehistòria?

La **prehistòria** és el període de temps transcorregut entre l'**aparició dels primers avantpassats de l'ésser humà** a l'Àfrica, fa uns cinc milions d'anys, i la **invenció de l'escriptura**, fa uns 5.000 anys.

És difícil estudiar la prehistòria, perquè se'n conserven poques restes i no hi ha documents escrits. Els **arqueòlegs** analitzen les restes materials que van deixar els primers éssers per descobrir com eren. Els llocs on es troben aquestes restes els anomenem **jaciments**.

Les etapes de la prehistòria

La prehistòria es divideix en tres grans etapes:

- El **paleolític,** o antiga edat de pedra.
- El **neolític,** o nova edat de pedra.
- L'**edat dels metalls**.

L'evolució de l'ésser humà

Els éssers humans actuals som el resultat d'un llarg procés d'evolució que es coneix amb el nom d'**hominització**. A través d'aquest procés els nostres avantpassats van anar adquirint els trets que ens caracteritzen com a espècie:

- El **bipedisme**, és a dir, poder caminar sobre els dos peus, va alliberar les mans i va permetre ampliar el camp de visió.
- El desenvolupament del **polze oposable**, que va permetre utilitzar les mans com una pinça per manipular objectes i fabricar eines.
- L'increment de la mida i la complexitat del **cervell**, que va permetre desenvolupar el pensament i el llenguatge.

El procés d'hominització

Des dels primers ésser humans fins a nosaltres s'han succeït diferents espècies:

- ***Ardipithecus***. És el nostre avantpassat més antic. Era bípede. Feia poc més d'un metre i s'alimentava de brots tendres, fruita i vegetals tous.
- ***Australopithecus***. De més alçada que l'anterior, també caminava sobre dos peus. El seu cervell encara era petit.
- ***Homo habilis***. Va ser la primera espècie que va fabricar eines. El seu nom vol dir "home hàbil".
- ***Homo erectus***. Va ser la primera espècie que va sortir d'Àfrica. Va descobrir el foc i sembla que utilitzava un llenguatge senzill per comunicar-se.
- ***Homo antecessor.*** Algunes de les restes humanes més antigues d'Europa pertanyen a aquesta espècie.
- ***Homo neanderthalensis o home de Neandertal***. S'assemblava força a nosaltres, tot i que era més robust. Va ser la primera espècie a enterrar els morts.
- ***Homo sapiens***. És la nostra espècie. Va inventar moltes eines, va desenvolupar el llenguatge i va crear l'art.

Mandíbula de 2,8 milions d'anys d'antiguitat.

ETAPES DE LA PREHISTÒRIA

ACTIVITATS

Comprèn

1 **Conceptes.** Explica'n el significat.

- Prehistòria ______________________________
- Arqueòleg ______________________________
- Jaciment ______________________________

2 **Recorda.** Completa la fitxa.

L'evolució de l'ésser humà.

Els primers éssers humans van aparèixer al continent ______________ fa ______________.

Des d'aleshores van patir canvis importants fins arribar a l'espècie actual, l' ______________, a la qual pertanyem totes les persones. Aquesta llarga sèrie de canvis s'anomena procés d' ______________.

3 **Relaciona.** Uneix cada espècie amb la característica que li correspon.

Ardipithecus	Va desenvolupar el llenguatge i va inventar l'art.
Homo habilis	Va descobrir el foc.
Homo erectus	És el nostre avantpassat més antic.
Homo sapiens	Va ser la primera espècie capaç d'elaborar eines.

Raona

4 **Explica.** Digues quins avantatges van significar els canvis següents per als nostres avantpassats.

- Bipedisme ______________________________
- Polze oposable ______________________________
- Cervell més gran i complex ______________________________

Aplica

5 **Interpreta.** Observa el diccionari visual i escriu ordenadament el nom de les diverses espècies humanes fins arribar a la nostra.

1. ______________
2. ______________
3. ______________
4. ______________
5. ______________
6 ______________
7. ______________

DICCIONARI VISUAL

Evolució de l'ésser humà

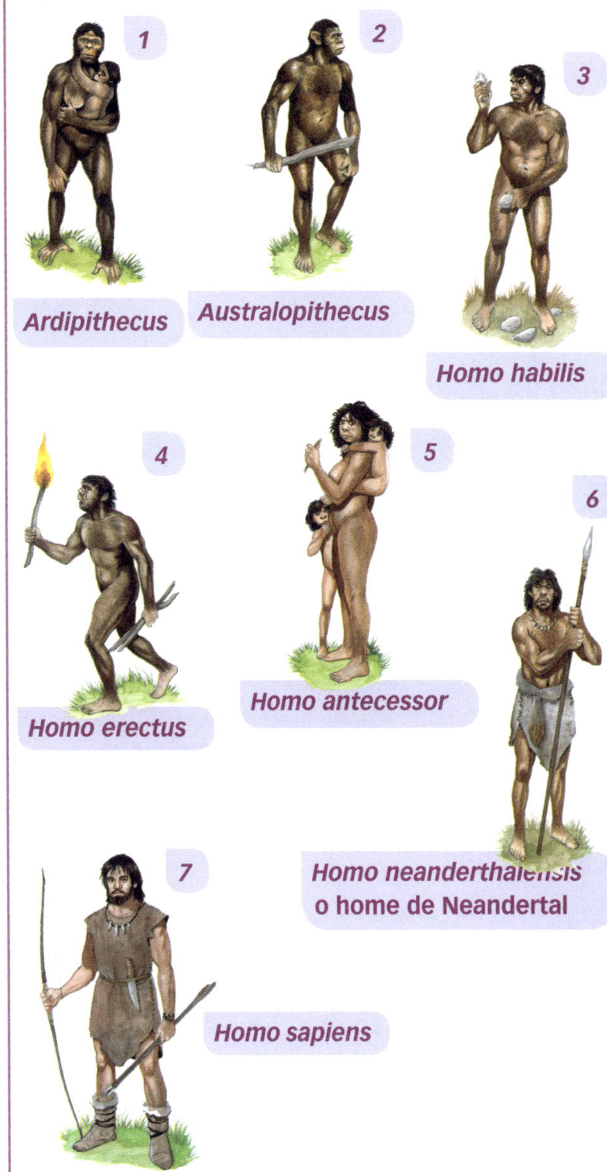

2 El paleolític

El paleolític és **la primera etapa de la prehistòria i la més llarga**. S'estén des de l'aparició dels primers éssers humans, fa uns cinc milions d'anys, fins a la invenció de l'agricultura i la ramaderia, fa uns 10.000 anys.

Caçadors i recol·lectors

Els éssers humans del paleolític vivien de la **recol·lecció**, la **caça** i la **pesca**. Com que vivien d'allò que trobaven a la natura però no produïen els aliments, diem que la seva era una **economia depredadora**.

Una vida nòmada

Durant el paleolític, els grups humans es desplaçaven d'un lloc a un altre a la recerca d'aliments: eren **nòmades**. Generalment, s'establien al costat d'un riu o un llac, on abundava l'aigua.

A les zones càlides vivien a l'**aire lliure** i a les zones fredes construïen **cabanes** o es refugiaven en **coves**.

Eines de pedra i os

La paraula *paleolític* significa 'pedra antiga' i fa referència a les **eines de pedra** que van fabricar els éssers humans en aquest període. Altres estris s'elaboraven amb os i fusta.

La vida a la tribu

Els éssers humans del paleolític vivien en **tribus** d'uns vint a quaranta individus, formades per unes quantes famílies. Diverses tribus d'un mateix grup de persones formaven un **clan**.

Les creences

Les primeres creences dels nostres avantpassats van estar relacionades amb el **culte a les forces de la naturalesa i als astres**.

Creien en l'existència d'esperits que intervenien en les seves vides i, per això, feien ritus màgics per guanyar-se el seu favor.

L'home de Neandertal va ser el primer a **enterrar els morts**. Envoltaven els difunts amb un aixovar format per objectes de valor.

L'art

Els éssers humans van fer les primeres obres d'art fa uns 35.000 anys, quan van decorar amb pintures les parets i els sostres de les coves. Aquest tipus d'art s'anomena **art rupestre**.

També van fer **gravats** sobre roques i ossos d'animals i petites **escultures** de dones anomenades **venus**.

SABIES QUE...

El domini del **foc**, fa uns 500.000 anys, va significar un canvi important: va permetre il·luminar les coves, escalfar-se, cuinar els aliments, espantar els animals salvatges i fabricar eines més desenvolupades.

DICCIONARI VISUAL

Les eines prehistòriques

Bifaç

Punta de fletxa

Rascadora

Agulla

Burí

Arpó

ACTIVITATS

Comprèn

6 **Recorda.** Omple els buits.

El paleolític és la primera etapa de la ______________ i la més ______________. S'estén des de ______________, fa uns ______________, fins a la invenció de ______________, fa uns ______________.

7 **Conceptes.** Explica'n el significat.

- Nòmada
- Clan
- Art rupestre

8 **Explica.** Digues quins avantatges va suposar el domini del foc.

Raona

9 **Reflexiona.** Per què els homes i les dones del paleolític no vivien sempre al mateix lloc?

Aplica

10 **Identifica**. Reconeix cada eina i completa les fitxes.

Nom	
Material	
Funció	

Nom	
Material	
Funció	

Nom	
Material	
Funció	

Extreu-ne conclusions

11 **Resumeix**. Completa la taula.

Paleolític	
S'alimentaven de...	
Vivien a...	
Elaboraven eines com ara...	
S'agrupaven en...	
Creien en...	
Feien obres d'art com ara...	

3 La revolució del neolític

L'aparició de l'agricultura i la ramaderia

Fa uns 10.000 anys, a l'Orient Mitjà els éssers humans van aprendre a conrear plantes (**agricultura**) i a domesticar animals (**ramaderia**).

Els canvis en la manera de viure

Les persones es van fer **sedentàries**, és a dir, es van establir de manera permanent en un lloc. Així es van crear els primers **poblats**, que se situaven a prop dels rius.

Als poblats, les persones es van anar especialitzant en diferents tasques productives.

També es va desenvolupar la **propietat privada** i es van fer més grans les **desigualtats socials** entre els membres del grup.

Els avenços tècnics

En el neolític van tenir lloc diversos avenços tècnics importants:

- Es va començar a utilitzar la **pedra polida** per fabricar eines.
- Es van començar a fabricar **teixits** en telers rudimentaris.
- Es va inventar la **ceràmica**, que es modelava a mà. Això va permetre fabricar atuells per guardar el gra i bols per menjar i cuinar.

Les creences i l'art

Durant el neolític, les persones adoraven **les forces de la naturalesa** relacionades amb el conreu de la terra. També va tenir importància el **culte a la fertilitat**, representat en petites figures d'argila conegudes com a deesses de la fertilitat.

Els difunts s'enterraven a les **necròpolis**, dins unes urnes de ceràmica que s'envoltaven amb un aixovar.

L'art va canviar en el neolític. A l'etapa anterior, el paleolític, les pintures generalment eren policromes, realistes i representaven animals. En el neolític la **figura humana**, representada de manera **molt esquemàtica,** va adquirir protagonisme i es van començar a representar escenes. En general, es pintava amb **un sol color**.

DICCIONARI VISUAL

Estris neolítics

Falç amb dents de pedra polida

Molí manual

Destral de pedra polida

Atuell de ceràmica

Pintura de la cova de la Valltorta (Comunitat Valenciana).

ACTIVITATS

Comprèn

12 **Identifica.** Indica si les següents afirmacions són vertaderes (V) o falses (F). Si són falses, corregeix-les.

- ☐ La revolució neolítica va aparèixer al Pròxim Orient fa uns 10.000 anys.
- ☐ L'aparició de l'agricultura i la ramaderia va provocar canvis molt importants en la manera de viure de les societats prehistòriques.
- ☐ La caça, la pesca i la recol·lecció van desaparèixer durant el neolític.
- ☐ Quan les persones s'estableixen de manera permanent en un lloc diem que esdevenen nòmades.
- ☐ Les societats del neolític eren més igualitàries que les del paleolític.

13 **Descriu.** Enumera tres avenços tècnics importants que van tenir lloc en el neolític.

- ______________________________
- ______________________________
- ______________________________

14 **Identifica.** Anomena cadascun dels objectes següents i indica'n la funció.

ESTRIS NEOLÍTICS		
Imatge de l'estri	Nom de l'estri	Funció de l'estri

Raona

15 **Interpreta.** Observa la il·lustració i respon.

- A quina etapa de la prehistòria correspon el dibuix?

____

- Enumera les activitats productives que hi observes.

____

____

Aplica

16 **Identifica**. Observa la imatge i respon.

- Quina activitat productiva hi observes?

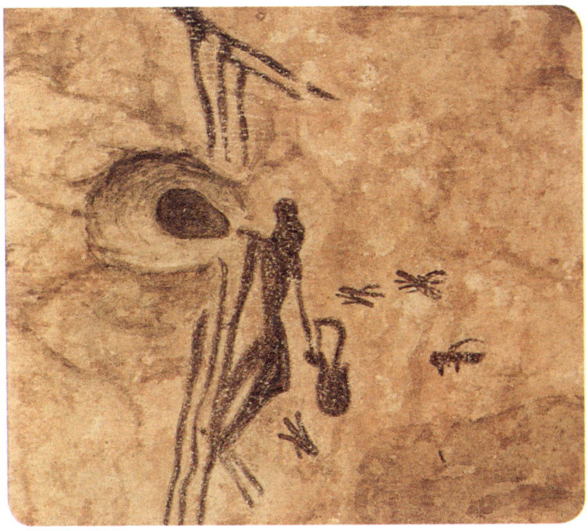

- Les figures són policromes o monocromes?

____

- Per tant, es tracta d'una pintura feta durant el paleolític o durant el neolític?

____

4 L'edat dels metalls

Els primers estris de metall

Fa uns 7.000 anys, els éssers humans van començar a fabricar objectes de metall. Primer es va utilitzar el **coure**; després el **bronze**, un aliatge d'estany i coure més resistent, i posteriorment es va fer servir el **ferro**, un metall encara més dur.

Els canvis en la manera de viure

Durant l'edat dels metalls es van produir tota una sèrie de canvis:

- **Es va desenvolupar el comerç**.
- Alguns assentaments van créixer i van aparèixer les primeres **petites ciutats**.
- Van sorgir **noves ocupacions** (guerrers, sacerdots, comerciants) i **divisions socials**, de manera que la societat es va fer més especialitzada i desigual.

Un temps d'invents

Fa uns 5.000 anys van tenir lloc tres invents molt importants:

- La **roda** va millorar el transport.
- La **vela** va fer possible que els vaixells es moguessin gràcies a la força del vent.
- L'**arada** va permetre llaurar grans extensions de terreny més ràpidament.

El megalitisme

En el període final del neolític i durant l'edat dels metalls es van construir monuments amb grans pedres o megàlits.

Els monuments megalítics tenien formes variades:

- Els **menhirs** eren grans pedres allargades, clavades verticalment a terra.
- Els **dòlmens** estaven formats per grans pedres verticals clavades a terra i cobertes per lloses horitzontals. Eren sepultures col·lectives.
- Els **cromlecs** eren amplis recintes circulars formats per l'agrupació de molts menhirs.

DICCIONARI VISUAL

Objectes de l'edat dels metalls

Fíbules de bronze celtíberes

Destral de bronze

Punta de llança de ferro

DICCIONARI VISUAL

Monuments megalítics. Menhir

ACTIVITATS

Comprèn

17 **Cronologia.** Respon les preguntes següents.

- Quan va començar l'edat dels metalls?

- A quina altra etapa de la prehistòria va succeir l'edat dels metalls?

- Ordena cronològicament la seqüència en funció del moment en què van començar-se a utilitzar aquests metalls.

  Bronze, Ferro, Coure.

1. ______ 3. ______

2. ______

18 **Descriu.** Enumera tres canvis importants en la manera de viure que es van produir durant l'edat dels metalls.

19 **Explica.** Enumera quatre invents o avenços tècnics de l'edat dels metalls i digues quins avantatges van comportar.

20 **Defineix.** Explica'n el significat.

- Monument megalític

- Menhir

Aplica

21 **Classifica.** Identifica els monuments i descriu-ne els trets definitoris.

NOM
MATERIAL
FUNCIÓ

NOM
MATERIAL
FUNCIÓ

NOM
MATERIAL
FUNCIÓ

5 La península Ibèrica i el territori de Catalunya a la prehistòria

El paleolític a la península Ibèrica

L'ésser humà hauria arribat a Europa a través de l'estret de Gibraltar. Fins ara, les restes humanes més antigues que s'han trobat a l'Europa occidental són les d'**Orce** (Granada), i tenen aproximadament 1,4 milions d'anys.

Atapuerca (Burgos) és un conjunt de jaciments arqueològics paleolítics. S'hi han trobat nombroses restes que demostren que fa 800.000 anys l'*Homo antecessor* va viure en aquesta zona.

Després, fa uns 60.000 anys, l'home de Neandertal va habitar la Península i, en fa uns 40.000, ho va fer l'*Homo sapiens*.

El neolític a la península Ibèrica

Fa uns 7.000 anys, va començar el neolític i es van formar els primers **poblats** estables. La **ceràmica** és l'objecte més abundant als jaciments.

En aquesta etapa trobem mostres de les anomenades **pintures rupestres llevantines**.

L'edat dels metalls a la península Ibèrica

Fa uns 7.000 anys, va començar el neolític i es van formar els primers **poblats** estables. La **ceràmica** és l'objecte més abundant als jaciments.

Fa uns 4.000 anys va començar l'edat dels metalls.

Durant aquesta etapa a la zona de llevant i del sud-est del territori peninsular es va desenvolupar la cultura de **Los Millares**, primer, i la cultura d'**El Argar**, més endavant.

També s'hi van construir nombrosos **monuments megalítics**.

El paleolític al territori de Catalunya

A **Catalunya** s'han trobat **indicis d'activitat humana** amb una antiguitat d'uns **700.000 anys**. Al Principat les **restes humanes més antigues** que s'han localitzat tenen uns **70.000 anys.**

Els principals jaciments del paleolític es troben vora els rius. La suavització del clima a final del paleolític va afavorir els assentaments humans en **balmes**.

El neolític al territori de Catalunya

L'inici del neolític s'hauria produït a Catalunya vers el 4500 aC.

Durant aquesta etapa es va desenvolupar l'anomenada **cultura montserratina**, amb la característica ceràmica cardial, i, també, la cultura dels **sepulcres de fossa**.

Les comunitats neolítiques vivien en **coves** o en **poblats**. D'aquests darrers se n'han conservat poques restes, ja que les cases eren fetes de materials orgànics, com ara fang i fusta.

L'edat dels metalls al territori de Catalunya

Durant l'**edat del coure** va sorgir la cultura del **vas campaniforme.** També es va desenvolupar el **megalitisme**.

Durant el segon mil·lenni abans de Crist es va desenvolupar la metal·lúrgia del **bronze**.

Més endavant, l'aparició de nous tipus de poblat i de noves formes d'enterrament indicaria l'arribada de pobles indoeuropeus, pertanyents a la **cultura dels camps d'urnes**.

SABIES QUE...

Tot i que hi ha indicis d'activitat humana molt anteriors, les restes humanes fòssils més antigues trobades al Principat de Catalunya corresponen a una mandíbula trobada a Banyoles que pertanyia a una dona d'uns 40 anys que va viure fa uns 70.000 anys.

Més al nord, a la cova de l'Aragó, situada a Talteüll (Rosselló), s'hi han localitzat restes humanes molt anteriors, de fa uns 450.000 anys.

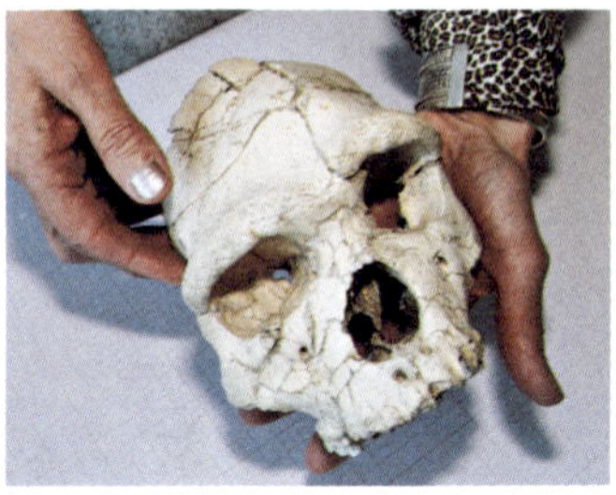

ACTIVITATS

Comprèn

22 **Identifica.** Indica si les afirmacions següents són vertaderes (V) o falses (F). Si són falses, corregeix-les.

☐ L'esser humà va arribar a Europa a través de l'estret de Gibraltar.

☐ No s'han trobat jaciments prehistòrics a la península Ibèrica.

☐ S'han trobat diverses restes de l'anomenat Homo antecessor als jaciments d'Atapuerca.

☐ Les pintures llevantines són pròpies de l'etapa paleolítica.

☐ Les cultures de Los Millares i d'El Argar es van desenvolupar plenament durant el neolític.

23 **Recorda.** Completa la frase.

Les restes fòssils humanes més antigues trobades al Principat de Catalunya s'han trobat a ____________ i tenen aproximadament ____________ anys.

24 **Classifica.** Situa cada fenomen o expressió cultural en el període que li correspon.

Cultura del vas campaniforme, cultura montserratina, cultura dels sepulcres de fossa, cultura dels camps d'urnes, megalitisme.

Neolític	Edat dels metalls

Raona

25 **Pensa.** Per què la majoria de jaciments prehistòrics es troben vora els rius?

26 **Reflexiona.** Per què les dates d'inici del neolític a la península Ibèrica i al Pròxim Orient no es corresponen?

Aplica

27 **Interpreta.** Observa el mapa i respon les preguntes.

Jaciments prehistòrics de la península Ibèrica

- Quin territori representa?

- Llegeix la llegenda. Què indica cadascun dels dibuixos? I el color?

- Escriu el nom de tres jaciments paleolítics, tres on s'hagin trobat restes del neolític i tres de l'edat dels metalls.

Jaciments paleolítics:

Jaciments neolítics:

Jaciments de l'edat dels metalls:

➔ SABER FER: recercar a Internet. Les glaciacions

A **Internet** hi ha disponible una gran quantitat de pàgines web que ofereixen molta informació sobre diferents èpoques de la història. Hem de saber localitzar aquesta informació i destriar els continguts veraços i fiables dels que no ho són.

Fa uns dos milions d'anys, els éssers humans van afrontar uns períodes de clima molt fred i el glaç va cobrir bona part d'Europa, Àsia i l'Amèrica del Nord. Aquests llargs períodes de clima extremament fred es van repetir diverses vegades i reben el nom de *glaciacions*.

L'última glaciació va començar fa uns 80.000 anys i va acabar fa uns 10.000 anys.

El paisatge glacial era una vastíssima estepa freda. Només a les valls més protegides hi havia grans boscos de pins, ginebres i bedolls. Els éssers humans es van haver d'adaptar per sobreviure en aquest medi tan difícil.

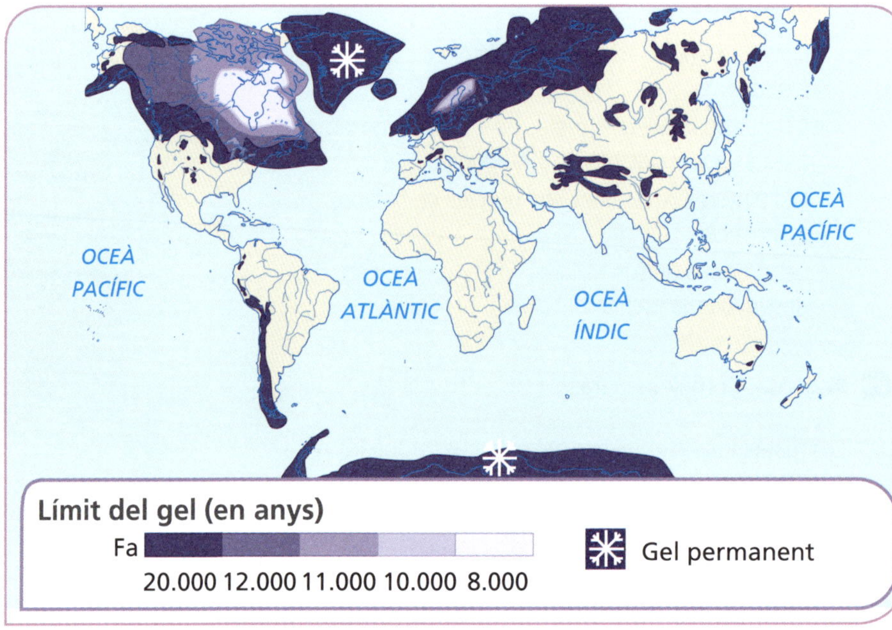

QUINS PASSOS HAS DE SEGUIR?

1. Abans de començar la cerca, fes una llista dels termes que t'interessen. Han de ser paraules clau, descriptives del contingut que t'interessa trobar.
2. En funció del que vulguis buscar, pensa quin és l'instrument de cerca més adequat: un diccionari, una enciclopèdia virtual, un cercador d'Internet...
3. Si busques més d'un terme alhora, escriu-los entre cometes al cercador d'Internet.
4. Si després d'un primer intent de cerca no trobes la informació desitjada, pots provar-ho amb termes alternatius o buscar els termes equivalents en altres llengües que coneguis.
5. Un cop localitzat el recurs, llegeix amb deteniment la informació. Pensa que el recurs pot incloure enllaços i documents que et permetran ampliar la recerca.
6. Un cop obtinguda, la informació ha de ser ordenada, analitzada i valorada.
7. És molt recomanable contrastar la informació, és a dir, comparar diverses fonts d'informació per veure si hi ha diferències importants.
8. És important saber qui és l'autor o el responsable dels continguts de la pàgina web consultada per saber si la informació és fiable.
9. És aconsellable consultar webs institucionals i corporatives i portals especialitzats, creats per institucions, organismes i associacions especialitzades en la matèria.

Fes-ho tu

28 **Busca informació a Internet sobre les glaciacions i selecciona la informació que necessitis per respondre les preguntes següents:**

- Què són les glaciacions?
- Com s'anomenen els períodes que transcorren entre dues glaciacions?
- Les glaciacions tenen alguna influència en la fauna i la flora de les zones afectades? Justifica la resposta.
- Quan va tenir lloc l'última era glacial?
- Quin tipus de vegetació hi havia a Europa durant l'última glaciació?
- Podria existir alguna relació entre la fi de la darrera glaciació i l'inici de la revolució neolítica? Justifica la resposta.
- Observa el mapa d'aquesta pàgina i descriu fins on es va estendre el glaç durant l'última glaciació.

➔ SABER FER: analitzar la informació d'un article de premsa

A la **premsa**, el conjunt de **publicacions periòdiques** de caràcter informatiu (diaris, setmanaris, revistes...), hi podem trobar sovint articles que fan referència a qüestions rellevants de la nostra història i del nostre patrimoni. Hem de saber extreure'n la informació, analitzar-la i valorar-la.

Altamira, patrimoni de la Humanitat de la UNESCO, es juga el seu futur en les properes setmanes. Després d'un any de visites experimentals, el patronat d'un dels jaciments arqueològics més importants del món, situat a Cantàbria (nord d'Espanya), ha de decidir si en breu obre definitivament al públic.

En aquest moment crucial, el Departament de Prehistòria de la Universitat Complutense de Madrid ha enviat una carta a la UNESCO que és extremament crítica amb la gestió de la cova. En el document s'assegura que "el nou Programa del Ministeri de Cultura d'Espanya, que preveu la reobertura de la cova als visitants, amenaça la conservació de l'espai i posa en perill un llegat fràgil d'enorme importància per a la comprensió de la societat paleolítica". La carta ha rebut el suport de l'Institut d'Història del Consell Superior d'Investigacions Científiques.

"Espanya té l'obligació d'estudiar científicament la cova per difondre els coneixements adquirits en aquest tipus d'estudis i preservar aquest patrimoni per a les generacions futures", diu la carta.

La cova romania totalment tancada des del 2002. Alguns estudis i informes recents han conclòs que la reobertura al públic de manera controlada no suposa cap risc per a la conservació.

Els prehistoriadors observen que la reobertura només s'explica per pressions polítiques i motivacions electoralistes i posen de manifest que la tendència en les coves decorades ha estat tancar-les i invertir els diners en rèpliques, tal com passa a França, país que juntament amb Espanya té els millors exemples de l'art rupestre paleolític.

El Ministeri de Cultura d'Espanya no s'ha pronunciat sobre el contingut de la carta, però ha rebutjat sempre que la possible reobertura de la cova fos conseqüència de pressions polítiques.

El País, 19 de març de 2015. Adaptació.

QUINS PASSOS HAS DE SEGUIR?

1. **Fes** una primera lectura del text per identificar el tema i el plantejament.
2. **Subratlla** les paraules que no s'entenen i busca'n el significat al diccionari.
3. **Identifica** i **subratlla** les idees principals del text.
4. **Elabora** un breu resum o síntesi del contingut del text. Aquesta síntesi ha de contenir les informacions següents:
   - Autor del text, font d'on s'ha extret (lloc on s'ha publicat) i data de publicació.
   - Tema de què tracta.
   - Idees principals.
   - Conclusions.
5. Per **analitzar** i **valorar** convenientment un article de premsa cal que **cerquem** informació en altres fonts per tal d'esbrinar i conèixer més coses sobre el tema que planteja el text.

Fes-ho tu

29 **Llegeix el document i respon.**

- Quin tema tracta l'article?
- Quins arguments es fan servir en cada cas per defensar les posicions oposades?

30 **Busca informació i respon.**

- Per què són importants les pintures d'Altamira?
- Per què les pintures originals d'Altamira es van tancar al públic?
- Què és la Neocueva d'Altamira? Descriu-la.
- Quina solució es va adoptar a França?

31 **Valora.**

- El Museu d'Altamira rep desenes de milers de visitants anuals. Et sembla que aquest fet té repercussions econòmiques a la zona?
- Quins danys pot causar a les pintures d'Altamira la reobertura de la cova al públic?
- El tancament total de la cova original garanteix la conservació de les pintures?

AUTOAVALUACIÓ

Marca l'opció correcta en cada cas.

1. El fet que marca l'inici de la prehistòria és:
   - ☐ La formació del planeta Terra.
   - ☐ L'aparició dels primers éssers vius a la Terra.
   - ☐ L'aparició dels primers avantpassats de l'ésser humà.

2. El fet que marca el pas de la història a la prehistòria és:
   - ☐ L'ús de la roda per al transport.
   - ☐ La invenció de l'escriptura.
   - ☐ El poblament d'Europa.

3. Quines són les tres grans etapes de la prehistòria?
   - ☐ El paleolític, el neolític i l'edat del ferro.
   - ☐ El mesolític, l'epipaleolític i l'edat dels metalls.
   - ☐ El paleolític, el neolític i l'edat dels metalls.

4. El procés evolutiu pel qual els humans van adquirir els trets característics de la nostra espècie s'anomena:
   - ☐ Bipedisme.
   - ☐ Hominització.
   - ☐ Sedentarisme.

5. De quina etapa són característiques una vida nòmada i una economia depredadora?
   - ☐ Del paleolític.
   - ☐ Del neolític.
   - ☐ De l'edat del bronze.

6. Pel que sabem, el primer lloc del món on va sorgir l'agricultura i la ramaderia és a:
   - ☐ L'Àfrica fa uns 5 milions d'anys.
   - ☐ El territori de Catalunya fa uns 4.500 anys.
   - ☐ L'Orient Mitjà fa uns 10.000 anys.

7. Quins d'aquests canvis van associats a la revolució neolítica?
   - ☐ Economia productiva, sedentarisme, divisió del treball.
   - ☐ Domini del foc, nomadisme, aparició de l'art.
   - ☐ Metal·lúrgia del ferro, organització en ciutats estat.

8. Quina seqüència marca l'ordre en què es van començar a utilitzar aquests metalls?
   - ☐ Ferro, bronze, coure.
   - ☐ Coure, ferro, bronze.
   - ☐ Coure, bronze, ferro.

9. Quin d'aquests elements és una manifestació de megalitisme?
   - ☐ Una fíbula.
   - ☐ Una pintura llevantina.
   - ☐ Un cromlec.

10. Les restes humanes més antigues trobades a la península Ibèrica són les de:
    - ☐ Banyoles, de 70.000 anys.
    - ☐ Atapuerca, de 800.000 anys.
    - ☐ Orce, d'1,4 milions d'anys.

REPÀS ACUMULATIU

PREHISTÒRIA			
	PALEOLÍTIC	**NEOLÍTIC**	**EDAT DELS METALLS**
Dates (inici i final)			
On vivien			
De què s'alimentaven			
Eines			
Invents i descobriments			
Mostres d'art			

9 Les civilitzacions fluvials: Mesopotàmia i Egipte

Les civilitzacions de la història van sorgir al voltant de grans rius. L'escriptura es va inventar a Mesopotàmia fa 5.000 anys, on va sorgir la primera civilització de la història. Va ser un moment tan important que els historiadors situen el començament de la història a partir d'aquest esdeveniment. Tant és així que consideren la llarga etapa anterior en funció del que vindrà després i l'anomenen prehistòria (és a dir allò que va passar abans de la història).

LES PRIMERES CIVILITZACIONS

DE LES CIUTATS ALS PRIMERS IMPERIS

- Aparició de l'escriptura: fa 5.000 anys
- Característiques de les primeres civilitzacions

MESOPOTÀMIA

- Territori i cronologia
- Societat

EGIPTE

- Territori i cronologia
- Societat
- Religió
- Art

1 La invenció de l'escriptura

La invenció de l'escriptura

Quan els poblats van créixer i van aparèixer les primeres ciutats va caldre crear un sistema de control per conservar dades importants, com ara els impostos. Així va néixer l'**escriptura**, que es va iniciar fa més de 5.000 anys a Mesopotàmia.

Els historiadors situen el **començament de la història** a partir d'aquest esdeveniment.

De les ciutats als imperis

Durant l'edat dels metalls van sorgir les primeres ciutats governades per un rei. Amb el pas del temps alguns reis van anar ampliant els territoris que dominaven, amb pactes amb altres ciutats i pobles o mitjançant la guerra. Així es van formar els primers imperis.

Les primeres grans civilitzacions es van desenvolupar a **Mesopotàmia**, **Egipte**, l'**Índia** i la **Xina**. Reben el nom de **civilitzacions fluvials** perquè van sorgir al voltant de grans rius. Aquestes civilitzacions tenien tres característiques:

- El poder polític es va concentrar en un **rei**, que dictava les lleis, dirigia l'exèrcit i solia complir funcions religioses. Els reis van crear un cos de funcionaris per administrar els seus dominis i un exèrcit per protegir el territori.
- La societat es dividia en dos grups: una **minoria de privilegiats**, que eren els propietaris de la major part de les terres, les riqueses i els càrrecs públics principals, i una **majoria sotmesa** a la voluntat dels privilegiats.
- Els reis van fer edificar **grans obres públiques** per demostrar el seu poder.

RECORDA

Els historiadors han dividit la història en diferents etapes per poder-la estudiar millor.

A aquests períodes se'ls anomena: prehistòria, edat antiga, edat mitjana, edat moderna i edat contemporània.

Amb el naixement de l'escriptura fa 5.000 anys va començar l'edat antiga.

SABIES QUE...

Escriptura cuneïforme

Els mesopotàmics escrivien mitjançant signes en forma de tascó.

Escriptura jeroglífica

Els jeroglífics egipcis representaven paraules i sons concrets.

Escriptura xinesa

Els xinesos utilitzaven ideogrames, formats a partir de la combinació d'uns 10.000 signes.

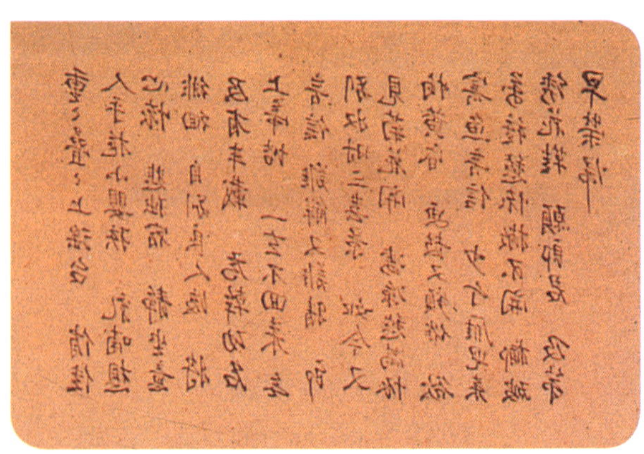

ACTIVITATS

Comprèn

1 **Identifica.** Marca cert (C) o fals (F), segons correspongui. Les afirmacions que consideris errònies escriu-les a sota correctament.

- [ ] L'escriptura es va inventar a Mesopotàmia.

- [ ] Les primeres civilitzacions de la història van sorgir al voltant de grans rius.

- [ ] Mesopotàmia, Egipte, la Xina i Grècia van ser les primeres civilitzacions fluvials.

- [ ] En les civilitzacions fluvials el poder polític era molt dèbil.

2 **Cronologia.** Respon les preguntes.

- Quina és l'etapa anterior a la història?
- Quants anys fa que va començar la història?
- Quin fet en va marcar l'inici?

3 **Recorda.** Enumera tres característiques de les civilitzacions fluvials.

Raona

4 **Explica.** Com era la societat de les civilitzacions fluvials, jerarquitzada o igualitària? Raona la resposta.

Aplica

5 **Interpreta el mapa.** Observa el mapa i respon.

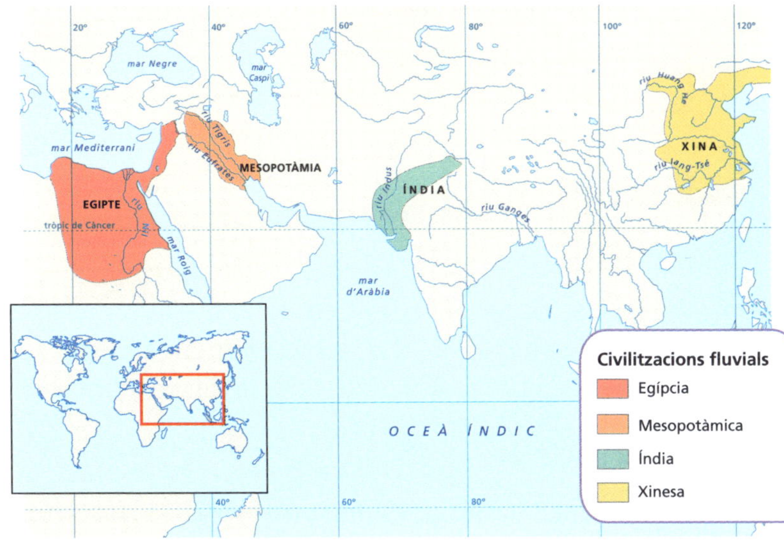

- Enumera les quatre primeres civilitzacions de la història.
- En quins continents es localitzaven?
- Perquè s'anomenaven civilitzacions fluvials?
- Quin era el riu principal d'Egipte?

Extreu-ne conclusions

6 **Resumeix.** Completa l'esquema.

Civilitzacions fluvials

- Són
  - •
  - •
  - •
  - •
- S'anomenen així perquè
- Tenen tres característiques
  - •
  - •
  - •

2 Mesopotàmia

Els mesopotàmics: on van viure i quan

La civilització mesopotàmica va sorgir cap al quart mil·lenni aC, en el territori comprès entre els rius **Tigris** i **Èufrates**, quan es van construir les primeres ciutats - estat.

Mesopotàmia es dividia en dues regions: **Assíria**, al nord, habitada pels assiris; i **Caldea**, al sud, habitada pels sumeris i els accadis.

Els assiris, els sumeris i els accadis s'alternaven en el poder. En el segle VI aC, els perses van envair Assíria i Caldea, i això va significar el final de la civilització mesopotàmica.

La societat

La societat mesopotàmica es dividia en dos grups: els privilegiats i la resta de la població.

La **minoria privilegiada** tenia tots els drets i la majoria de les riqueses. Estava constituïda per:

- L'**aristocràcia**, composada pel rei, la seva família i la noblesa.
- Els **sacerdots**, encarregats dels rituals religiosos.
- Els **escribes**, funcionaris amb molt de poder perquè sabien llegir, escriure i comptar.

Les persones que no pertanyien al grup dels privilegiats podien ser **lliures**, si tenien drets, o **esclaus**, que no en tenien. La majoria eren pagesos i artesans.

DICCIONARI VISUAL

Una piràmide social

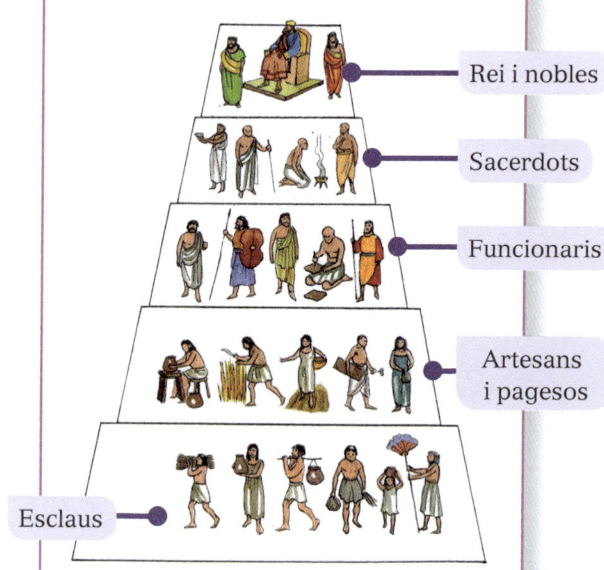

MAPA DE MESOPOTÀMIA

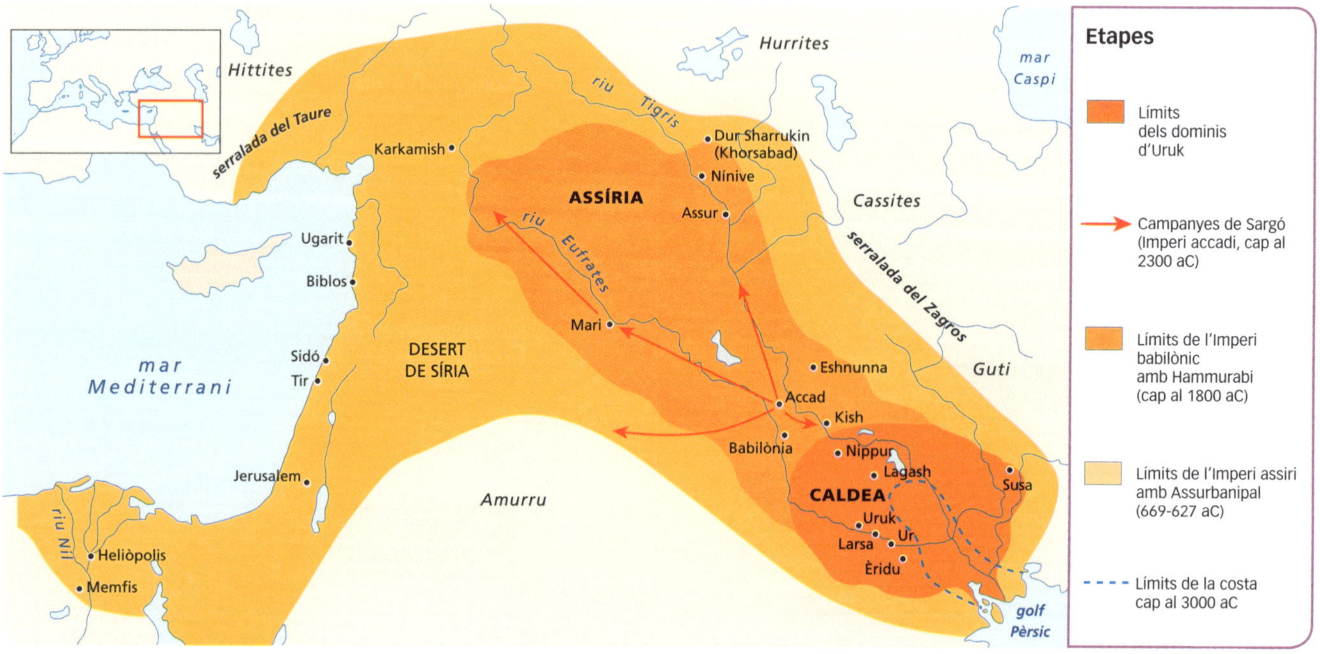

ACTIVITATS

Comprèn

7 **Localització.** Escriu 1 (Assíria) i 2 (Caldea) on correspongui i acoloreix el mapa segons la llegenda. Després, respon.

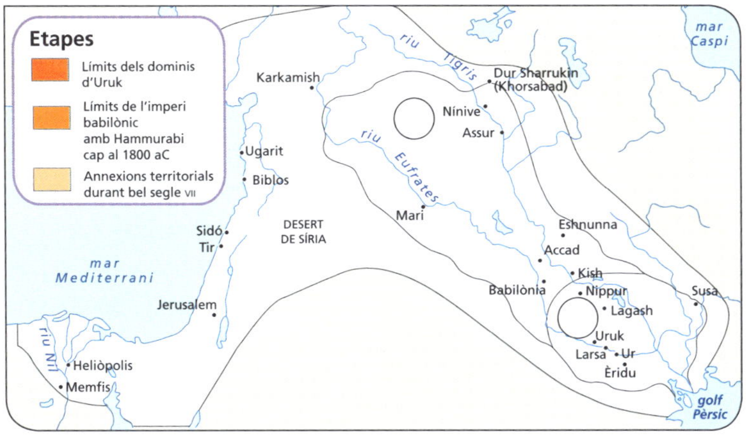

- Entre quins dos rius era Mesopotàmia?
- En quines dues regions es dividia Mesopotàmia?
- Escriu el nom d'una ciutat de cada regió.

8 **Cronologia.** Respon les preguntes.

- Quan va començar la història de Mesopotàmia?
- Quin segle va acabar?
- Quin fet va suposar el final de Mesopotàmia?
- Quan va succeir la història de Mesopotàmia, abans o després de Crist?

Raona

9 **Pensa.** Per què llegir i escriure donava poder a Mesopotàmia?

10 **Explica.** Quines importants diferències hi havia entre la majoria de la població mesopotàmica i els privilegiats?

Aplica

11 **Interpreta.** Baruk viu al palau reial, envoltat de riqueses. És el germà del rei de Babilònia.

- A quin grup social pertany?
- Gaudeix d'alguns drets?
- És lliure o esclau?

Extreu-ne conclusions

12 **Resum.** Completa l'esquema.

La societat mesopotàmica

- Privilegiats
  - Característiques:
  - Grups:
- No privilegiats
  - Característiques:
  - Grups:

3 Els antics egipcis: on van viure i com

TERRITORIS PER ON ES VA ESTENDRE L'ANTIC EGIPTE

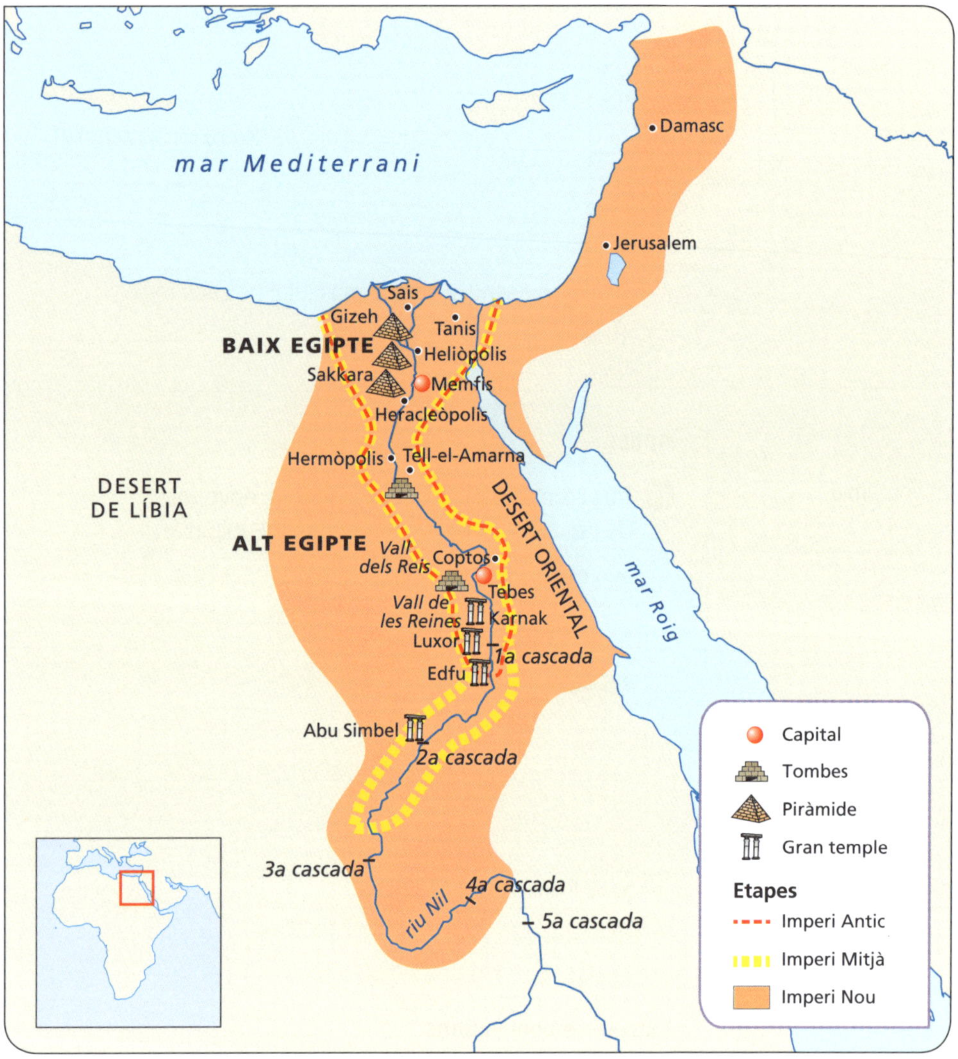

Egipte, un do del Nil

La civilització egípcia va néixer fa més de 5.000 anys al nord-est de l'Àfrica, a la vora del **riu Nil**. Les aigües del riu abastien les persones, eren una via de comunicació i regaven els camps.

Els egipcis anomenaven les terres situades a les ribes del Nil terres negres, perquè les aigües hi deixaven un fang molt fèrtil de color fosc, on sembraven. Més enllà de les **terres negres** s'estenia el desert, anomenat pel egipcis **terres vermelles**.

Les etapes de la història d'Egipte

En la seva llarga història, Egipte va alternar èpoques de bonança, els períodes imperials, i de decadència.

En la història de l'antic Egipte es distingeixen tres grans etapes:

- L'**Imperi Antic** (3100 aC - 2050 aC). En aquest període es van establir les bases de la civilització egípcia. El faraó tenia el poder polític i religiós.
- L'**Imperi Mitjà** (2050 aC - 1580 aC). Va augmentar el poder del faraó i va tenir lloc una gran expansió territorial.
- L'**Imperi Nou** (1580 aC - 31 aC). Va ser una època de gran esplendor, per a la civilització egípcia.

ETAPES DE LA HISTÒRIA D'EGIPTE

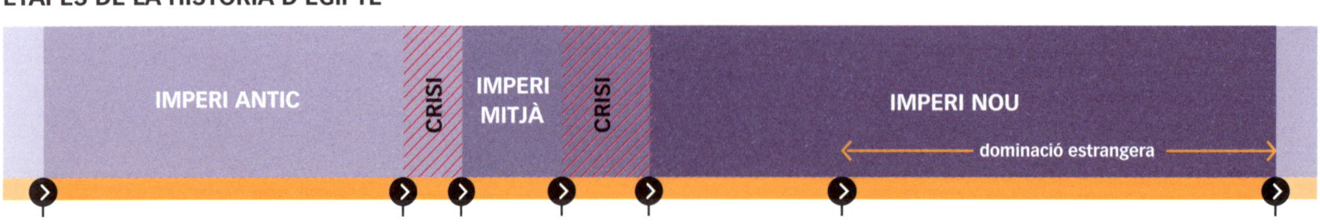

Comprèn

13 **Cronologia.** Respon. Després acoloreix les etapes de la història d'Egipte i escriu-ne el nom.

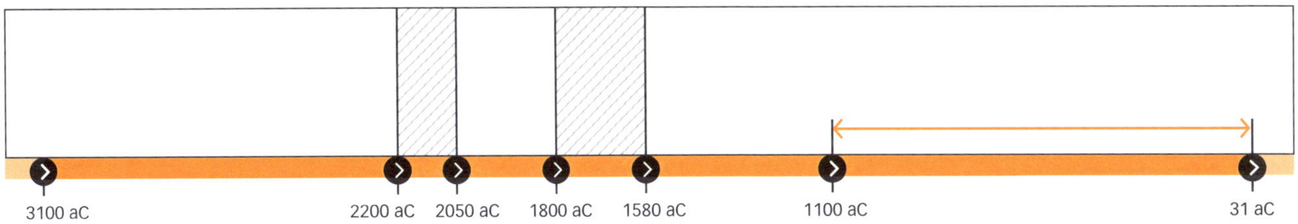

- Quan va començar la història d'Egipte?
- Quin any va acabar?
- Quants anys va durar la civilització egípcia?
- La història d'Egipte va transcórrer abans o després de Crist?

14 **Localitza.** Marca amb una línia discontínua els límits de l'Imperi Mitjà de l'antic Egipte. Després, respon.

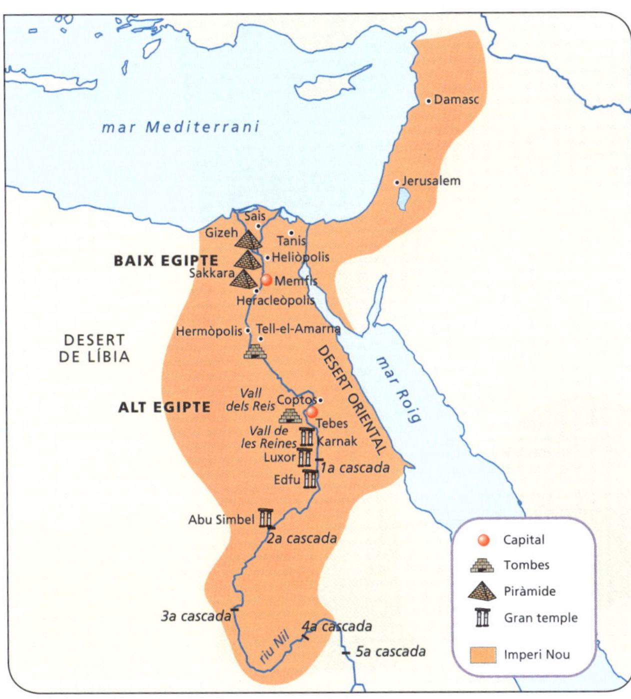

- El Nil travessava Egipte de sud a nord o d'est a oest?
- Esmenta tres ciutats egípcies.
- En quina etapa de la història d'Egipte es va produir l'expansió més gran?

Raona

15 **Reflexiona.** Perquè s'anomena a la civilització egípcia el do del Nil?

Extreu-ne conclusions

16 **Resumeix.** Completa la taula.

Història d'Egipte		
Etapes	Dates	Característiques

4 El govern de l'Antic Egipte: el faraó

El faraó i la cort

Egipte va ser governat per reis amb un poder absolut, anomenats **faraons**. El faraó **concentrava tots els poders**: dictava les lleis, governava el país, posseïa gran part de les terres, controlava el comerç i manava l'exèrcit. Els egipcis creien que els faraons eren déus.

Quan un faraó moria el succeïa el seu fill. D'aquesta manera es van formar autèntiques **dinasties**.

Alguns faraons van destacar per l'acció de govern, o per fer construir grans obres. Són, sobretot, Kheops, Akhenaton i Ramsés II. Tutankamon és recordat avui dia, perquè és l'únic faraó de qui s'ha trobat la tomba intacta.

L'administració de l'estat

Per ajudar el faraó en la tasca de govern, hi havia un destacat nombre de funcionaris com ara:

- Els **nobles**, que posseïen extenses terres i governaven les províncies.
- Els **sacerdots**, que administraven els temples.
- Els **escribes**, que redactaven els documents oficials i portaven els comptes.
- L'**exèrcit**, que protegia les fronteres d'Egipte.

DICCIONARI VISUAL

Els símbols del faraó

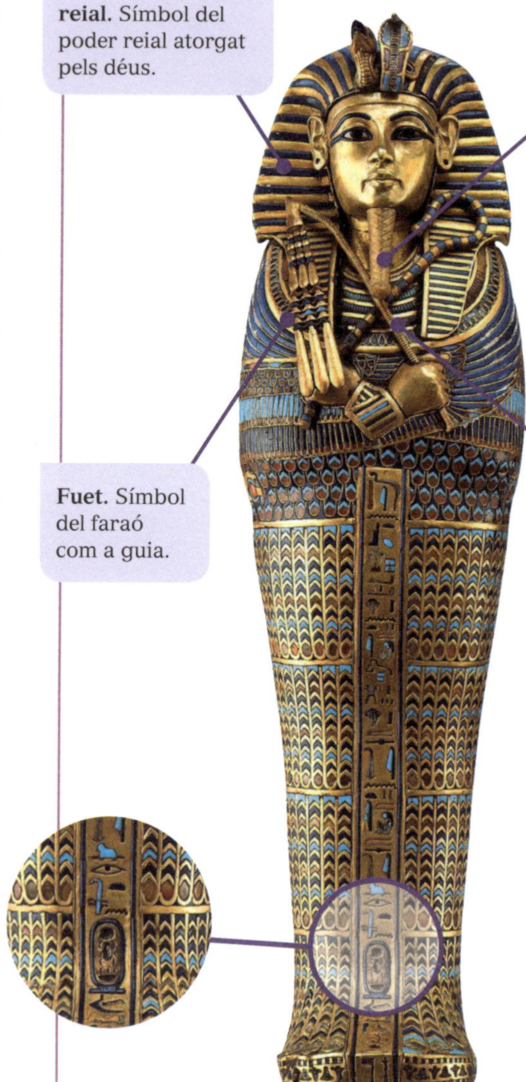

5 La societat egípcia

La majoria de la població egípcia estava sotmesa al faraó, els nobles i els sacerdots. Gairebé tots eren **pagesos** que vivien de forma modesta i pagaven impostos.

A les ciutats egípcies hi havia **artesans** i **comerciants**. Els **servents** eren persones lliures que feien feines per a un senyor a canvi d'un salari modest.

Els **esclaus** solien ser presoners de guerra, no tenien drets i pertanyien al faraó.

Les **dones** es dedicaven fonamentalment a cuidar la casa i els fills. Tenien alguns drets que no tenien altres dones de l'antiguitat: podien tenir propietats, vendre béns i fins i tot divorciar-se.

SABIES QUE...

En la història d'Egipte hi va haver **trenta-una dinasties**. A l'Imperi Antic van destacar els faraons Kheops, Kefren i Micerí, que van edificar les piràmides de Gizeh. A l'Imperi Nou van destacar els faraons Tuthmosis I, Amenofis III, Akhenaton i Ramsès II, que van enriquir l'imperi amb les seves grans obres arquitectòniques.

ACTIVITATS

Comprèn

17 **Recorda.** Respon les preguntes següents.

- Qui era la persona més poderosa d'Egipte?
- Quins poders tenia?
- Quin era el grup social més nombrós?

18 **Conceptes.** A quin tipus de funcionaris fan referència aquestes funcions?

- Defensaven les fronteres.
- Escrivien els documents oficials.
- Governaven les províncies.
- Duien a terme els cultes religiosos.

Raona

19 **Reflexiona.** Creus que la dona egípcia estava en una situació d'inferioritat respecte a l'home? Justifica la resposta.

20 **Pensa.** Explica perquè els pagesos egipcis vivien de forma modesta.

Aplica

21 **Situa en el gràfic.** Escriu els nombres en el lloc correcte.

1. faraó
2. esclaus
3. comerciants
4. nobles
6. pagesos
6. servents
7. escribes
8. sacerdots
9. artesans

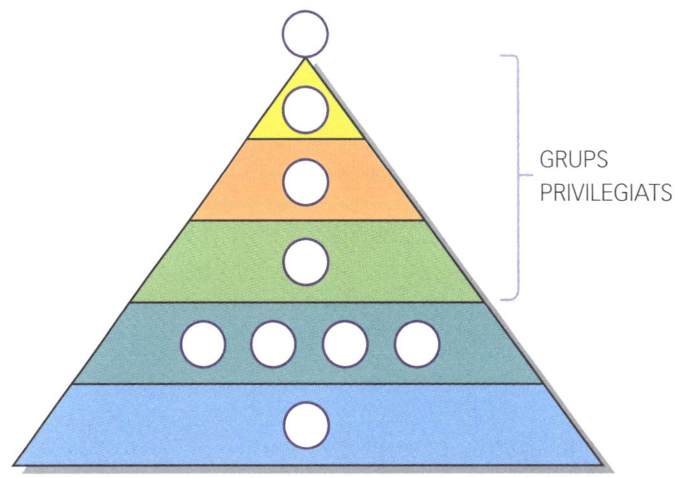

Extreu-ne conclusions

22 **Resumeix.** Completa la taula.

El govern del faraó	
El faraó	Poders:
Funcionaris	• • • •

La societat egípcia	
Al camp	
A la ciutat	
Els esclaus	
Les dones	

6 La religió egípcia

Una religió politeista

Els egipcis creien en molts déus, és a dir, eren **politeistes**. El seu déu principal era el Sol, anomenat Ra, Amon o Aton. També adoraven alguns animals, elements naturals i persones, com el faraó.

Els temples

Per al culte de cada déu es disposava d'un **temple** on hi havia l'estàtua que el representava i es practicaven els rituals religiosos. Els temples eren de pedra i de grans dimensions. Tenien parts diferents, com el pati, la sala hipòstila plena de columnes, i el santuari, on es conservava l'estàtua del déu.

DICCIONARI VISUAL

Enterraments egipcis

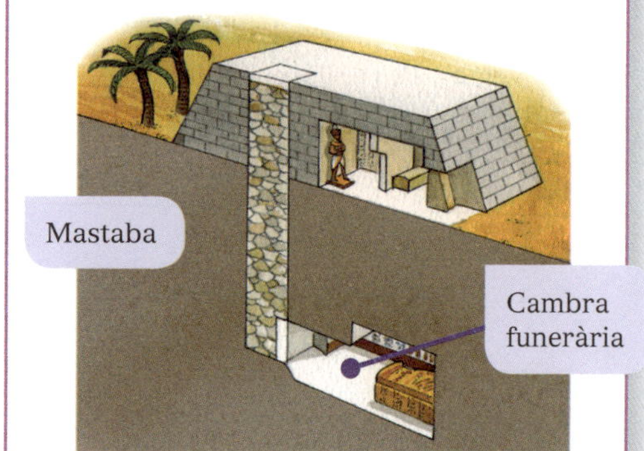

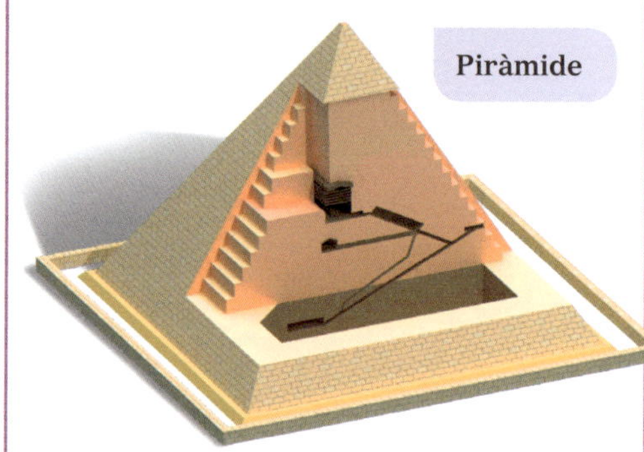

7 La vida després de la mort

Els egipcis creien en la vida després de la mort. Per conservar els cossos per a aquesta segona vida els **momificaven**, és a dir, els assecaven i els embolicaven amb benes. Després, guardaven la mòmia en un sarcòfag i enterraven el sarcòfag en una tomba.

Els egipcis van crear tres **tipus de tombes**:

- Les **mastabes**, amb forma de prisma amb les parets exteriors inclinades.
- Les **piràmides**, amb forma piramidal i una xarxa de passadissos amb paranys a l'interior.
- Els **hipogeus**, no es veuen des de l'exterior ja que estan excavats a l'interior d'una muntanya.

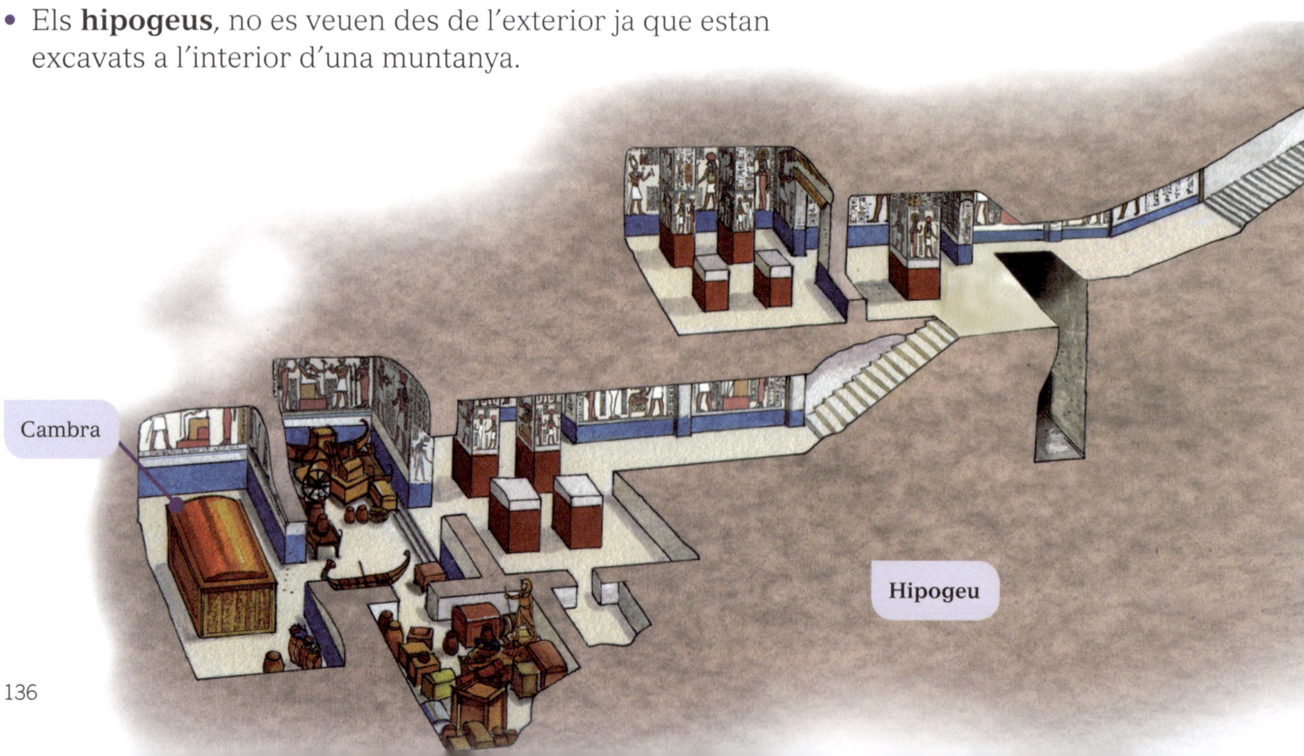

ACTIVITATS

Comprèn

23 **Recorda.** Respon les preguntes següents.

- Qui adoraven els egipcis?

- Quina funció tenia el temple?

- Com preparaven els cadàvers per a la vida eterna?

24 **Conceptes.** Enumera els tres tipus de tombes egípcies.

Raona

25 **Pensa.** Llegeix i respon.

> El sarcòfag s'envoltava d'un aixovar amb tot allò que el mort podria necessitar en l'altra vida: aliments, vestits, joies, i fins i tot figuretes que representaven els servents.

- Perquè enterraven les mòmies amb el seu aixovar?

- Perquè l'accés a les cambres funeràries de les tombes era tan complicat?

Aplica

26 **Interpreta.** Observa la imatge d'aquests déus egipcis i respon.

- Quins déus s'han representat?

- Quin va ser el principal déu egipci?

- Què vol dir que els egipcis eren politeistes?

Extreu-ne conclusions

27 **Resumeix.** Completa el text.

Els egipcis practicaven una religió ______ perquè adoraven molts déus, animals, forces de la natura i persones, com el ______.

Per a cada déu hi havia un ______, on es guardava la seva estàtua.

Creien en la vida després de la mort. Per això ______ els cadàvers, els guardaven en ______ i els enterraven en tombes. Tenien tres tipus de tombes: ______, ______ i ______.

8 L'art egipci

L'art egipci estava molt vinculat a la creença en la vida després de la mort. Per això les principals construccions eren els temples i les tombes.

L'art egipci també tenia una funció política. Els egipcis feien estàtues enormes dels faraons que en simbolitzaven el poder.

La pintura i l'escultura

La pintura i l'escultura seguien unes normes rígides.

- **La falta de perspectiva.** Les figures es representen planes, sense profunditat ni volum.
- **La frontalitat.** Els objectes es mostren de front. En canvi, en les figures humanes la cara, els braços i les cames apareixen de perfil.
- **La idealització.** Les persones es representen sempre joves i boniques.
- **La immobilitat i la rigidesa.** Les figures són estàtiques.

DICCIONARI VISUAL

Escultura egípcia

DICCIONARI VISUAL

Pintura egípcia

ACTIVITATS

Comprèn

28 **Identifica.** Marca cert (C) o fals (F), segons correspongui. Les afirmacions que consideris errònies escriu-les a sota correctament.

- ☐ Els egipcis tenien prohibit representar el faraó en pintura i escultura.

- ☐ La sensació de profunditat és una característica de la pintura egípcia.

- ☐ Els egipcis representaven els faraons tal com eren en realitat.

- ☐ En l'art egipci les figures són rígides i estàtiques.

- ☐ Els egipcis decoraven les tombes i els temples amb escultures i pintures.

Raona

29 **Explica.** Contesta les preguntes.

- Què vol dir que l'art egipci tenia una funció religiosa i política?

- I que és un art idealitzat?

Aplica

30 **Interpreta la imatge.** Marca els trets de l'art egipci que apareixen a la fotografia.

- ☐ Les figures són colossals.
- ☐ Les figures són molt realistes.
- ☐ Les figures són rígides i estàtiques.
- ☐ Les figures estan idealitzades.
- ☐ Les figures estan representades de cara.
- ☐ Les figures tenen un gran moviment.

31 **Interpreta la imatge.** Observa la pintura de la pàgina anterior i explica en què consisteix la frontalitat.

Extreu-ne conclusions

32 **Resumeix.** Recorda les normes utilitzades en l'escultura i la pintura egípcies.

-
-
-
-

SABER FER: Comentar un text històric

Analitzar i comentar un **text històric** és una de les tasques principals que duen a terme els historiadors, ja que, des de la invenció de l'escriptura, la historia de la humanitat es reconstrueix principalment per mitjà dels documents escrits.

Codi d'Hammurabi

El codi d'Hammurabi, rei de Babilònia, es va escriure cap a l'any 1800 aC i està considerat un dels codis de lleis més antics de la història. Les lleis es refereixen a la vida quotidiana de Mesopotàmia i es basen en la llei del talió (ull per ull, dent per dent), que establia un càstig igual al crim comès.

Llei 42: Si algú ha pres en arrendament un camp per conrear-lo, i no hi ha fet créixer el blat, se'l declararà culpable de no haver treballat el camp i pagarà al propietari segons el rendiment del veí.

Llei 55: Si algú ha obert una rasa per regar, i després ha estat negligent i el camp limítrof s'ha inundat d'aigua i s'ha endut el blat del veí, haurà de restituir a aquest veí tot el blat que tenia.

Llei 229: Si un arquitecte ha fet una casa per a un altre i no l'ha fet sòlida, i si la casa que ha fet s'ha esfondrat i el propietari de la casa ha mort, l'arquitecte serà mort.

Llei 230: Si l'esfondrament ha mort el fill del propietari de la casa, es matarà el fill de l'arquitecte.

QUINS PASSOS HAS DE SEGUIR?

1 Lectura

Cal llegir el text tantes vegades com sigui necessari per entendre'l. Si no en coneixem algun terme, se n'ha de buscar el significat en un diccionari o preguntar-li al professor.

2 Localització

Es tracta d'ubicar el text en l'espai i el temps: quan es va escriure, qui el va escriure i com era l'època en què es va redactar (quins grups socials hi havia, qui governava...).

3 Anàlisi

Consisteix a explicar el contingut del text, és a dir, indicar el tema, enumerar-ne les idees principals i explicar els termes i els personatges més importants.

4 Comentari

S'ha de valorar la importància del text i les conseqüències que va tenir, i també emetre'n un judici.

Fes-ho tu

33 Localització.

- Quan es va redactar aquest codi?
- Qui el va redactar?
- On es localitzava Babilònia?
- Com estava organitzada la societat mesopotàmica?

34 Anàlisi.

- Quins àmbits de la vida es tracten en aquestes lleis?

35 Comentari.

- Són lleis molt dures. Creus que van comportar algun avantatge per als mesopotàmics?
- Quina opinió en tens, de la llei del talió?
- Creus que les lleis que tenim actualment s'assemblen a aquestes? Justifica la resposta.

SABER FER: Analitzar un edifici

Analitzar un **edifici** consisteix en descriure'l, identificant-ne les parts, i relacionar-lo amb la societat que el va fer construir.

QUINS PASSOS HAS DE SEGUIR?

1. **Observa l'edifici.** Fixa't si es tracta de l'exterior o l'interior de l'edifici. Tingues en compte també si en veus la planta.
2. **Identifica el tipus d'edifici.** Indica si es tracta d'un temple, un palau, una església, etc., i indica'n la funció, és a dir, per a què es va construir.
3. **Descriu l'obra.** Indica quins elements i característiques hi distingeixes.
   - Materials. Fixa't si és de pedra, maó, marbre…
   - Estructura interna. Assenyala les parts de l'edifici.
   - Altres elements. Observa com se sosté l'edifici (si hi ha columnes, murs, pilars…), com és el sostre (pla, de dos aiguavessos, amb una volta) i si hi ha elements decoratius (escultures, pintures, mosaics…).
4. **Relaciona l'edifici amb la seva època.** Situa'l en un moment històric. També en pots aportar altres dades, com l'autor i la data de construcció.

Fes-ho tu

36 **Observa l'edifici.** Es tracta de l'interior o de l'exterior d'un edifici?

37 **Identifica l'edifici.** De quin edifici es tracta i quina funció tenia?

38 **Descriu l'obra.**

- Escriu els nombres en el lloc adient del dibuix.

1. Avinguda de les esfinxs
2. Piló
3. Pati
4. Sala hipòstila
5. Santuari

39 **Època artística.** Recorda les característiques principals de l'art egipci.

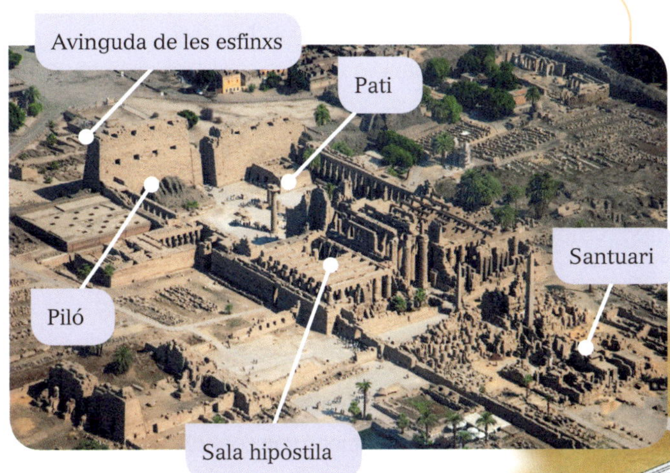

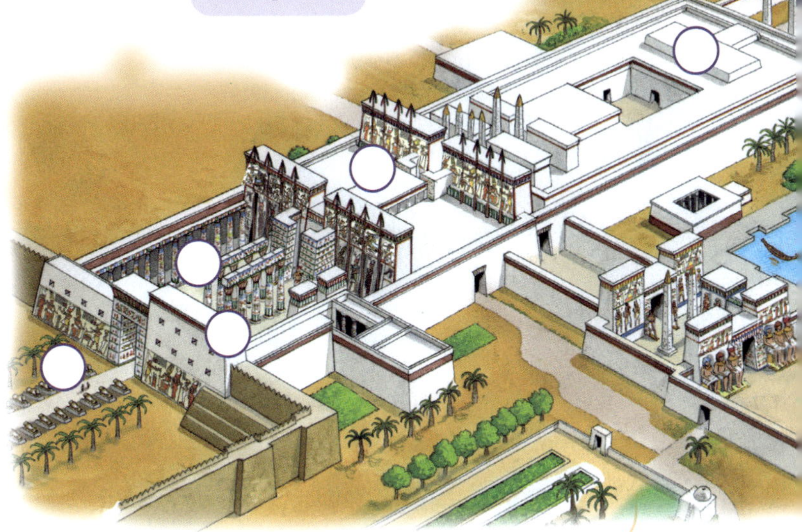

AUTOAVALUACIÓ

Marca l'opció correcta en cada cas.

1. Quin esdeveniment marca l'inici de la història?
   - ☐ L'aparició de l'agricultura i la ramaderia.
   - ☐ La invenció de l'escriptura.
   - ☐ El naixement de les primeres ciutats.

2. Les primeres civilitzacions van ser:
   - ☐ Grècia, Roma, Egipte i la Xina.
   - ☐ Mesopotàmia, Egipte, Grècia i l'Índia.
   - ☐ Mesopotàmia, Egipte, la Xina i l'Índia.

3. Les civilitzacions fluvials es caracteritzen per:
   - ☐ Un poder polític fort, una societat jerarquitzada i grans obres públiques.
   - ☐ Un poder polític dèbil, una societat igualitària i grans obres públiques.
   - ☐ Un poder polític fort, una societat igualitària i la creença en el més enllà.

4. On i quan va sorgir la civilització mesopotàmica?
   - ☐ A la vora del Tigris i l'Èufrates cap al IV mil·lenni aC.
   - ☐ A la vora del Tigris i el Nil fa 5.000 anys.
   - ☐ A la vora del Ganges i el Nil cap al IV mil·lenni aC.

5. En quines dues regions es dividia Mesopotàmia?
   - ☐ En Assíria i Caldea.
   - ☐ En Assíria i Egipte.
   - ☐ En Sumèria i Assíria.

6. Qui tenia el poder a Egipte?
   - ☐ El faraó.
   - ☐ Els escribes.
   - ☐ Els pagesos.

7. La religió egípcia era politeista perquè...
   - ☐ Els egipcis creien en la vida del més enllà.
   - ☐ Els egipcis adoraven a molts déus.
   - ☐ Els egipcis momificaven als faraons.

8. Les societats egípcia i mesopotàmica s'assemblaven perquè...
   - ☐ Les dues tenien una minoria privilegiada i una majoria sotmesa.
   - ☐ Ambdues eren governades per un faraó.
   - ☐ Ni a Mesopotàmia ni a Egipte hi havia esclaus.

9. La funció de l'art egipci era...
   - ☐ Decorativa.
   - ☐ Política.
   - ☐ Religiosa i política.

10. Els tipus de tombes egípcies eren...
    - ☐ Les mastabes, els temples i les piràmides.
    - ☐ Les mastabes, els hipogeus i els temples.
    - ☐ Les mastabes, les piràmides i els hipogeus.

REPÀS ACUMULATIU

- Durant l'edat dels metalls va canviar la forma de vida, que va portar a l'especialització del treball. Quines noves ocupacions van sorgir?

- Quina era la funció de cadascuna?

- Continuaven existint a la civilització egípcia?

- A quin grup social pertanyien els sacerdots? Qui en formava part?

- Quin altre grup social hi havia a Egipte? Qui el composava?

10 La civilització grega

La civilització grega va sorgir a la península Balcànica, a l'extrem oriental del mar Mediterrani. Des d'allà la seva cultura es va expandir pels països mediterranis.

La civilització grega ha influït en les nostres formes de vida. Dels grecs, n'hem heretat la democràcia, la filosofia, el teatre, la mitologia, les Olimpíades...

- **LA CIVILITZACIÓ GREGA**
  - **LES ETAPES HISTÒRIQUES**
    - Arcaica
    - Clàssica
    - Hel·lenística
  - **LA SOCIETAT**
    - Ciutadans
    - No ciutadans
  - **L'ECONOMIA**
    - La importància del comerç
  - **LA CULTURA I LA CIÈNCIA**
    - L'art
    - La religió
    - La filosofia i la ciència
    - La literatura
  - **LES INSTITUCIONS DE LA DEMOCRÀCIA ATENESA**

1 Els antics grecs. L'època arcaica

El món grec

La civilització grega va sorgir a l'extrem oriental del mar Mediterrani, al **sud de la península Balcànica**. Des d'aquí es va estendre per les **illes dels mars Egeu** i **Jònic**, i per les costes de l'**Àsia Menor** i el **Mediterrani occidental.** Els grecs anomenaven aquest espai l'**Hèl·lade**, que significa 'territori dels grecs'.

En l'antiga Grècia hi distingim tres períodes:

- L'**època arcaica** –segles IX i VI aC–.
- L'**època clàssica** –segle V aC i la primera meitat del segle IV aC.–
- L'**època hel·lenística** –mitjan segle IV aC. fins a segle I aC.–

El naixement de les polis

A partir del segle VIII aC, els grecs es van anar agrupant en **polis**, que eren ciutats amb un govern, unes lleis i un exèrcit propis. Per això es diu que les polis eren ciutats estat.

L'HÈL·LADE

L'expansió grega

Grècia va viure un **període de crisi** entre els segles VIII i VI aC. La població va créixer molt, però el sòl era poc fèrtil i no produïa prou aliments. Molts grecs van emigrar i van fundar nombroses **colònies** pel Mediterrani. Les colònies mantenien l'organització de la polis de la qual procedia la població. Solien establir-se a prop de la costa per facilitar el comerç.

EXPANSIÓ COLONIAL GREGA

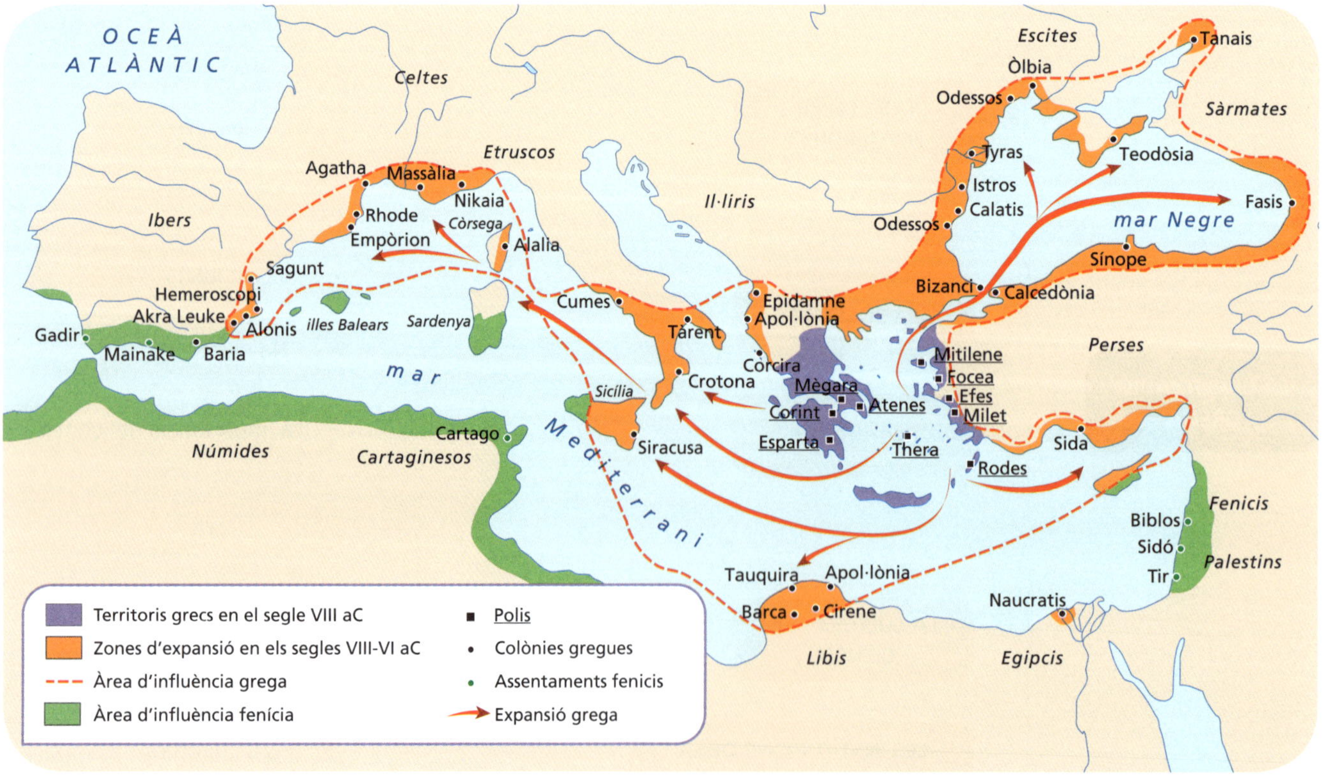

ACTIVITATS

Comprèn

1 **Descriu.** Enumera els territoris que formaven l'Hèl·lade.

2 **Conceptes.** Explica el significat dels termes següents.

- Colònia
- Polis

3 **Cronologia.** Observa la línia del temps i respon.

- Enumera cronològicament les etapes de la història de Grècia.

1.
2.
3.

- Escriu les dates d'inici i final de les tres etapes i indica entre parèntesis els segles que corresponen en cada cas.
- Grècia Arcaica. Inici: ____________ Final: ____________ (segles IX-V aC).
- Grècia Clàssica. Inici: ____________ Final: ____________ (segles ______-______ aC).
- Grècia Hel·lenística. Inici: ____________ Final: ____________ (segles______-______ aC).

4 **Descriu.** Explica les causes de l'expansió grega pel Mediterrani.

Aplica

5 **Interpreta el mapa.** Observa el mapa de l'expansió colonial grega de la pàgina 140 i respon.

- Quins territoris eren grecs al segle VIII?
- On estaven situades Atenes i Esparta, al Mediterrani oriental o al Mediterrani occidental?
- Escriu el nom de tres polis més.
- Escriu el nom de cinc colònies gregues.
- On es van fundar les colònies gregues, a la costa o a l'interior? Per què?
- En quines direccions es van expandir els grecs?

Raona

6 **Pensa.** Quina relació hi ha entre l'expansió colonial grega i l'extensió de la cultura i la civilització dels grecs pel Mediterrani?

Elabora

7 **Escriu.** Cerca informació sobre la llegenda del minotaure i fes-ne un resum.

2 L'època clàssica

El començament d'aquesta etapa es va caracteritzar per la unitat de les **polis** respecte dels atacs d'altres pobles (el persa, principalment) i la supremacia d'**Atenes** i **Esparta**. Posteriorment, es van succeir diverses guerres que les van enfrontar.

Atenes és l'exemple més conegut de polis democràtica. Les reformes polítiques introduïdes a partir del segle VII aC van assentar les bases de les institucions de la democràcia atenesa.

Les guerres mèdiques

Les **guerres mèdiques** van enfrontar, al començament del segle V aC, els grecs amb els perses.

Els perses, que habitaven l'Àsia, van començar una política d'expansió i van sotmetre les polis gregues de l'Àsia Menor. Aquestes polis es van rebel·lar i la resta de les polis greges, dirigides per Atenes, van acudir a ajudar-les. L'enfrontament va acabar amb la victòria grega. Atenes va adquirir un gran prestigi militar i es va convertir en la potència més important de l'Hèl·lade.

L'esplendor d'Atenes

Durant el segle V aC, Atenes va viure l'època de més esplendor. Als èxits militars obtinguts en les guerres mèdiques s'hi va sumar l'apogeu econòmic, cultural i polític que va viure la polis en aquest període.

Aquest moment d'esplendor d'Atenes va coincidir amb el govern de **Pèricles** al capdavant de la política atenesa, que va aprovar reformes que van beneficiar els atenencs.

La guerra del Peloponès

Quan van acabar les guerres mèdiques, Esparta i Atenes van rivalitzar per aconseguir el predomini a Grècia i es van enfrontar durant la segona meitat del segle V aC en una guerra civil: la **guerra del Peloponès**.

El conflicte va acabar amb el triomf d'Esparta, que es va convertir en la polis més poderosa.

TINGUES EN COMPTE QUE...

L'any 1500 aC, els **medes** i els **perses**, dos pobles procedents del centre de l'Àsia i del nord del mar Caspi, es van assentar en el territori de l'actual Iran.

Durant el segle VI aC es va fundar l'**imperi Persa** aquemènida (sota el domini de la família reial dels aquemènides), que va arribar al màxim esplendor amb Darios I.

SABIES QUE...

Durant la primera guerra Mèdica els soldats grecs van vèncer els perses a la **batalla de Marató** (490 aC).

Marató és una planura situada a 40 quilòmetres d'Atenes.

Quan la batalla es va acabar, els grecs van enviar un soldat anomenat Filípides a Atenes perquè comuniqués la victòria. Quan Filípides va arribar, va donar la bona notícia i va morir a causa de l'esgotament.

La distància que va haver de recórrer Filípides des de Marató a Atenes es recrea avui dia en la cursa d'atletisme anomenada marató.

LES GUERRES MÈDIQUES

ACTIVITATS

Comprèn

8 **Descriu l'època.** Marca amb una X els trets que corresponen a l'etapa clàssica.

- ☐ Es va desenvolupar durant el segle V i la primera meitat del segle IV aC.
- ☐ Es va desenvolupar entre els segles IX i VI aC.
- ☐ Hi va haver diverses guerres.
- ☐ Al començament de l'etapa les polis gregues es van unir per lluitar contra els perses.
- ☐ Es van fundar les primeres polis.
- ☐ Esparta i Atenes van disputar-se l'hegemonia.
- ☐ Van tenir lloc les guerres mèdiques.
- ☐ Va tenir lloc la guerra del Peloponès.
- ☐ Es van fundar les primeres colònies gregues al Mediterrani.
- ☐ Va ser una etapa d'esplendor per a la ciutat d'Atenes.

9 **Explica.** Per què diem que el segle **V** aC va ser una etapa d'esplendor per a Atenes?

10 **Pensa.** Respon les preguntes.

- Qui es va enfrontar en la guerra del Peloponès?
- Qui va guanyar la guerra?
- Per què diem que es tracta d'una guerra civil?

Aplica

11 **Interpreta el mapa.** Observa el mapa de les guerres mèdiques i respon.

- Quines polis van enfrontar-se a Pèrsia?
- Qui controlava les ciutats jònies de Focea, Efes i Milet?
- Quines van ser les principals batalles que van tenir lloc durant les guerres mèdiques?

Extreu-ne conclusions

12 **Organitza la informació.** Completa els dos esquemes.

- **Les guerres mèdiques**
  - Causes
  - Desenvolupament
  - Conseqüències

- **La guerra del Peloponès**
  - Causes
  - Desenvolupament
  - Conseqüències

3 L'època hel·lenística

En aquesta etapa, les ciutats estat van passar a formar part d'un gran imperi governat per un rei.

Les conquestes d'Alexandre el Gran

Macedònia era un regne muntanyós, situat al nord de Grècia, molt influït per la cultura grega.

A mitjan segle IV aC, el rei **Filip II de Macedònia** va decidir aprofitar-se de l'afebliment a què havien arribat les polis gregues després de dècades d'enfrontaments interns. Va aconseguir sotmetre totes les polis de Grècia, tret d'Esparta.

El va succeir el seu fill **Alexandre el Gran**, que va formar un gran exèrcit i va iniciar la conquesta de l'imperi Persa. Des d'allà va emprendre una gran expedició cap a l'Orient i va conquerir un gran imperi que s'estenia per Pèrsia, Mesopotàmia, Síria i Egipte.

Moneda de plata amb el rostre d'Alexandre el Gran. Va ser encunyada cap a l'any 300 aC.

L'hel·lenisme

Als territoris conquerits per Alexandre el Gran, el grec es va convertir en la llengua oficial i culta, i es van implantar la cultura i l'art grecs. Rep el nom d'**hel·lenisme** aquesta expansió de la cultura grega per Àsia i pel nord d'Àfrica, i la fusió de la cultura grega amb l'oriental.

El període hel·lenístic va ser una etapa de gran **esplendor cultural**. Van prosperar l'art, la poesia i el teatre, i es van produir avenços científics.

El món hel·lenístic era un espai de **grans ciutats**. Les que ja existien van créixer i, a més, se'n van fundar de noves, com Pèrgam i Alexandria. Els nous assentaments seguien un pla molt regular i disposaven d'edificis importants, com santuaris, biblioteques, museus, etc.

Les monarquies hel·lenístiques

Alexandre el Gran va morir sense haver organitzat el seu immens imperi. Els seus generals es van dividir el territori, van adoptar el títol de reis i van fundar diversos regnes, coneguts com **monarquies hel·lenístiques**. Entre aquestes van destacar Egipte, Mesopotàmia i Macedònia.

L'IMPERI D'ALEXANDRE EL GRAN

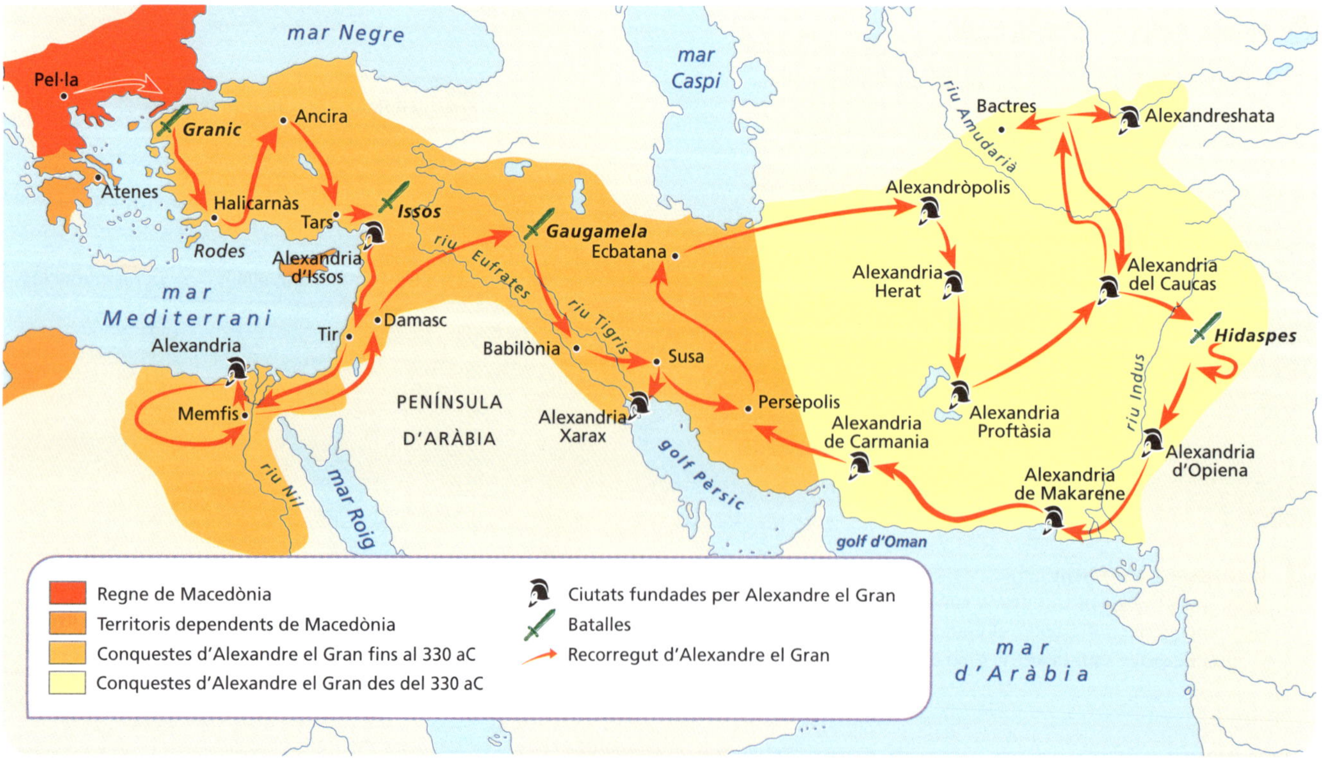

ACTIVITATS

Comprèn

13 **Conceptes.** Defineix els termes següents.

- Macedònia

- Hel·lenisme

- Monarquies hel·lenístiques

14 **Organitza.** Ordena cronològicament el procés. Escriu 1, 2, 3 i 4 on correspongui.

- ☐ Van aparèixer les monarquies hel·lenístiques.
- ☐ La cultura grega es va expandir per Orient.
- ☐ Filip II va conquerir gairebé totes les polis gregues.
- ☐ Alexandre el Gran va ampliar l'imperi macedoni fins a l'Índia.

15 **Resumeix.** Completa la taula.

L'època hel·lenística	
Cronologia	
Protagonistes	
La conquesta dels territoris grecs	
La formació d'un gran imperi	
L'hel·lenisme	
Les monarquies hel·lèniques	

Aplica

16 **Situa en el mapa i interpreta.** Acoloreix el mapa de l'imperi d'Alexandre el Gran segons la llegenda i respon.

- Cap a on es va expandir l'imperi d'Alexandre el Gran, cap a Occident o cap a Orient?

- Enumera els territoris per on es va estendre l'imperi d'Alexandre el Gran.

4 La societat i l'economia gregues

Una societat desigual

La societat grega es dividia en dos grups: els ciutadans i els no ciutadans.

Els **ciutadans** eren una minoria. Participaven en la vida política i en l'exèrcit, gaudien de tots els drets i tenien l'obligació de pagar impostos. Entre ells hi havia persones molt riques i altres de condició més humil.

Els **no ciutadans** eren la major part de la població. La seva situació no era uniforme:

- Els **estrangers** eren persones lliures. Pagaven impostos i podien formar part de l'exèrcit, però no podien posseir terres ni cases.
- Els **esclaus** no eren persones lliures. Solien ser presoners de guerra o fills d'esclaus.
- Les **dones** podien ser lliures o esclaves, però en cap cas no tenien drets. No podien intervenir en política, votar o assistir a espectacles públics. Les dones acomodades tenien cura de la llar, mentre que les de les classes populars treballaven i feien de pageses, venedores, dides (o llevadores), per exemple.

Les activitats econòmiques

El sòl grec era molt pobre. L'**agricultura** es va especialitzar en tres productes: el **blat**, la **vinya** i l'**olivera**.

Els habitants de les ciutats gregues es dedicaven sobretot a l'**artesania** i al **comerç**. Els grecs van destacar en l'elaboració de **ceràmica** de qualitat, objectes de **pell** i **teixits**.

El **comerç** era l'activitat més important. Hi havia un petit comerç molt actiu: els petits artesans venien els seus productes al taller, els pagesos anaven a les ciutats a vendre les collites, i a les petites botigues es venia tot el que era necessari per als habitants de les ciutats. Però també hi havia comerciants rics i poderosos, propietaris de vaixells que navegaven pel mar Mediterrani.

Venien els productes fabricats a les ciutats gregues i, a canvi, compraven aliments, fusta i coure en terres llunyanes. En els intercanvis comercials, els grecs utilitzaven monedes de plata anomenades **dracmes**.

SABIES QUE...

Els orígens de la democràcia els trobem a la civilització grega, tot i que no a totes les polis gregues hi van regir les mateixes formes de govern. **Atenes** és l'exemple més conegut de **polis democràtica**.

El govern de la polis es basava en les institucions següents ( ):

- L'**assemblea** o ***ekklesía***. Era el principal òrgan de decisió política. S'hi votaven les lleis, s'hi decidia la guerra i la pau, i s'hi triaven els governants.
- **La bulé**. S'encarregava de preparar els assumptes que es discutien a l'assemblea. Estava formada per cinc-cents ciutadans triats per sorteig.
- **Els magistrats**. Eren els funcionaris que executaven les decisions de l'assemblea. Dirigien l'exèrcit i l'armada, presidien els tribunals, s'encarregaven dels ritus religiosos, etc.
- **Els tribunals de justícia** eren triats per sorteig entre els ciutadans cada any.

Només podien participar en la vida política amb plens drets els ciutadans. Les dones, els esclaus i els estrangers no eren considerats ciutadans.

DICCIONARI VISUAL

Sistema polític atenès

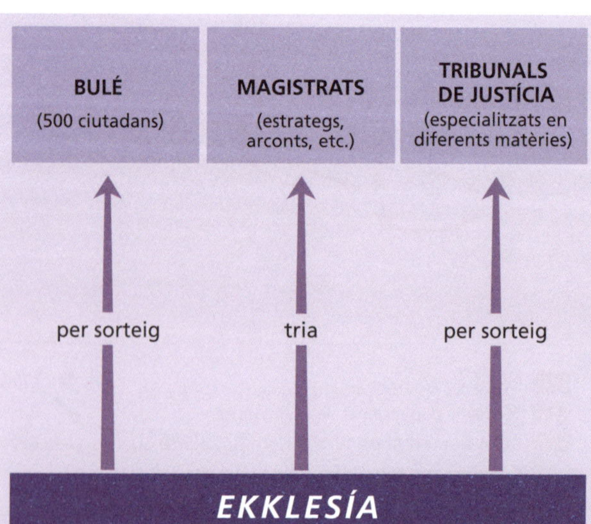

ACTIVITATS

Comprèn

17 **Compara.** Explica la diferència entre aquests conceptes.

- Ciutadans i no ciutadans
- Estrangers i esclaus

18 **Recorda.** Respon.

- Quins grups podien participar en política?
- Qui pagava impostos a Grècia?
- Qui no tenia drets?
- Les dones lliures tenien els mateixos drets que els homes lliures?

19 **Descriu.** Omple els buits.

- L' ______ es va especialitzar en tres productes: el blat, la ______ i l' ______ .
- Els habitants de les ciutats gregues es dedicaven sobretot a l' ______ i al ______ .
- Els grecs van destacar en l'elaboració de ______ de qualitat, objectes de ______ i ______.
- El ______ era l'activitat més important.

20 **Conceptes.** Completa la taula i respon.

Institucions de govern d'Atenes

- **Nom**
  -
  -
  -
  -
- **Funcions**
  -
  -
  -
  -

- Quina era la institució més important del sistema de govern d'Atenes? Per què?

Raona

21 **Pensa.** Hi ha alguna semblança entre la democràcia atenesa i el sistema democràtic actual del nostre país?

Extreu-ne conclusions

22 **Resumeix.** Completa la taula.

La societat i l'economia gregues		
Societat	Ciutadans	
	No ciutadans	
Economia	Agricultura	
	Artesania	
	Comerç	

5 L'art grec

L'arquitectura

Els temples es construïen sobretot amb marbre blanc que es pintava de colors. Tenien planta rectangular i es construïen sobre d'una plataforma.

Els grecs no van utilitzar l'arc ni la volta, sinó que cobrien els temples amb sostres plans que se sostenien sobre columnes.

Per aconseguir l'harmonia i la bellesa, els arquitectes grecs construïen segons unes regles matemàtiques estrictes, els ordres, que determinaven la mida i la combinació dels elements arquitectònics.

Inicialment hi havia dos ordres, el **dòric** i el **jònic**, però més tard en va sorgir un de nou, el **corinti**.

L'escultura

La majoria de les escultures tenien una **funció religiosa** i representaven déus i herois.

Els escultors grecs es van interessar per mostrar la **bellesa ideal del cos humà nu**. Consideraven que aquesta bellesa es basava en les proporcions harmonioses, i per això van establir un cànon, és a dir, una regla per representar les proporcions humanes.

Els materials més utilitzats pels escultors van ser el **bronze** i el **marbre**. Gairebé totes les escultures es pintaven amb **colors vius**, que no s'han conservat. La majoria de les escultures de bronze s'han perdut, però podem saber com eren gràcies a les còpies de marbre que van fer els romans.

DICCIONARI VISUAL

Les parts d'una columna

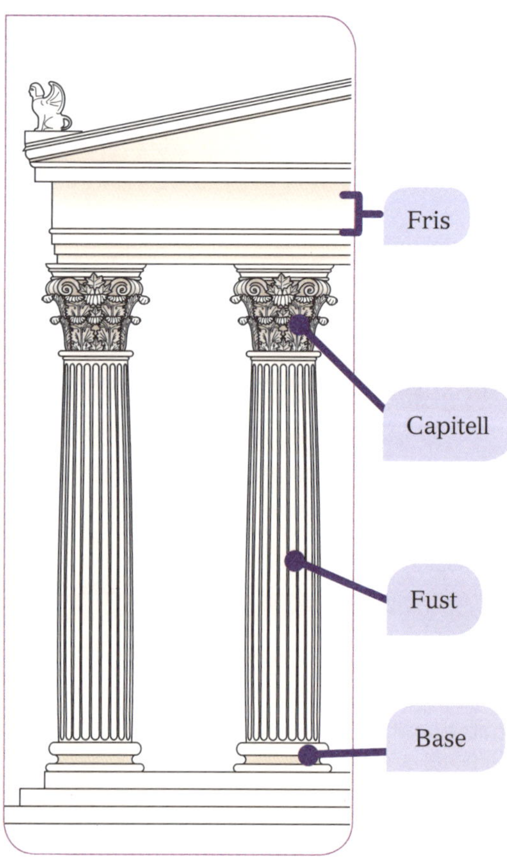

Els ordres arquitectònics

Columna dòrica

El fust és acanalat amb arestes vives. No té base i el capitell és llis.

Columna jònica

El fust és acanalat amb arestes suaus. Recolza en una base. El capitell està decorat amb dues volutes.

Columna coríntia

El fust és acanalat amb arestes suaus. Recolza en una base. El capitell està decorat amb fulles d'acant.

ACTIVITATS

Comprèn

23 **Identifica.** Marca V (vertader) o F (fals) segons correspongui.

- ☐ Els temples es construïen sobre una plataforma i es cobrien amb voltes.
- ☐ Els temples podien ser dòrics, jònics o corintis, en funció de la forma i la decoració de les columnes.
- ☐ Les escultures gregues tenien, principalment, una funció religiosa.
- ☐ Les escultures gregues es caracteritzen per buscar l'harmonia de les proporcions i la bellesa ideal.

24 **Relaciona.** Uneix cada ordre amb la descripció corresponent.

Dòric	Fust estriat amb arestes suaus. Capitell decorat amb fulles d'acant. Recolza en una base.
Jònic	Fust estriat amb arestes suaus. Capitell decorat amb dues volutes. Recolza en una base.
Corinti	Fust estriat amb arestes vives. Capitell quadrat.

25 **Observa la imatge i respon.**

- De quin tipus d'edifici es tracta?
- Per la forma i la decoració de les columnes és dòric, jònic o corinti?
- Digues com has identificat l'ordre.

Elabora

26 **Recerca.** Busca informació del *Discòbol* de Miró i completa la fitxa següent.

Títol de l'obra	
Autor	
Cronologia i època	
Material	
Localització (on es troba la peça)	
Descripció de la peça	

6 Les creences gregues. La literatura

La religió grega era **politeista**, és a dir, els grecs creien en l'existència de molts déus. Es creia que els déus tenien aspecte humà, tot i que eren immortals. Eren els responsables de l'ordre i l'equilibri al món i sovint intervenien en la vida dels humans. **Zeus**, déu del cel, era el déu principal. Cada polis tenia una divinitat protectora, a la qual es retia culte.

De la unió d'un déu i una dona o d'una deesa i un home naixien els **herois**, com Aquil·les, Ulisses o Orfeu. Els grecs també creien en l'existència de criatures fantàstiques, com els **ciclops**, que eren monstres d'un sol ull, o els **centaures**, cavalls amb cap i tors humans.

Els grecs inventaven **mites**, que eren històries fabuloses sobre els déus i els herois.

Els ritus religiosos expressaven agraïment als déus o servien per demanar-los ajuda, protecció o consell.

La literatura grega

Els grecs van desenvolupar els fonaments de la poesia, la tragèdia i la comèdia tal com les entenem avui.

En el camp de la **poesia** va destacar **Homer**, autor de la *Ilíada* i l'*Odissea*.

El **teatre**, tal com el coneixem, va ser una creació grega.

- Les primeres representacions teatrals van ser **tragèdies**, en les quals s'escenificava el moment més dramàtic de la vida d'un heroi. Destaquen **Èsquil**, **Sòfocles** i **Eurípides**, les obres dels quals es continuen representant en l'actualitat.
- Posteriorment va sorgir la **comèdia**, que criticava la societat grega de l'època mitjançant situacions d'embolics. **Aristòfanes** va ser un dels grans autors de comèdies.

DICCIONARI VISUAL

Els principals déus grecs

ACTIVITATS

Comprèn

27 **Descriu.** Escriu tres característiques de la religió dels grecs.

-
-
-

28 **Conceptes.** Escriu el significat dels termes següents.

- Politeisme
- Mite
- Centaure
- Ciclop

29 **Compara.** Explica la diferència entre aquests conceptes.

- Déus i herois
- Tragèdia i comèdia

30 **Explica.** Per quin motiu els grecs feien rituals religiosos?

31 **Identifica.** Anota el nom del Déu o la deessa que correspongui en cada cas.

Element de la natura, qualitat o activitat humana	Divinitat
Cel, llamp	**Zeus**
Saviesa	
Amor	
Guerra	
Mar	
Bellesa	

Raona

32 **Reflexiona.** Quines diferències hi ha entre les explicacions que dóna la religió i les que dóna la filosofia i la ciència?

33 **Escriu.** Cerca informació sobre l'*Odissea*, escrita per Homer, i fes un breu resum de l'argument de la història.

➔ SABER FER: Sintetitzar informació en un quadre cronològic

Un **quadre cronològic** és una eina molt útil per estudiar història, perquè permet mostrar la informació de manera ordenada en el temps. S'hi esmenta breument cada fet i va acompanyat d'un indicador de temps.

QUINS PASSOS HAS DE SEGUIR?

Per elaborar un quadre cronològic pots seguir els passos següents:

1. **Pensa quin període cronològic vols abastar.** Pots seleccionar anys, segles, etapes...
2. **Llegeix amb atenció el text** perquè és important que coneguis el context general en què s'inscriuen els fets que vols ordenar.
3. **Escriu tots els fets que van tenir lloc** en el període de temps que vols representar en el quadre i selecciona els més importants.
4. **Ordena cronològicament els esdeveniments** que has seleccionat prèviament, del més antic al més modern.
5. Escriu **una descripció breu, al costat de cada esdeveniment:** en què va consistir, qui el va protagonitzar, quines causes el van provocar, quines conseqüències va tenir... Recorda que no es tracta d'explicar cada fet detalladament, sinó d'esmentar-lo breument.

Fes-ho tu

34 **Copia i completa el quadre cronològic sobre la història de Grècia a partir dels passos descrits més amunt.**

ETAPES DE LA GRÈCIA ANTIGA		
Època (800 aC-490 aC)	**Època (490 aC-)**	**Època (-)**
______	*Van tenir lloc les guerres mèdiques entre grecs i perses (499 aC – 480 aC).*	______

35 **Marca sobre el quadre cronològic, amb un retolador fluorescent, els tres fets que consideris més rellevants de les etapes de la Grècia antiga.**

La majoria de recipients que utilitzaven els grecs en la vida quotidiana eren de **ceràmica**. Per això n'hi ha una gran varietat de formes i mides, segons l'ús per al qual havien estat concebuts.

La decoració de la **ceràmica grega** va variar al llarg del temps. Hi destaquen dos estils: el de figures negres i el de figures vermelles.

Entre les peces de ceràmica grega de l'antiguitat podem fer referència a les següents:

- **Àmfora**. Atuell amb coll alt i dues nanses. Servia per emmagatzemar-hi i transportar líquids.
- **Crater**. Atuell gran amb la boca molt ampla. S'utilitzava per barrejar-hi el vi amb l'aigua en els banquets.
- **Enòcoa**. Gerra d'una sola nansa que s'introduïa al crater per agafar-ne el vi i servir-lo a taula.
- **Cílix**. Copa de mida petita en la qual es bevia directament.

Àmfora

QUINS PASSOS HAS DE SEGUIR?

Per poder classificar peces de ceràmica pots seguir aquests passos.

1. **Observa la imatge** o **l'objecte de ceràmica** que tinguis a l'abast. Fixa't en les característiques físiques de la ceràmica: broc gros o petit, amb nanses o sense, gran capacitat o petita, forma decorativa o purament funcional…
2. **Identifica la funció de la peça de ceràmica**. Per exemple, recipient comercial per transportar líquids, envàs d'un perfum, copa per beure aigua…
3. **Determina'n l'estil:** ornamentat amb figures negres o amb figures vermelles.
4. **Identifica el tipus de la peça de ceràmica**. Segons les característiques digues a quin tipus pertany: cílix, enòcoa…

Fes-ho tu

36 **Relaciona cada objecte de ceràmica amb el nom corresponent.** Justifica la resposta.

1 CRATER	2 CÍLIX	3 ÀMFORA	4 ENÒCOA
______	______	______	______
______	______	______	______

○ 

○ 

○ 

○ 

Marca l'opció correcta en cada cas.

1. A quin territori va sorgir la civilització grega?
   - ☐ A la península Ibèrica.
   - ☐ A la costa nord-africana.
   - ☐ Al sud de la península Balcànica.

2. En quins tres grans períodes es divideix la història de l'antiga Grècia?
   - ☐ Gòtic, romànic i renaixentista.
   - ☐ Arcaic, clàssic i hel·lenístic.
   - ☐ República, monarquia i imperi.

3. En l'època hel·lenística:
   - ☐ Les ciutats estats passen a formar part d'un gran imperi governat per un rei.
   - ☐ Les ciutats estats són independents i cadascuna té un monarca.
   - ☐ Les ciutats estats passen a formar part d'un imperi governat per una assemblea d'homes lliures.

4. L'expansió grega pel Mediterrani i la fundació de nombroses colònies va tenir lloc:
   - ☐ Al segle IV aC.
   - ☐ Als segles I-II dC.
   - ☐ Als segles VIII-VI aC.

5. Les guerres mèdiques van enfrontar:
   - ☐ Perses i grecs.
   - ☐ Atenes i Esparta.
   - ☐ Grecs i fenicis.

6. Quin monarca d'origen macedoni va dirigir la conquesta de l'imperi Persa?
   - ☐ Pèricles.
   - ☐ Arquimedes.
   - ☐ Alexandre el Gran.

7. Quin d'aquests grups tenien tots els drets i participaven en política?
   - ☐ Els esclaus.
   - ☐ Les dones.
   - ☐ Els ciutadans.

8. Quina d'aquestes institucions era el principal òrgan de decisió política a Atenes?
   - ☐ L'*ekklesía*.
   - ☐ La bulé.
   - ☐ El tribunal de comptes.

9. Els ordres grecs són:
   - ☐ Toscà i dòric.
   - ☐ Dòric, jònic i corinti.
   - ☐ corinti.

10. La divinitat principal dels grecs, considerat déu del cel i del llamp, s'anomenava:
    - ☐ Sòcrates.
    - ☐ Zeus.
    - ☐ Tiamat.

REPÀS ACUMULATIU

- Completa l'esquema: Politeista, Jònic, Corinti, Dones, No ciutadans, Artesania, Dòric, Comerç, Esclaus.

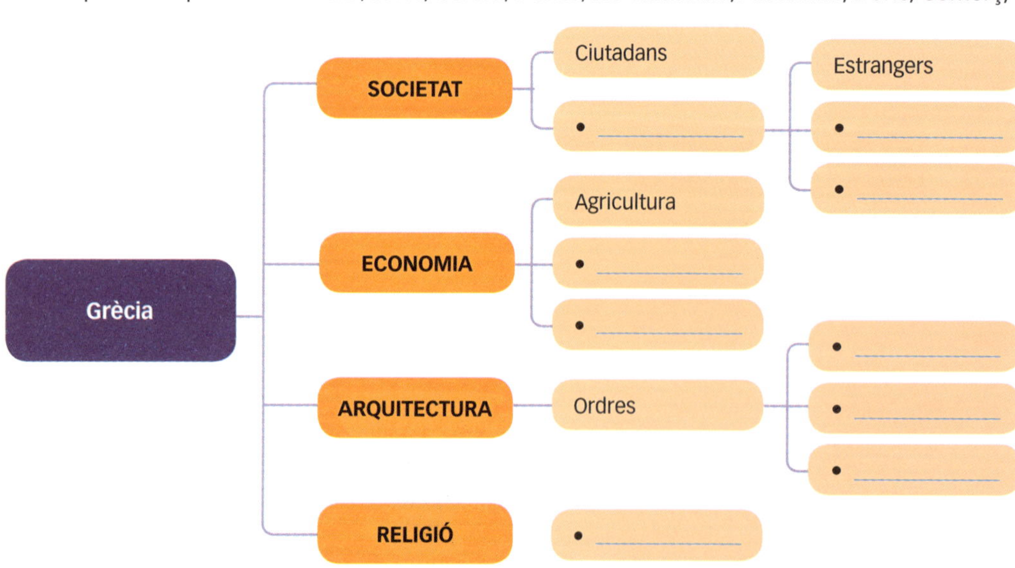

11 La civilització romana

L'imperi Romà va néixer fa gairebé tres mil anys a la península Itàlica i es va desenvolupar al voltant del mar Mediterrani. En pocs segles, la ciutat de Roma es va convertir en el centre de territoris immensos que s'estenien des de les illes Britàniques, al nord, fins al desert del Sàhara, al sud, i des de Mesopotàmia, a l'est, fins a la península Ibèrica, a l'oest.

- **LA CIVILITZACIÓ ROMANA**
  - **LA POLÍTICA**
    - La monarquia
    - La república
    - L'imperi
  - **L'ECONOMIA**
    - agricultura
    - artesania
    - mineria
    - comerç
  - **LA SOCIETAT**
    - patricis i plebeus
    - esclaus
  - **L'ART**
    - arquitectura
    - escultura
    - pintura
    - mosaic
  - **LES CREENCES**
    - politeisme
    - cristianisme

1 Els antics romans: on i quan van viure

En el primer mil·leni aC, a la península itàlica hi vivien diferents pobles. Els principals eren tres: els **etruscos** al nord, els **llatins** al centre, i al sud els **grecs**.

Al segle VIII aC els llatins van aixecar diversos poblats a la vora del **riu Tíber**. De la unió d'aquests poblats en va sorgir la ciutat de **Roma**.

Roma va ser el bressol de la civilització romana. Durant molt temps va ser una ciutat petita, però a partir del segle VI aC va conquerir territoris immensos.

La història de Roma va conèixer tres etapes:

- La **monarquia.**
- La **república.**
- L'**imperi.**

La monarquia (754 aC-509 aC)

Inicialment, Roma era governada per un rei elegit pels **patricis**, que eren els representants de les famílies més importants de la ciutat.

El rei era ajudat pel **senat**, una assemblea formada pels senadors, que eren els caps de les famílies principals.

Al segle VI aC els **etruscos** van conquerir Roma, però els pobladors de la ciutat mai van acceptar l'autoritat etrusca i s'hi van enfrontar fins aconseguir vèncer.

L'any 509 aC l'últim rei etrusc va ser destronat per una revolta. Així va acabar l'època de la monarquia.

L'EXPANSIÓ ROMANA

ACTIVITATS

Comprèn

1 **Situa en el mapa.** Acoloreix el mapa segons la llegenda.

2 **Cronologia.** Escriu M (monarquia), R (república) o I (imperi) on correspongui. Després completa la taula.

Etapa	Inici	Final	Durada
Monarquia			
República			
Imperi			

3 **Descriu.** Completa amb les paraules següents l'esquema sobre la forma de govern durant la monarquia.

rei – patricis – senat

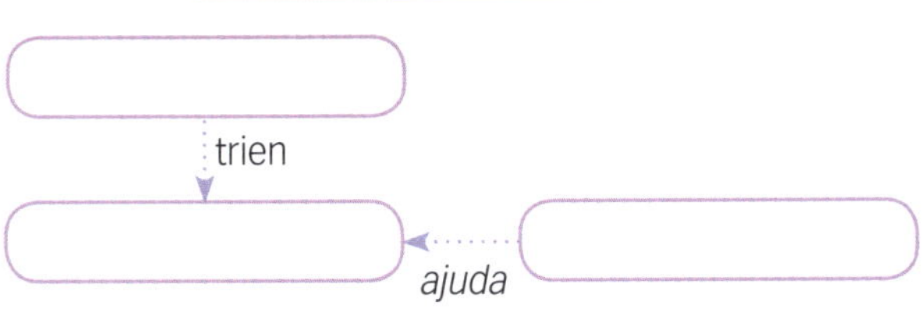

Raona

4 **Interpreta el mapa.** Observa el mapa del territori ocupat durant la monarquia i contesta.

- En quina península va sorgir la civilització romana?

____

____

- Quina va ser la ciutat bressol de la civilització romana?

____

Recapitula

5 **Conceptes.** Completa.

- Les tres etapes de la història de Roma són: ______________________ , ______________________ i ______________________ .
- Roma, en un primer moment, va ser governada per un ______________________ .
- Els patricis eren els representants de les ______________________ més importants de la ciutat.

2 La república (509 aC-27 aC)

Després d'expulsar els etruscos, els romans van establir una nova forma de govern: la **república**. Tenia tres institucions principals:

- Els **comicis** eren assemblees en què els ciutadans romans es reunien per votar les lleis i triar els magistrats.
- Les **magistratures** eren els diferents càrrecs del govern. Els més importants eren els **dos cònsols**, que dirigien el govern i l'exèrcit.
- El **senat**. Era la institució més important. Elaborava les lleis, dirigia la política exterior i donava normes d'actuació als magistrats.

La república es va enfrontar amb dos problemes greus: la lluita entre patricis i plebeus i les guerres púniques.

Al segle I aC va començar un període de corrupció i de revoltes. Per això alguns militars van adquirir molt poder, i per aturar els desordres es van formar **triumvirats**, és a dir, aliances de tres homes que compartien el poder durant un període de temps.

DICCIONARI VISUAL

Les magistratures

La societat romana

Durant la república, les persones que vivien a Roma no tenien els mateixos drets. Hi havia dos grups:

- Els **patricis**, que eren la minoria formada per les famílies més riques i poderoses.
- Els **plebeus**, que eren la resta de la població: pagesos, artesans i comerciants.

A més, hi havia els **esclaus**. No eren considerats persones, sinó objectes propietat dels seus amos.

En un principi, els plebeus no tenien tots els drets polítics i van lluitar per igualar la situació. Primer van aconseguir tenir un representant al senat que defensés els seus drets. Finalment, al segle IV aC els plebeus podien ser **magistrats** i **senadors**.

Juli Cèsar va formar part del primer triumvirat amb Cras i Pompeu.

Les guerres púniques

Durant la república, Roma va conquerir molts territoris. La conquesta del sud de la península Itàlica va suposar l'enfrontament amb Cartago, una potència situada al territori de l'actual Tunísia. Els cartaginesos dominaven el nord d'Àfrica i part de la península Ibèrica i les Balears. Els romans i els cartaginesos es van enfrontar en tres guerres, les **guerres púniques**. La victòria sobre els cartaginesos va permetre a Roma l'expansió pel Mediterrani.

ACTIVITATS

Comprèn

6 **Classifica.** Escriu cada terme on correspongui a l'esquema.

senat – magistrats – comicis

REPÚBLICA

- ______
  - Voten les lleis.
  - Trien els magistrats.
- ______
  - Són càrrecs polítics, càrrecs del govern
- ______
  - Estableix les lleis, dirigeix la política exterior, assessora els magistrats.

7 **Compara.** Explica les diferències entre el govern de la monarquia i el de la república.

8 **Relaciona.** Uneix amb fletxes.

plebeus	No eren considerats persones, sinó objectes propietat dels seus amos.
patricis	Eren pagesos, artesans i comerciants.
esclaus	Eren membres de les famílies més riques i poderoses.

Contesta:

- Quin dels grups anteriors tenia drets polítics?
- Quin grup no tenia cap dret?

Raona

9 **Analitza les causes.** Respon.

- Per què es van produir les guerres púniques?
- Per què es van enfrontar els patricis i els plebeus?
- Per què es van formar triumvirats?

Recapitula

10 **Resumeix.** Completa la taula.

REPÚBLICA	
Dates	
Institucions del govern	

3 L'imperi. Del govern d'August a la crisi del segle III

August, el primer emperador romà

L'any 27 aC, Octavi August va iniciar una nova forma de govern: l'**imperi**.

- L'**emperador** acumulava tots els poders: era el cap suprem de l'exèrcit i la màxima autoritat religiosa, dirigia la política exterior, dictava les lleis i decidia sobre els tributs.
- El **senat** es va mantenir, però no tenia cap poder real.

Els emperadors tenien aquest càrrec tota la vida i designaven el seu successor. Es van formar, per tant, dinasties.

Durant els segles I i II dC l'imperi Romà va tenir molt poder i esplendor. Va ser un període molt més tranquil que l'anterior, per la qual cosa rep el nom de **pax romana**. La pau va impulsar la prosperitat econòmica i cultural. L'imperi va arribar a la màxima extensió i es va intensificar la **romanització**, és a dir, l'assimilació de la cultura i la manera de viure romanes per altres pobles.

La crisi del segle III

Al segle III l'imperi Romà va entrar en una greu crisi. La figura de l'emperador es va debilitar, es van produir revoltes socials, les ciutats van ser saquejades i la població es va refugiar al camp. L'abandonament de les ciutats va provocar la decadència del comerç i una crisi econòmica.

La divisió de l'Imperi i la desaparició de l'Imperi romà d'Occident

Més enllà de les fronteres de l'Imperi romà hi vivien un seguit de pobles molt diferents, als quals els romans anomenaven **bàrbars**, que significava "estranger". Amb la crisi profunda del segle III els bàrbars es van atrevir a traspassar les fronteres.

A la mort de l'emperador Teodosi (any 395), l'Imperi es va dividir en dues parts, per facilitar-ne la defensa: l'Imperi romà d'Occident i l'Imperi romà d'Orient.

L'any 476 els pobles invasors van destituir l'últim emperador romà d'Occident.

LA DIVISIÓ DE L'IMPERI ROMÀ I LES INVASIONS GERMÀNIQUES

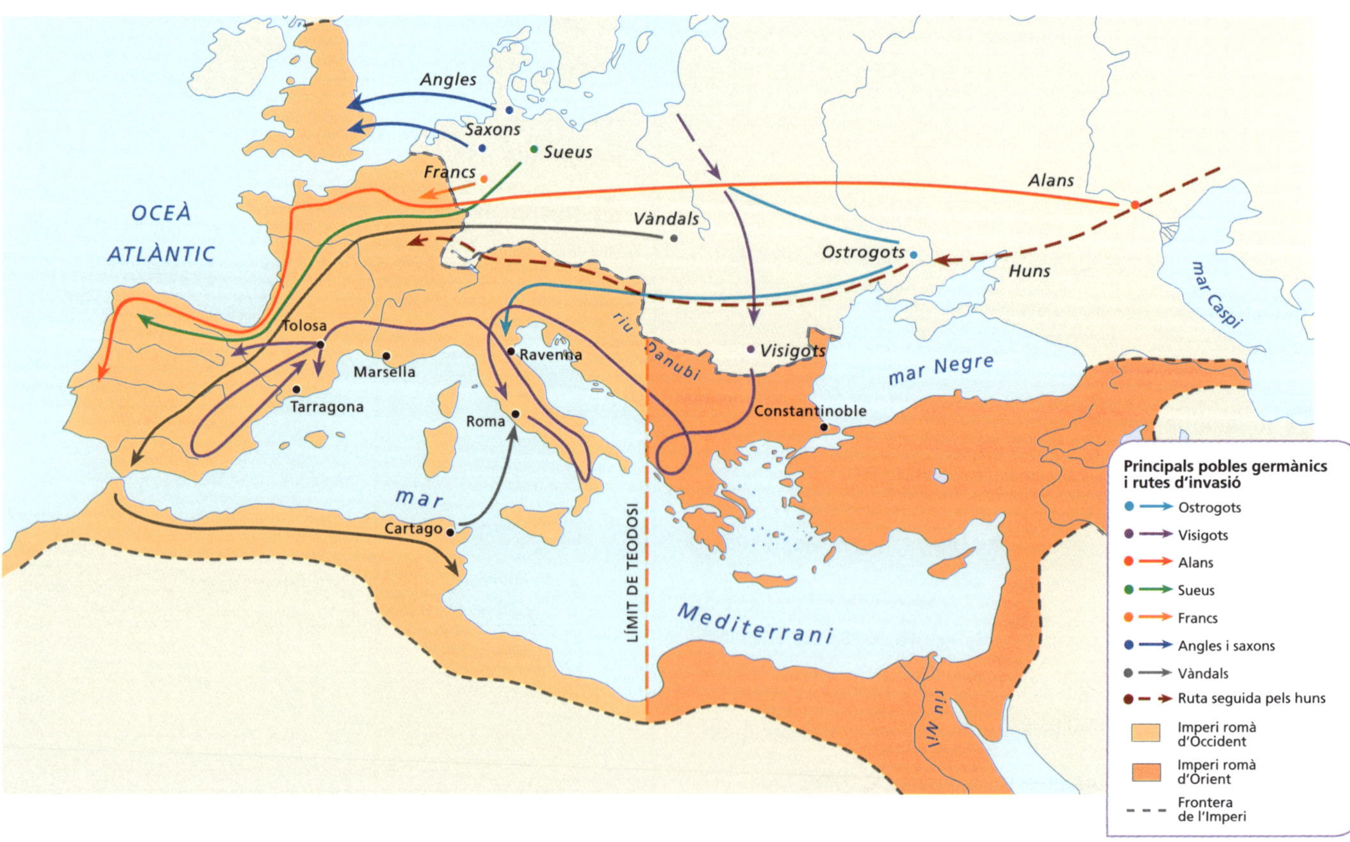

ACTIVITATS

Comprèn

11 **Conceptes.** Completa l'esquema escrivint aquestes paraules al lloc corresponent.

comicis – emperador – magistratures – senat

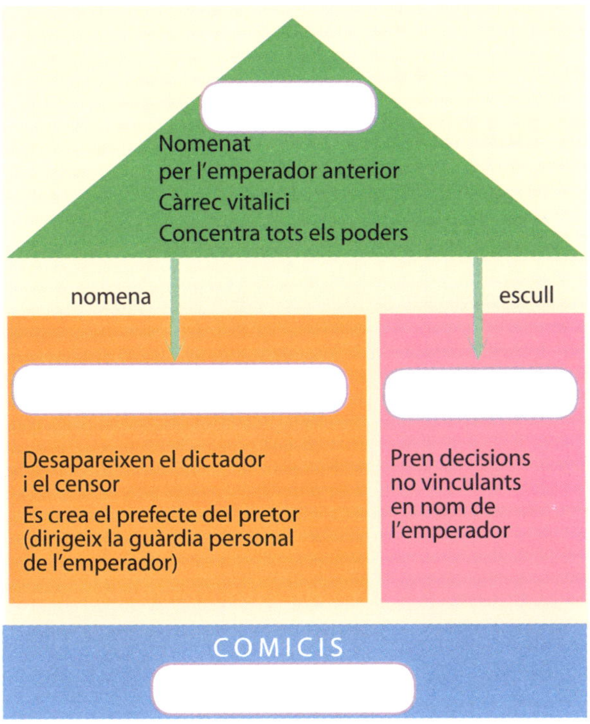

12 **Cronologia.** Uneix i forma frases.

Durant els segle I i II l'imperi Romà...	...va deixar d'existir
A partir del segle III l'imperi Romà...	...va viure una època d'esplendor
L'any 476 l'imperi Romà...	...va entrar en una crisi

13 **Identifica.** Marca V (vertader) o F (fals) segons correspongui.

- ☐ L'emperador dictava les lleis i el senat dirigia la política exterior.
- ☐ Als segles I i II l'imperi Romà va assolir el seu màxim esplendor.
- ☐ A partir del segle III, una part de l'imperi Romà va ser envaïda per pobles estrangers.
- ☐ Els emperadors eren triats pel poble romà.

14 **Classifica.** Escriu M (monarquia), R (república) o I (imperi) segons correspongui.

- ☐ Els etruscos van conquerir Roma.
- ☐ Es van formar triumvirats.
- ☐ El territori va ser envaït per pobles estrangers.
- ☐ Els plebeus es van enfrontar amb els patricis.
- ☐ Es va assolir la màxima esplendor de Roma.
- ☐ Els romans es van enfrontar amb Cartago.

15 **Compara.** Explica les diferències entre la forma de govern de la república i la de l'imperi.

Raona

16 **Analitza les causes.** Marca amb una creu quins d'aquests aspectes van acabar provocant la fi de l'imperi Romà.

- ☐ Les guerres contra els cartaginesos.
- ☐ La invasió dels pobles estrangers.
- ☐ L'enfrontament entre els patricis i els plebeus.
- ☐ La inestabilitat política provocada per la intervenció de l'exèrcit en la política.
- ☐ La formació de triumvirats successius.

Aplica

17 **Interpreta el mapa.** Observa el mapa de la pàgina anterior i contesta:

- Roma formava part de l'Imperi d'Occident o d'Orient?
- Quina era la capital de l'Imperi romà d'Orient?
- Escriu el nom de tres pobles bàrbars que van envair zones de la península Ibèrica?

4 L'economia romana

L'agricultura

L'**agricultura** del blat, la vinya i l'olivera era una activitat fonamental. Els romans van estendre el regadiu i noves eines i màquines, com l'arada romana, els molins de gra i les premses per elaborar oli i vi.

Hi havia petits camperols i grans propietaris amb enormes extensions de terra per conrear, treballades per pagesos contractats o bé per esclaus.

El centre d'aquestes terres era la **vil·la**, formada per una mansió on vivia la família del propietari, i al costat hi havia els magatzems, els cellers, els corrals...

DICCIONARI VISUAL

Arada romana

L'artesania

Molts productes es fabricaven en **petits tallers**. Hi havia una gran diversitat d'oficis: ceramistes, vidriers, teixidors, fusters... Però també hi havia **indústries grans**, on treballaven esclaus.

La mineria

La **mineria** se centrava en l'explotació d'or, plata, ferro, coure, estany, plom i mercuri. A les costes mediterrànies es recollia sal marina, que s'utilitzava per salar i conservar els aliments.

El comerç

Els romans van establir un **comerç** intens. El comerç era afavorit per dos aspectes:

- L'existència d'**una mateixa moneda** a tot l'Imperi.
- L'excel·lent **xarxa de comunicacions**. Els romans van construir una extensa xarxa de carreteres, les **calçades**, que unia Roma amb totes les províncies de l'Imperi.

PRODUCTES I RUTES COMERCIALS A L'IMPERI ROMÀ

ACTIVITATS

Comprèn

18 **Descriu.** Enumera les activitats econòmiques principals de l'imperi Romà.

19 **Descriu.** Enumera algunes de les innovacions en l'agricultura que van fer els romans.

20 **Pensa.** Contesta.

- Quin mar era la principal via per al comerç marítim?
- Quines eren les principals rutes terrestres?
- Amb quins productes es comerciava?

21 **Identifica.** Marca V (vertader) o F (fals) segons correspongui.

- ☐ La mineria se centrava només en l'explotació de la sal.
- ☐ A les costes mediterrànies es recollia sal marina per salar i conservar els aliments.
- ☐ A les costes atlàntiques s'extreia la plata per elaborar joies.
- ☐ El comerç era afavorit per l'existència d'una mateixa moneda i una excel·lent xarxa de comunicacions.
- ☐ El comerç bàsicament era inexistent.
- ☐ Les calçades romanes unien Roma amb totes les províncies de l'imperi.

Raona

22 **Pensa.** Explica per què et sembla que era important per als romans disposar d'una xarxa extensa de calçades.

23 **Pensa.** Quins aspectes de l'agricultura hem heretat dels romans?

Recapitula

24 **Descriu.** Completa l'esquema.

fusters – blat – vinya – olivera – ceramistes – vidriers – arada – molins premses – xarxa de comunicacions – plata – or – sal – una mateixa moneda

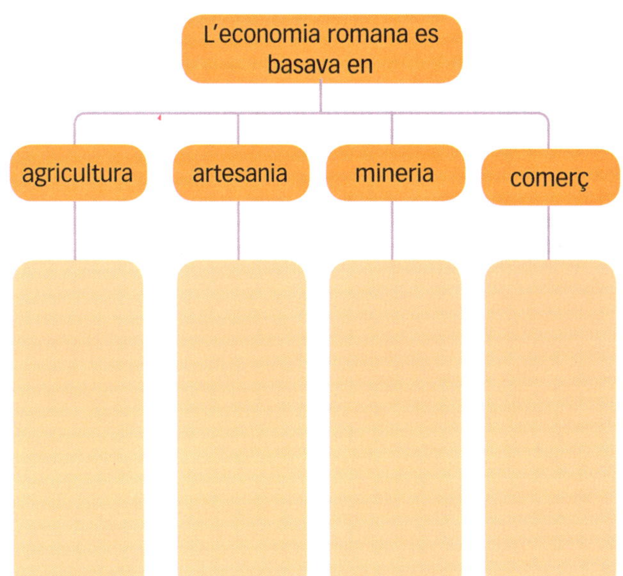

5 Grans constructors, enginyers i artistes

L'arquitectura

Els romans eren molt bons constructors. Els materials que van emprar van ser el ciment i el formigó.

Les construccions romanes van barrejar elements de l'arquitectura grega amb altres elements com l'**arc**, la **volta** i la **cúpula**.

Les grans obres arquitectòniques romanes sempre tenien un sentit pràctic. També solien ser monumentals. Segons la funció que tenien, hi havia diferents tipus d'edificis:

- Els **temples**, on es feien els cultes.
- La **cúria**, en què es reunia el senat.
- La **basílica**, on tenien lloc els intercanvis comercials i s'administrava justícia.
- El **teatre**, en el qual es representaven comèdies i tragèdies.
- L'**amfiteatre**, on se celebraven les lluites de gladiadors.
- El **circ**, on tenien lloc les curses de cavalls.
- Les **termes** o banys públics.

També van fer **arcs de triomf** i **columnes** per recordar fets importants, així com **calçades**, **ponts** i **aqüeductes**.

L'escultura, la pintura i el mosaic

Els romans van copiar els models grecs a l'hora de crear les **escultures**, que generalment eren fetes de marbre o de bronze. Malgrat això, van introduir la novetat d'elaborar **retrats** amb un realisme molt marcat.

Per decorar els edificis feien servir **relleus**, en els quals es representaven esdeveniments de la història de Roma, com ara grans victòries militars, i escenes religioses o de la vida quotidiana.

Les parets dels edificis es decoraven amb **pintures**, els temes de les quals van anar variant al llarg del temps.

Els **mosaics** es col·locaven a terra i també a les parets. Els elaboraven amb petites peces de colors anomenades **tessel·les**, que s'incrustaven sobre una capa de diferents materials, com el ciment.

DICCIONARI VISUAL

Amfiteatre Flavi Colosseu (Roma, Itàlia).

Elements arquitectònics romans

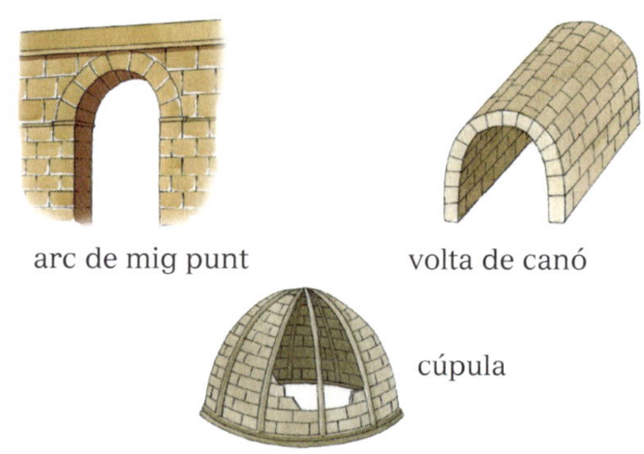

Mosaic de la Casa dels Ocells, Itàlica (Andalusia).

ACTIVITATS

Comprèn

25 **Descriu.** Completa aquesta taula sobre l'arquitectura romana.

Materials	
Elements constructius nous	
Tipus d'edificis	

26 **Relaciona.** Uneix amb fletxes.

Temple	Edifici on es reunia el senat.
Cúria	Edifici on tenien lloc els intercanvis comercials i s'administrava justícia.
Amfiteatre	Edifici on es feien els cultes.
Basílica	Edifici on se celebraven les lluites de gladiadors.

Raona

27 **Explica.** Enumera les característiques representatives de l'art romà.

Aplica

28 **Interpreta la fotografia.** Marca a la fitxa les respostes correctes.

- TIPUS D'OBRA

☐ Mosaic ☐ Relleu ☐ Pintura

- TEMA

☐ Històric ☐ Religiós ☐ Retrat

Identifica

29 **Interpreta el dibuix.** Observa el dibuix i respon les preguntes.

- A quin edifici creus que correspon? Per què?

- Per què tenia unes dimensions tan grans?

6 Les creences

La religió romana

Els romans eren molt tolerants pel que fa a la religió. Permetien als pobles conquerits que continuessin mantenint la seva religió i sovint van retre culte als déus dels pobles conquerits, perquè la religió romana era **politeista**.

Els principals déus eren **Júpiter**, **Juno** i **Minerva**. A més, els romans retien culte als déus de la llar i als esperits dels avantpassats. Els emperadors també eren considerats déus.

Els sacerdots feien el culte religiós al temple.

Altar domèstic per al culte a les divinitats.

El cristianisme

Al segle I dC va néixer una nova religió, el **cristianisme**, fundada per Jesús de Natzaret. Segons la **Bíblia**, el llibre sagrat dels cristians, Jesús va néixer en temps de l'emperador August a Palestina, una regió conquerida pels romans. El cristianisme proclamava l'existència d'un sol déu i la vida eterna després de la mort.

Els primers cristians van ser perseguits, perquè es negaven a adorar l'emperador.

L'any 313, l'emperador Constantí va concedir la **llibertat religiosa** als cristians i els va permetre fer cultes públics. L'any 380, l'emperador Teodosi va declarar el cristianisme l'**única religió oficial de l'imperi Romà**.

DICCIONARI VISUAL

Símbols del cristianisme

El colom amb la branca d'olivera, símbol de la pau divina.

Crismó.

Peix. Símbol de Jesús.

ORIGEN I EXPANSIÓ DEL CRISTIANISME

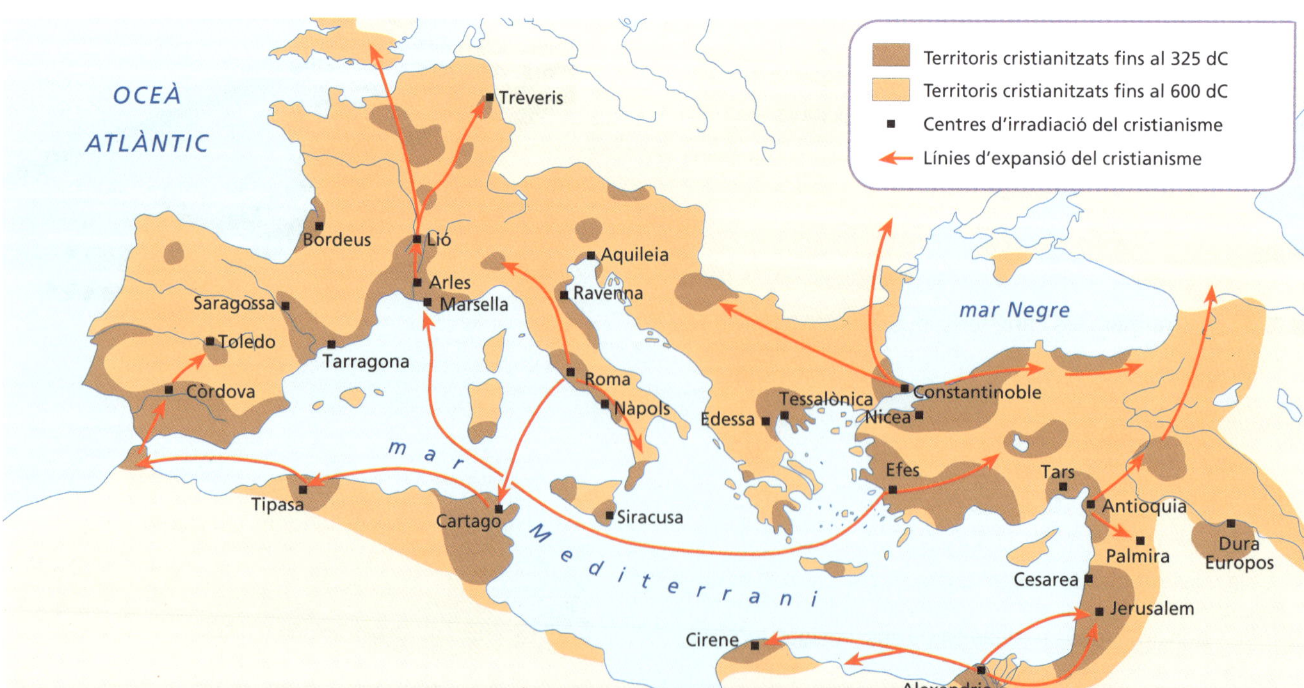

ACTIVITATS

Comprèn

30 **Recorda.** Respon les preguntes següents:

- Quines divinitats adoraven els romans?
- On feien els sacerdots els ritus religiosos?
- Qui va ser Jesús de Natzaret?
- Quins són els fonaments del cristianisme?

31 **Cronologia.** Uneix les fletxes amb els esdeveniments.

Segle I dC	Llibertat religiosa per als cristians.
313 dC	Fundació del cristianisme.
380 dC	El cristianisme, religió oficial de l'imperi.

32 **Identifica.** Marca V (vertader) o F (fals) segons correspongui.

- ☐ El cristianisme és una religió politeista.
- ☐ Els romans van adoptar des del primer moment el cristianisme com a religió de l'imperi.
- ☐ Al final del segle IV, el cristianisme va esdevenir la religió oficial de l'imperi Romà.
- ☐ Els principals déus romans eren Zeus, Posidó i Juno.

Raona

33 **Explica.** Per què el cristianisme va resultar una religió innovadora a l'imperi Romà?

34 **Reflexiona.** Si els romans eren tolerants amb les religions dels pobles que van conquerir, per què penses que van perseguir els cristians?

Aplica

35 **Interpreta la fotografia.** Observa la fotografia del temple romà i explica en què s'assembla als temples grecs:

➔ SABER FER: Interpretar una notícia sobre el patrimoni històric

Per **interpretar una notícia** sobre el patrimoni històric cal saber analitzar-la, comprendre la informació que ens transmet, i fer-se'n una opinió personal. D'aquesta manera podem fer-ne una valoració mesurada i amb criteri.

S'esfondra una part de la muralla romana de Pompeia

Una part d'un mur romà de l'àrea arqueològica de Pompeia (Itàlia) s'ha ensorrat, sembla que a causa d'unes filtracions d'aigua (...). L'esfondrament va tenir lloc a última hora de la tarda d'ahir al voltant de l'anomenada Porta de Nola, a la zona nord de Pompeia.

(...)

La part de mur esfondrat fa tres metres de llarg per un metre i mig d'alt. La zona ha estat tancada al públic per seguretat i per permetre avaluar els danys i reparar els desperfectes.

(...)

L'accident té lloc gairebé un any després que al novembre del 2010 s'esfondrés totalment la Casa dels Gladiadors, poc després que es produïssin altres danys al pati de la Casa del Moralista i que al principi del desembre es desplomessin dos murs més a causa de les abundants pluges registrades a la zona en aquelles dates. Aquestes esllavissades van desencadenar un vot de censura per les acusacions de negligència contra el ministre de Cultura, Sandro Bondi, que malgrat haver-lo superat va acabar dimitint al març.

El nou ministre de Cultura, Giancarlo Galan, ha assegurat que Pompeia és una prioritat per al seu Ministeri, però els legisladors de l'oposició consideren que el Govern és incapaç de protegir els llocs arqueològics d'Itàlia. "Per desgràcia, és una demostració de l'estat d'abandonament en què es troba el nostre patrimoni", ha assenyalat Matteo Orfini, del Partit Democràtic.

La ciutat de Pompeia, situada a 235 quilòmetres al sud de Roma, on anaven ciutadans de tot l'imperi a passar-hi temporades de descans, va ser sepultada l'any 79 d'aquesta era per una forta erupció del volcà Vesuvi, que també va arrasar les localitats de Stabias i Herculà, avui també importants centres arqueològics.

Durant segles, Pompeia va romandre sepultada, fins que per ordre del rei Carles de Borbó, el futur Carles III d'Espanya, van començar les excavacions, que encara duren. Mitja ciutat, que va arribar a allotjar més de 20.000 persones, continua encara sense descobrir, segons els experts.

El País, 22 d'octubre de 2011 (adaptació)

QUINS PASSOS HAS DE SEGUIR?

Per interpretar una notícia sobre patrimoni històric has de seguir els passos següents:

1. **Llegeix** la notícia pausadament, mirant d'entendre bé el significat de cada paràgraf.
2. **Busca** en un diccionari les paraules que no entenguis.
3. **Identifica** i **subratlla** o **marca amb un retolador fluorescent** les idees principals del text.
4. **Localitza**, si cal, mitjançant internet la ubicació geogràfica del patrimoni artístic del qual s'informa. Pren nota de la regió i del país on es troba aquest patrimoni.
5. **Escriu** una síntesi de la notícia. Explica breument la idea principal que transmet.
6. **Contrasta** la informació rebuda amb altres textos que parlin sobre el mateix indret i el mateix patrimoni històric. Utilitza les oportunitats que et dóna internet per documentar-te, però tingues present les garanties de solvència i veracitat dels llocs webs que consultis.
7. **Valora** la importància del fet que s'explica i les conseqüències que se'n poden derivar.

Pompeia.

Fes-ho tu

36 Llegeix la notícia i respon.

- De quina ciutat romana parla la notícia?
- Quina població tenia?
- Què va passar-hi l'any 79?
- Quants anys han passat, doncs, des d'aleshores fins al moment actual?
- En quina època es van iniciar les excavacions arqueològiques? Qui les va ordenar?
- Està excavada tota la ciutat o s'hi continuen fent excavacions?
- Què va passar el novembre del 2010?
- Quin problema es planteja en la notícia?
- Creus que es tracta d'un problema realment important? Explica la resposta.

37 Opina.

- Busca informació a internet sobre els edificis i els objectes que s'han trobat a Pompeia.
- Creus que és important que es conservi Pompeia? Per què?
- El turisme és bo o dolent per a la conservació de Pompeia? Si no hi hagués turistes, hi hauria prou ingressos per mantenir els edificis i continuar les excavacions?

38 Planteja una solució.

- Hi ha qui pensa que caldria tancar Pompeia definitivament als turistes. Quines conseqüències tindria això per a l'economia de la zona? I per als turistes?
- Què creus que es pot fer per conservar Pompeia correctament i, alhora, perjudicar el mínim possible les persones que viuen del turisme en aquesta zona? Justifica l'opinió.

AUTOAVALUACIÓ

Marca l'opció correcta en cada cas.

1. Les tres etapes de la civilització romana són:
   - ☐ La monarquia i l'imperi.
   - ☐ La monarquia, la república i l'imperi.
   - ☐ La democràcia i l'imperi.

2. La república tenia tres institucions:
   - ☐ Els patricis i els plebeus.
   - ☐ L'emperador, els patricis i els plebeus.
   - ☐ Els comicis, les magistratures i el senat.

3. Els patricis eren:
   - ☐ Una minoria formada per les famílies més riques i poderoses.
   - ☐ Eren els pagesos, els artesans i els comerciants.
   - ☐ Eren les dones.

4. Les guerres púniques van enfrontar:
   - ☐ Grecs i romans.
   - ☐ Grecs, romans i egipcis.
   - ☐ Cartaginesos i romans.

5. Durant l'època de l'imperi:
   - ☐ L'emperador acumulava tots els poders.
   - ☐ El senat acumulava tots els poders.
   - ☐ El president de la república acumulava tots els poders.

6. L'imperi Romà es va dividir en dos a la mort de:
   - ☐ Teodosi.
   - ☐ Cèsar August.
   - ☐ Octavi August.

7. L'imperi Romà es va dividir en:
   - ☐ L'imperi Romà del nord i l'imperi Romà del sud.
   - ☐ Diversos comtats.
   - ☐ L'imperi Romà d'Occident i l'imperi Romà d'Orient.

8. L'activitat fonamental de l'agricultura era:
   - ☐ El blat, la vinya i l'olivera.
   - ☐ L'olivera i l'ordi.
   - ☐ La vinya i les verdures.

9. L'amfiteatre era:
   - ☐ El lloc on es feien els cultes.
   - ☐ El lloc on se celebraven les lluites de gladiadors.
   - ☐ El lloc on es feien les curses de cavalls.

10. Els romans eren:
    - ☐ Monoteistes.
    - ☐ Ateus.
    - ☐ Politeistes.

REPÀS ACUMULATIU

- Defineix els límits territorials de l'Imperi romà en el seu moment de màxima expansió:

  Nord ______________________ **Sud** ______________________

  Est ______________________ **Oest** ______________________

- Explica per què l'emperador Teodosi va dividir l'Imperi romà en dos: Imperi romà d'Occident i Imperi romà d'Orient.

  ____

  ____

- Pensa i explica per què l'existència d'esclaus era un factor rellevant per a la bona marxa de l'economia romana?

  ____

  ____

12 La Península i el territori de Catalunya en l'antiguitat

La península Ibèrica era habitada per un seguit de pobles que posteriorment hem anomenat preromans. Aquests pobles van mantenir contactes amb els fenicis, els grecs i els cartaginesos, pobles que van arribar a la península Ibèrica des de diferents indrets del Mediterrani.

En l'expansió pel mar Mediterrani, els romans van arribar a la península Ibèrica el segle III aC.

LA PENÍNSULA I EL TERRITORI DE CATALUNYA EN L'ANTIGUITAT

- **ELS POBLES PREROMANS**
  - Ibers
  - Celtes
- **ELS POBLES COLONITZADORS I TARTESSOS**
  - Fenicis
  - Grecs
    - Colònia d'Empúries
  - Cartaginesos
  - Tartessos
- **LA CONQUESTA ROMANA**
  - La societat hispanoromana
  - L'economia
  - La romanització
    - El llegat a Catalunya

1 Els pobles preromans: els ibers i els celtes

Ibers i celtes

Durant el primer mil·lenni aC habitaven la península Ibèrica diversos pobles que es podien englobar dins de la **cultura ibera** o **celta**. També hi havia colònies fenícies i gregues a la costa mediterrània.

A més dels ibers i els celtes, a l'interior de la Península també hi havia els **celtibers**, que els romans van considerar com una barreja de celtes i ibers.

Els ibers

Els **ibers** habitaven a l'est i al sud de la península Ibèrica des del segle VIII aC. Vivien en poblats emmurallats construïts en zones elevades. S'organitzaven en tribus governades per un cabdill. Els grups més poderosos eren els **nobles**, **sacerdots** i els **guerrers**.

Els ibers tenien una economia variada basada en l'**agricultura** i de la **ramaderia**. També destacava la **mineria**, l'**artesania** i el **comerç**.

A causa del contacte amb fenicis i grecs van tenir una cultura avançada. Coneixien l'escriptura i van arribar a encunyar **monedes** pròpies.

Els ibers adoraven principalment **divinitats femenines**. El culte religiós es feia als santuaris, situats a la vora dels poblats.

Els celtes

Els **celtes** van arribar a la península Ibèrica des de l'Europa central cap al 1100 aC i es van establir al nord, centre i l'oest de la Península.

Els celtes vivien en poblats emmurallats anomenats **castres**. S'organitzaven en **tribus**; cada tribu estava formada per diversos **clans**, i cada clan, per diverses famílies. Una minoria acaparava la riquesa i dominava la resta.

L'economia era **autosuficient**, és a dir, produïen tot el que necessitaven, de manera que el comerç gairebé no tenia importància. Es dedicaven a la **ramaderia**, la **caça** i una **agricultura** basada en els **cereals**. Eren experts en la producció d'objectes de metall, fonamentalment **joies** i **armes** de **bronze** i **ferro**. També elaboraven ceràmica i teixits de llana.

Els pobles celtes no coneixien la moneda ni l'escriptura.

Adoraven els astres i alguns elements de la natura. Els seus sacerdots eren els **druides**, que actuaven com a metges i endevins i tenien un gran prestigi social.

POBLES PREROMANS A LA PENÍNSULA

DICCIONARI VISUAL

La Dama d'Elx. Possiblement una deessa o una sacerdotessa ibera.

ACTIVITATS

Comprèn

1 **Recorda.** Escriu qui habitava a la península Ibèrica durant el primer mil·leni aC.

2 **Identifica.** Marca I (ibers), C (celtes) o tots dos segons correspongui.

	IBERS	CELTES
Vivien en poblats emmurallats.		
Van encunyar moneda pròpia.		
Coneixien l'escriptura.		
Tenien una economia de subsistència.		
S'organitzaven en tribus.		

3 **Descriu.** Enumera dues característiques dels pobles ibers i dues més dels celtes.

- Ibers
- Celtes

4 **Conceptes.** Defineix els termes següents.

- Castre
- Economia autosuficient

Aplica

5 **Interpreta el mapa.** Pinta la llegenda i contesta.

- En quina zona habitaven els pobles ibers?
- En quina zona habitaven els pobles celtes?
- Escriu el nom de tres pobles ibers i tres celtes.

Recapitula

6 **Conceptes.** Completa les frases.

- Els ibers habitaven a l'__________ i al __________ de la península Ibèrica.
  Els ibers vivien en __________ emmurallats construïts en zones elevades.
  La seva economia es basava en l' __________ i la __________ .
- Els celtes es van establir al __________ , al __________ i l '__________de la Península.
  Vivien en poblats emmurallats anomenats __________ .
  L'economia era __________ , és a dir, s'abastien amb el que produïen.

2 Els pobles colonitzadors i Tartessos

Els fenicis

Els **fenicis** procedien de les ciutats estat de la costa est del Mediterrani, com ara Tir i Sidó. El **comerç** era fonamental en la seva economia. Per això navegaven pel mar Mediterrani a la recerca de nous territoris per obtenir-ne primeres matèries i mantenir-hi relacions comercials.

Durant el primer mil·leni aC van establir assentaments, les **factories**, a Sicília, al nord d'Àfrica, on van fundar Cartago, i a la península Ibèrica. Els fenicis van establir relacions amb els pobles que habitaven a la Península, sobretot amb els tartessis.

Els grecs

Els **grecs** eren els grans rivals comercials dels fenicis al mar Mediterrani. Van arribar a la península Ibèrica entre els segles VIII i VII aC, a la recerca de metalls, espart i sal, i es van instal·lar sobretot al Llevant.

Els grecs van fundar colònies, com **Rhode** (Roses), **Empòrion** (Empúries) i **Hemeroskopeion** (Dènia).

Els cartaginesos

Els **cartaginesos** van succeir els fenicis com a colonitzadors de la Península. Procedien de Cartago, una ciutat poderosa i un gran centre industrial.

Van controlar les factories fenícies i en van fundar de pròpies, com ara **Cartago Nova** (Cartagena) i **Ebusus** (Eivissa). Però a diferència dels fenicis, la colonització cartaginesa va tenir principalment un caràcter militar.

Al segle III aC, els romans i els cartaginesos es van enfrontar en les guerres púniques. Quan els romans van vèncer l'exèrcit cartaginès, dirigit per Anníbal, els cartaginesos van ser expulsats de la Península i les Balears.

Tartessos

Tartessos va ser el regne més antic de la península Ibèrica. Se situava a la vall del Guadalquivir, però la seva influència s'estenia per tot el sud-oest peninsular.

L'economia es basava en l'agricultura, la ramaderia i, molt especialment, en la **mineria** i la **metal·lúrgia**. Aquesta riquesa de metalls va atreure els fenicis i els grecs, amb els quals van mantenir intenses **relacions comercials**.

A partir del segle V aC, Tartessos va entrar en declivi i el seu lloc el van ocupar els turdetans.

DICCIONARI VISUAL

Dama de Galera. Representa la deessa fenícia Astarté.

Crater. Vas grec on es barrejava l'aigua i el vi, trobat a un poblat iber de Galera (Andalusia).

ACTIVITATS

Comprèn

7 **Identifica.** Relaciona cada civilització amb un dels enunciats:

Els fenicis	Va ser el regne més antic de la Península.
Els grecs	Van fundar les colònies de Roses i Empúries.
Els cartaginesos	Van fundar la ciutat de Cartago, al nord d'Àfrica.
Tartessos	Procedien de Cartago.

8 **Recorda.** Completa les frases.

- Els cartaginesos van controlar les factories ____________ i, a més, en van crear de pròpies, com ara les de ____________ i ____________ .
- Al segle ______ els cartaginesos es van enfrontar amb els ____________ en les anomenades guerres ____________ . Els cartaginesos van ser ____________ pels romans.

Aplica

9 **Cronologia.** Observa la línia cronològica i respon.

Cronologia dels pobles colonitzadors i Tartessos

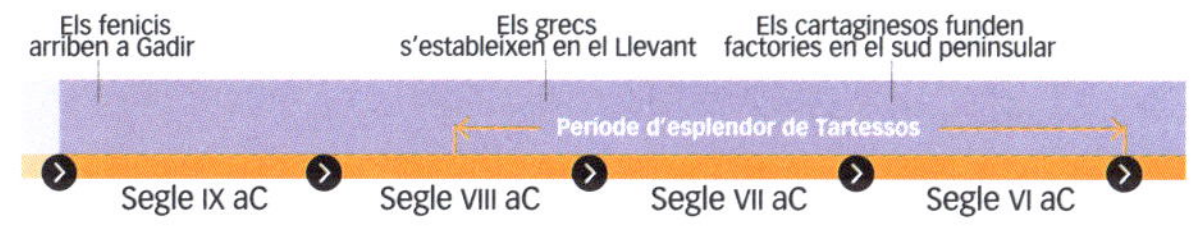

- Quin poble va arribar a la Península al segle IX aC?

____

- Quin va ser el període d'esplendor de Tartessos?

____

10 **Interpreta el mapa.** Enumera les colònies fenícies, gregues i cartagineses de la península Ibèrica i les Balears.

Colònies	
Fenicis	
Grecs	
Cartaginesos	

LES COLONITZACIONS I TARTESSOS

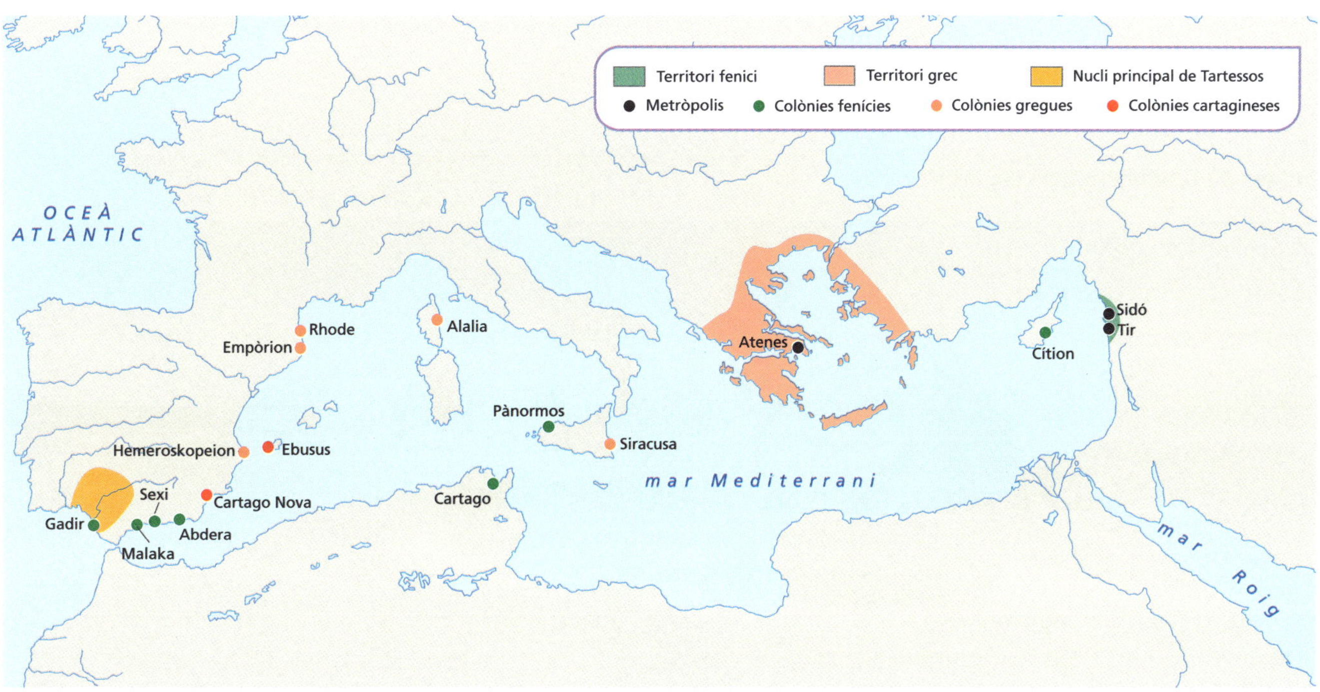

3 Empúries, primera colònia grega del que avui és Catalunya

Els orígens

Un grup de grecs procedents de la colònia grega de Massàlia, situada a la costa mediterrània de l'actual França, van ser, segurament, els fundadors de l'**enclavament comercial** d'Empòrion (paraula que en grec significa 'mercat').

A Empúries es van encunyar les **primeres monedes** a la península Ibèrica, les **dracmes**.

Els assentaments

El primer assentament grec d'Empúries, l'anomenada **Paleàpolis**, va ser fundat l'any 580 aC en un antic illot on avui hi ha el poble de Sant Martí d'Empúries. Més tard, els colonitzadors es van traslladar a terra ferma i van fundar un nou nucli de poblament, la **Neàpolis**, que va ser construïda a prop del poblat indígena d'**Indika**. La Neàpolis va ser la primera ciutat grega a la nostra costa i va servir de port, factoria comercial i mercat obert a comerciants de tot el món mediterrani.

El nucli urbà d'Empúries, organitzat en forma de quadrícula i envoltat per muralles, tenia com a centre i lloc de trobada l'**àgora** o plaça pública, punt on anaven a parar les vies principals de la ciutat. A banda i banda dels carrers hi havia botigues i tallers. Una de les zones més importants de la ciutat era la dels temples dedicats als déus. Amb l'arribada dels romans, que van construir una ciutat nova, la ciutat grega va perdre autonomia.

DICCIONARI VISUAL

Dracma d'Empúries

Ruïnes del nucli urbà d'Empúries

Restes de l'escullera dels segles II i I aC.

ACTIVITATS

Comprèn

11 **Conceptes.** Defineix els termes següents:

- Colònia ______
- Enclavament comercial ______
- Àgora ______

12 **Identifica.** Relaciona.

Paleàpolis	Poblat indígena de la colònia d'Empúries.
Neàpolis	Primer assentament grec d'Empúries.
Indika	Nou nucli de poblament a Empúries.

Raona

13 **Explica.** Respon.

- Amb quina finalitat va ser creada la colònia d'Empúries?
- Per a què es feien servir les dracmes?
- De quin material estaven fetes les cases d'Empúries?
- Quina era la funció d'una escullera?

14 **Interpreta.** Observa el dibuix i respon.

- Quin era el centre de la ciutat?
- On estava situat el nucli antic de la colònia?
- Què significa neàpolis?
- Quina finalitat tenien les muralles?

DICCIONARI VISUAL

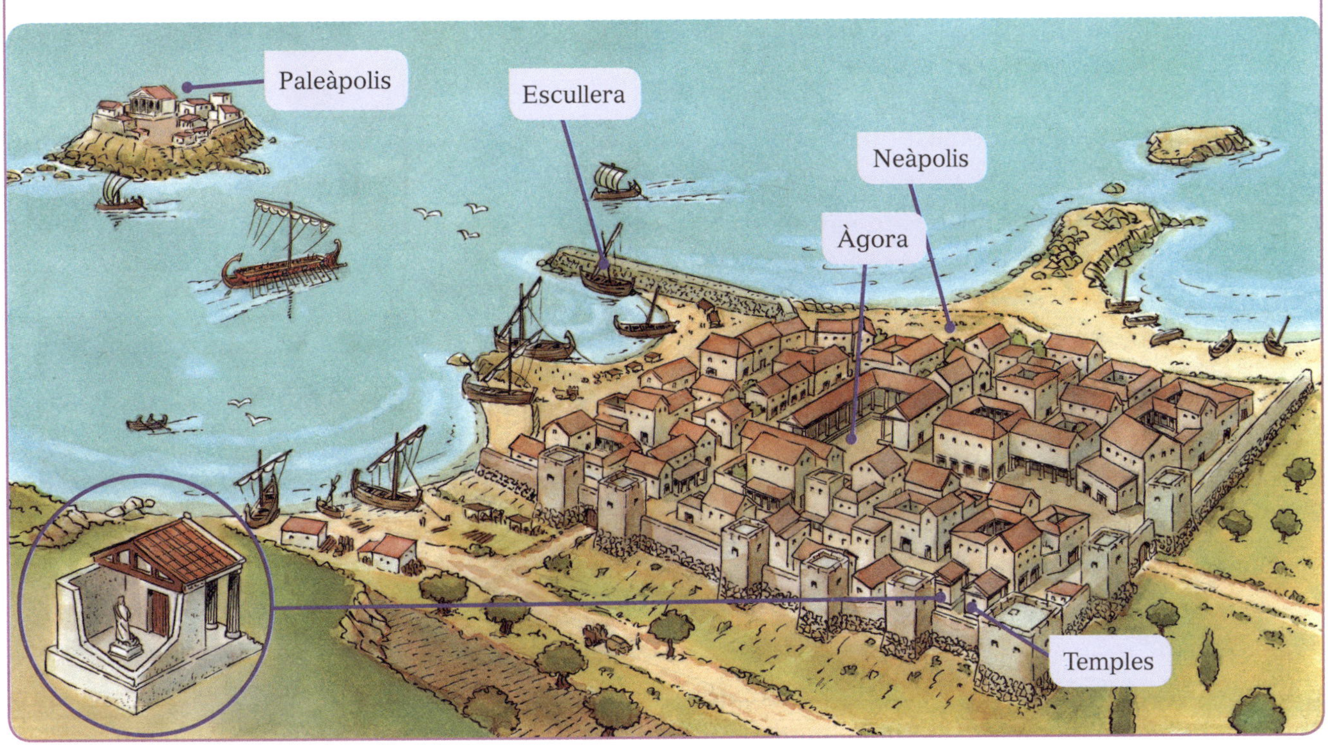

4 La conquesta romana de la península Ibèrica

La conquesta romana

Els romans van vèncer els cartaginesos i van aconseguir el domini del Mediterrani occidental a finals del segle III aC.

Els romans van posar el nom d'**Hispània** a les terres conquerides a la península Ibèrica. Van dividir el territori en **províncies** i van posar al capdavant de cada una un **governador**. Inicialment es van crear dues províncies: la **Citerior** i la **Ulterior**. Al final del segle III se n'havien creat cinc: la **Bètica**, la **Lusitània**, la **Tarraconense**, la **Gal·lècia** i la **Cartaginense**.

La societat hispanoromana

La població hispanoromana es dividia en dos grups: els homes lliures i els esclaus.

- Entre els **homes lliures** hi havia grans diferències econòmiques. A dalt de tot hi havia les famílies riques i amb moltes terres, procedents de Roma, i les persones relacionades amb els **patricis**. Seguit d'aquestes, hi havia les **famílies indígenes principals**. A sota hi havia la **plebs**, formada, sobretot, per artesans i botiguers.
- Els **esclaus** eren els habitants de les ciutats indígenes que s'havien revoltat contra els romans i que van ser esclavitzats com a càstig. N'eren molts i treballaven a les mines, als camps i en les tasques domèstiques.

L'economia

La principal riquesa que les romans van explotar a Hispània van ser els **metalls**: or, plata, coure, ferro, plom i mercuri.

La producció agrícola va augmentar amb la introducció de l'**arada romana**, el **regadiu** i el **guaret**, tècnica consistent a deixar sense conrear una part del camp perquè es recuperi. Els conreus es feien en grans propietats o **latifundis**, on treballaven els esclaus.

L'**activitat artesana** es basava en la producció d'àmfores, oli, vi, lli, espart i salaó de peix.

Hispània exportava blat, vi, oli, salaó, lli, metalls i esclaus, i importava productes de luxe, com ara els perfums.

La romanització

Els pobles sotmesos al domini de Roma van assimilar la cultura romana a poc a poc. Aquest procés s'anomena **romanització**.

- El **llatí** es va imposar sobre les llengües indígenes.
- El **dret romà** va establir unes mateixes lleis per a tot el territori peninsular.
- La **religió romana** es va anar imposant a la major part d'Hispània. A partir del segle II, s'hi va estendre el cristianisme.
- Els romans van impulsar el desenvolupament de **ciutats** i van construir una densa xarxa de **calçades**.

DICCIONARI VISUAL

Àmfora romana

Aqüeducte de les Ferreres (Tarragonès)

ACTIVITATS

Comprèn

15 **Conceptes.** Explica el significat dels termes següents.

- Romanització
- Hispània
- Plebs

16 **Identifica.** Marca vertader (V) o fals (F) segons correspongui.

- ☐ La societat hispanoromana es dividia en homes lliures i plebs.
- ☐ Des de la península Ibèrica, els romans exportaven oli, vi i metalls.
- ☐ Els romans van introduir a la Península el guaret com a sistema de conreu.
- ☐ El llatí no es va poder imposar sobre les llengües indígenes.
- ☐ Cada una de les províncies d'Hispània tenia al capdavant un governador.

Raona

17 **Pensa.** Contesta.

- Per què als romans els va interessar la conquesta de la Península Ibèrica?
- Quins recursos naturals va explotar Roma a Hispània?
- Per què et sembla que moltes ciutats romanes de la Península eren situades a la façana marítima del Mediterrani?

Aplica

18 **Interpreta.** Observa el mapa i contesta.

- En quina província romana se situaria el territori de la teva localitat?
- Completa la taula i escriu el nom de dues ciutats de cada una de les províncies romanes d'Hispània:

PROVÍNCIES	CIUTATS
Tarraconense	
Gal·lècia	

Extreu-ne conclusions

19 **Resumeix.** Escriu un aspecte característic de cada un dels apartats següents.

- Societat hispanoromana
- Agricultura romana
- Comerç romà

5 El territori de Catalunya: època preromana i romanització

Els ibers

Diversos pobles ibèrics van ocupar el territori de l'actual Catalunya abans de l'arribada dels romans. Entre ells, els **indigets**, els **lacetans**, els **cossetans**, els **ilercavons**, els **ausetans** i els **ilergets**. Aquests pobles no formaven una unitat política homogènia, sinó que s'organitzaven en tribus, poblats i explotacions agràries rurals. El poblat fortificat, situat en un lloc elevat i fàcil de defensar, era el nucli principal de l'organització política, al capdavant del qual hi havia un **reietó** o un **consell oligàrquic**.

La llengua i les creences d'aquests pobles eren comunes, i les activitats econòmiques principals eren l'**agricultura** i la **ramaderia**. Eren, a més, bons ceramistes i fabricaven eines i armes de ferro.

La conquesta romana

L'any **218 aC** els romans van desembarcar a Empúries. Aquí van iniciar la seva lluita per conquerir la Península. Uns pobles ibèrics els eren favorables, i d'altres, eren aliats dels cartaginesos. Els romans van vèncer els cartaginesos però no van aconseguir la submissió de tots els ibers.

Els pobles indígenes de l'actual Catalunya van ser totalment sotmesos a l'autoritat de Roma a principis del segle II aC.

La romanització de la Tarraconense

El territori de l'actual Catalunya va formar part de l'Imperi romà des del segle III aC fins al segle V dC. Molt aviat es va identificar amb la **Hispània Citerior** o **Tarraconense**, que comprenia inicialment una part important de la meitat nord de la península Ibèrica.

La ciutat més important era **Tàrraco**, la capital administrativa de la Hispània Citerior. La via de comunicació més important era la **Via Augusta**, que unia Roma amb Gades (Cadis). A més, hi havia altres vies que unien la costa amb l'interior de la Península. Les ciutats van sorgir a partir de les antigues poblacions indígenes, com Ausa (Vic), o bé es van fundar per necessitats econòmiques i militars, com Gerunda (Girona).

El llegat

El llegat de Roma al territori de l'actual Catalunya es pot concretar en quatre aspectes:

- La **llengua**. El **català** deriva del llatí.
- El **dret**. El nostre **codi civil** encara té com a referent formal el dret romà.
- La **religió**. En època de l'emperador Teodosi, la **religió cristiana** va esdevenir la religió oficial de l'Imperi.
- El **patrimoni artístic**. La llarga presència dels romans ha deixat una gran quantitat de restes arqueològiques a Catalunya.

DICCIONARI VISUAL

Ciutats romanes al que avui és Catalunya

Amfiteatre de Tàrraco

ACTIVITATS

Comprèn

20 **Conceptes.** Defineix:

- Poblacions indígenes ______

- Reietó ______

- Consell oligàrquic ______

21 **Identifica.** Tria l'opció correcta en cada cas:

- El territori en època romana es va organitzar en:

☐ Departaments
☐ Estats
☐ Províncies

- El territori actual de Catalunya formava part de la província romana:

☐ Bètica
☐ Tarraconense
☐ Cartaginense

- La Via Augusta unia:

☐ Roma amb Gades
☐ Barcino amb Numàntia
☐ Roma amb Caesaraugusta

- El català forma part del grup de llengües romàniques, perquè...

☐ ...els romans en van permetre l'ús i el van protegir.
☐ ...procedeix del llatí, com les altres llengües d'aquest grup.
☐ ...es va començar a parlar en època dels romans.

Raona

22 **Explica.** Respon:

- Com s'organitzaven políticament els ibers? ______

- Quina era la base de l'economia ibèrica? ______

- Què podem deduir de l'existència de nuclis de poblament ibèrics altament fortificats? ______

Aplica

23 **Interpreta.** Observa el mapa i respon:

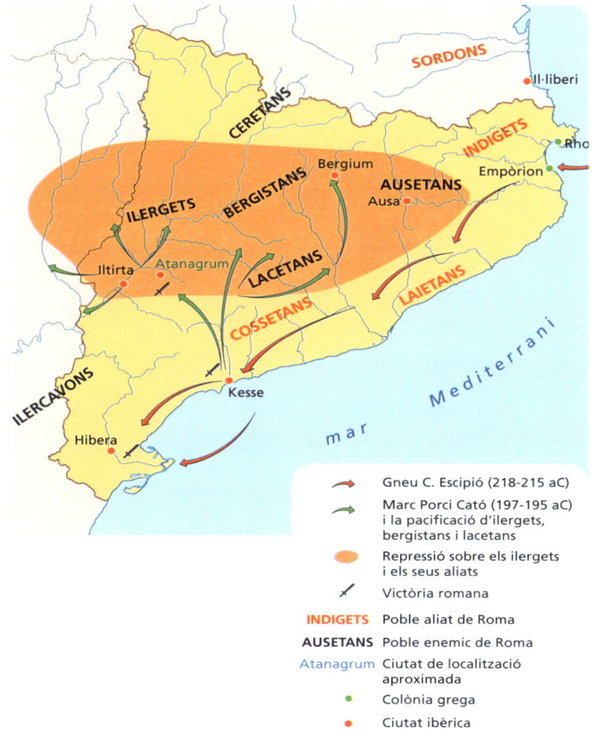

- Quins eren els pobles ibers aliats de Roma?

- Quins eren els pobles ibers enemics de Roma?

- Quina àrea geogràfica ocupaven els pobles aliats de Roma?

- Quina àrea geogràfica ocupaven els pobles enemics de Roma?

- Quines colònies gregues hi havia en el territori?

- Quines ciutats ibèriques hi ha assenyalades?

➔ SABER FER: Comparar maneres de viure de dues civilitzacions contemporànies

La **representació il·lustrada** dels poblats o l'anàlisi de maquetes ens permet analitzar la seva manera de viure i establir comparacions entre civilitzacions diverses contemporànies.

QUINS PASSOS HAS DE SEGUIR?

Per comparar la manera de viure de dos pobles t'has de fixar en els aspectes següents:

1. **El lloc on viuen.** Fixa't si és en un lloc elevat, en un lloc pla, a la vora d'un riu, tocant del mar...
2. **Com s'organitzen.** Observa quina mena d'edificis fan, quina disposició tenen, quina funció fan...
3. **A què es dediquen.** Quins espais o quines construccions tenen finalitats econòmiques o productives.
4. **En què creuen.** Tenen temples o edificis religiosos, o llocs sagrats?
5. **Quines manifestacions artístiques mostren.** Hi ha escultures, edificis ornamentats, elements arquitectònics decoratius... ?

Poblat iber

Poblat celta

Fes-ho tu

24 **Observa els dos dibuixos.** Respon:

- Normalment, els poblats estan construïts sobre un terreny elevat o pla? Ho fan així tan ibers com celtes? Per què?
- Quin poblat està envoltat d'una muralla amb torres de vigilància?
- Com es distribueixen les cases, en cadascun, de manera ordenada o desordenada?
- Hi havia un carrer central o principal?
- Quines activitats econòmiques duia a terme cada poble?

Els **mapes històrics** ens permeten entendre l'evolució dels fets o esdeveniments històrics. Ara obtindrem informació sobre la conquesta romana de la península Ibèrica per mitjà de mapes.

QUINS PASSOS HAS DE SEGUIR?

Per extreure informació dels mapes sobre la conquesta romana de la Península seguirem aquests passos:

1. **Fixa't en el mapa 1** en quins pobles habitaven la Península.
2. **El mapa 2** t'informa de quins pobles van establir colònies a la Península.
3. **Si sobreposes la informació del mapa 1 i del mapa 3** podràs saber si era una zona ibera o celta la primera que van conquerir els romans a la Península.
4. **El mapa 4** et diu com va quedar organitzada la península Ibèrica després de les últimes conquestes romanes.

Fes-ho tu

25 **Observa els quatre mapes.** Respon:

- Quin poble iber habitava en els actuals territoris de Catalunya abans de l'arribada dels romans?
- Quines colònies i de quins pobles hi havia al litoral mediterrani peninsular prèviament a la conquesta dels romans?
- A quins territoris actuals de la Península corresponen les últimes conquestes romanes?
- En quines províncies van dividir el territori els romans? Quina era la capital de cada província?

AUTOAVALUACIÓ

Marca l'opció correcta en cada cas.

1. Els ibers habitaven:
   - [ ] El sud de la península Ibèrica.
   - [ ] L'est i el sud de la península Ibèrica.
   - [ ] L'oest i el sud de la península Ibèrica.

2. Els celtes vivien en poblats emmurallats anomenats:
   - [ ] Tribus.
   - [ ] Províncies.
   - [ ] Castres.

3. Els pobles ibers s'organitzaven en:
   - [ ] Províncies.
   - [ ] Ciutats estat.
   - [ ] Tribus.

4. Els fenicis van fundar:
   - [ ] Empúries.
   - [ ] Cartago, al nord d'Àfrica.
   - [ ] Eivissa.

5. L'àgora era:
   - [ ] Un recinte sagrat en els temples grecs.
   - [ ] La plaça pública i lloc de trobada en les ciutats gregues.
   - [ ] El magatzem de mercaderies portuàries.

6. Els cartaginesos:
   - [ ] Van ser aliats dels romans.
   - [ ] Van vèncer els romans.
   - [ ] Van ser vençuts pels romans.

7. Tartessos se situava:
   - [ ] A la vall de l'Ebre.
   - [ ] A la Meseta central.
   - [ ] A la vall del Guadalquivir.

8. Al final del segle III, Hispània va quedar dividida en:
   - [ ] Quatre províncies.
   - [ ] Cinc províncies.
   - [ ] Dos regnes.

9. A la societat hispanoromana, els plebs eren:
   - [ ] Esclaus.
   - [ ] Ciutadans rics i poderosos.
   - [ ] Homes lliures.

10. La ciutat més important de la Tarraconense era:
    - [ ] La Via Augusta.
    - [ ] Tàrraco.
    - [ ] Empúries.

REPÀS ACUMULATIU

- Quina distribució sobre el territori peninsular tenien els ibers, els celtes i els celtibers?
- Quins productes exportaven els romans des d'Hispània?
- Digues algunes de les construccions característiques dels romans.
- Escriu alguns dels elements més rellevants del llegat romà sobre la nostra cultura i el nostre territori.

PROJECTE TIC Elaborar un PowerPoint sobre les vil·les romanes

OBJECTIU

Les vil·les romanes no van ser només luxoses residències establertes al camp, sinó que també van ser grans centres d'explotació de productes agrícoles i ramaders, a més de centres de transformació d'aquests productes per comercialitzar-los posteriorment. D'aquesta manera es van integrar plenament en l'economia de l'Imperi romà.

Aquest projecte et proposa **analitzar algunes de les vil·les romanes més importants** que es conserven a l'Estat espanyol per entendre el paper que van tenir en l'Imperi romà. Al final, podràs **elaborar una presentació** per donar a conèixer les teves conclusions.

Vil·la romana de Liédena (Navarra).

Vil·la de La Olmeda (Pedrosa de la Vega, Palència)

1. Visita la pàgina web *http://www.villaromanalaolmeda.com/*. Selecciona la «Visita interactiva» i fixa't en el plànol d'aquesta vil·la. S'hi distingeixen dues parts: l'habitatge i els banys. Fes clic on consideris necessari del plànol per obtenir la informació següent:

- L'habitatge s'organitzava a l'entorn d'un ampli jardí (V41). Quines dependències s'hi construïen al voltant?
- On estava situat l'accés principal de l'habitatge?
- A quines dependències corresponen en el plànol les senyalitzacions B02 i B12?

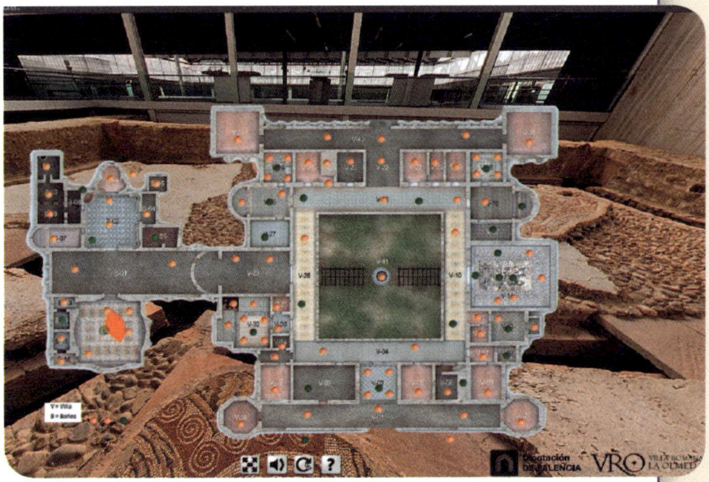

2. Torna a la pantalla inicial. Fes clic sobre «La villa romana La Olmeda» i compara la reconstrucció virtual amb el plànol.

3. Al final d'aquesta secció, fes clic a «Accede a la reconstrucción virtual en 3D», mira el vídeo i respon:

- Què eren el peristil, l'*oecus* i l'hipocaust?
- Quin mobiliari hi havia a la cuina? I al dormitori?
- L'accés principal conduïa al jardí. Què hi havia al mig d'aquest? Per a què penses que devia servir?
- Investiga sobre la finalitat que tenien l'*apoditeryum* i la zona temperada dels banys.

Vil·la de Noheda
(Villar de Domingo García, Conca)

4. Entra a *http://informes.patrimoniohistoricoclm.es/2010-03/patrimonio.html* i llegeix l'apartat «Las villae romanas» per obtenir la informació següent:

- Les vil·les formaven part d'una finca d'explotació agropecuària. Quines tres parts componien aquesta finca? A què es dedicava cadascuna?
- Llegeix el text de Columel·la. Quins tres aspectes era recomanable tenir en compte a l'hora de situar una vil·la?
- Investiga, utilitzant *Google Maps* o *Bing Maps*, si la vil·la de Noheda complia aquests requisits.

La ubicació ideal d'una vil·la

Així doncs, segons el meu parer, la hisenda que es compri ha d'estar situada a prop de la ciutat. [...] La tindrem en clima saludable, terra fèrtil, part en pla i part en turons, amb pendent suau cap a l'est o el sud. Hi ha d'haver porcions de terrenys conreats i unes altres de plantes silvestres i de bosc. No ha d'estar lluny del mar o d'un riu navegable que faciliti l'exportació dels fruits i la importació de les mercaderies que facin falta. [...]

Les terres de conreu, fins i tot les més altes, han de ser planes o, com a molt, inclinades suaument [...]. Els altres turons s'han de cobrir d'oliveres, vinyes i d'arbres que puguin donar forquetes per a aquestes, fusta i pedra per a les obres [...], i també pastures per al bestiar. També és important disposar d'un naixement d'aigua, d'on es puguin treure sèquies per al reg [...].

Columel·la, *Dotze llibres d'agricultura*.
Llibre primer, capítol segon, segle I dC.

Vil·la romana de Can Terrers (la Garriga)

5. Busca informació sobre la vil·la romana de Can Terrers (la Garriga, comarca del Vallès Oriental). Pots consultar la pàgina web *http://www.visitalagarriga.cat/ca/senyalitzaci%C3%B3-del-patrimoni-la-vil%C2%B7la-romana-de-can-terrers* i mirar el vídeo *https://www.youtube.com/watch?v=BgURJqA---Q*. Respon les preguntes següents:

- Quan i on va ser construïda la vil·la de Can Terrers? Era a prop d'alguna via romana?
- Per què rep aquest nom?
- Descriu l'estructura de la vil·la.

Vil·la de Los Villaricos (Mula, Regió de Múrcia)

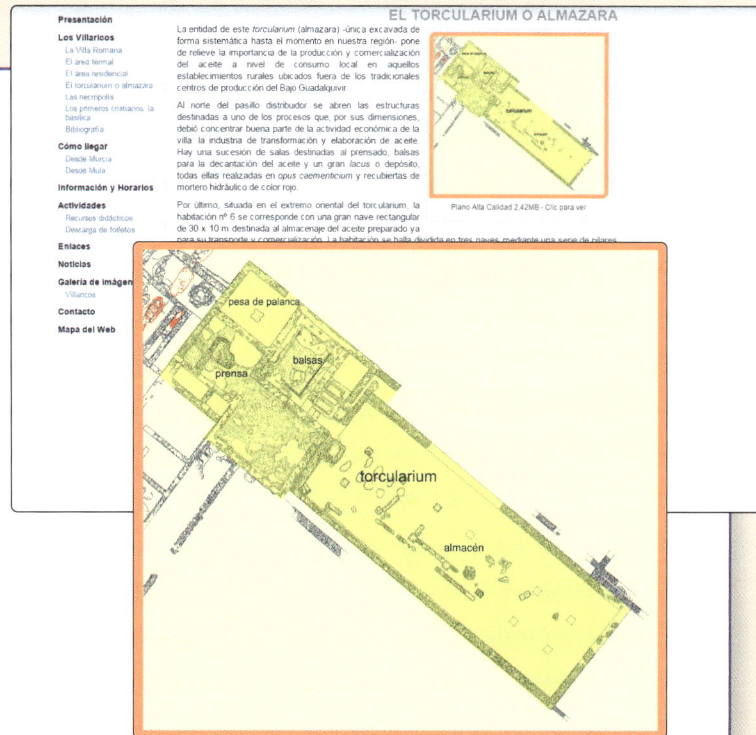

6. A Los Villaricos es conserven les restes d'un important trull d'oli. El seu estudi proporciona informació sobre com era l'àrea productiva d'una vil·la. Visita la web *http://www.losvillaricos.es/* i fes clic a «El torcularium o almazara» per obtenir la informació següent:
   - Què és un trull?
   - Quines parts tenia el trull?
   - Investiga sobre el procés d'obtenció d'oli en època romana i explica quines fases d'aquest procés es feien al trull de la vil·la de Los Villaricos.
   - El propietari d'aquesta vil·la comercialitzava l'oli que feia? Per què ho penses?

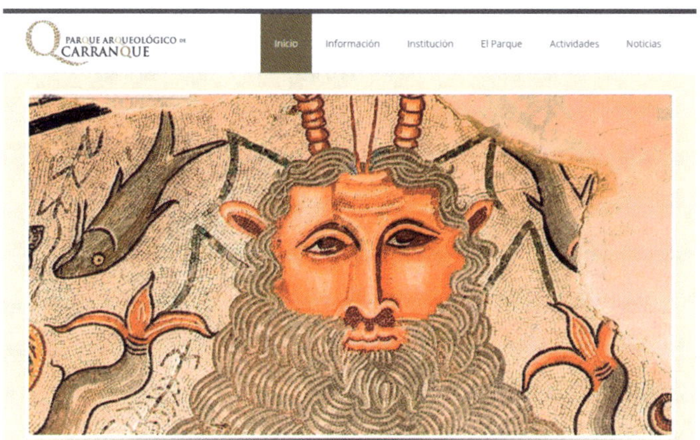

Vil·la romana de Carranque (Toledo)

8. Visita la web del jaciment arqueològic de Carranque: *http://www.parquearqueologico.org/es/*. Fes clic a «El Parque» i, a continuació, selecciona «La casa de Materno».
   - A què es dedicava la producció d'aquesta vil·la?

Vil·la romana de Centcelles (Constantí, Tarragonès)

9. Consulta les pàgines del Museu Nacional Arqueològic de Tarragona dedicades a la vil·la romana de Centcelles (*http://www.mnat.cat/?page=centcelles-centre-info-general*) i respon les preguntes.
   - A quin segle correspon l'edifici que es conserva actualment?
   - Quina és la part més antiga de la vil·la? En quin segle es va construir?
   - Per què és important el mosaic que s'hi conserva?

PREPARA LA PRESENTACIÓ

Fes una **presentació en PowerPoint** sobre les vil·les romanes a Hispània. Per organitzar-la pots seguir aquestes pautes:

- Pensa un **títol** atractiu i que s'ajusti al contingut que hi inclouràs.
- Dibuixa un **mapa** de la península Ibèrica durant la dominació romana, indica-hi la xarxa de calçades i situa-hi les vil·les més ben conservades. A més de les esmentades en aquest projecte, pots incloure'n-hi d'altres, com la vil·la de Fuente Álamo (Còrdova), la d'El Ruedo (Còrdova), la d'Almenara-Puras (Valladolid), la d'Arellano (Navarra), la Fortunatus (Fraga, Osca), la de Vilauba (Camós, Banyoles), la dels Ametllers (Tossa de Mar, la Selva), etc.
- Tria un d'aquests **aspectes** o, més d'un, per centrar-hi la presentació:
  - Factors de la localització espacial d'una vil·la romana.
  - La vil·la com a part d'una finca d'explotació econòmica.
  - El plànol d'una vil·la romana: l'estructura.
  - L'àrea productiva de les vil·les romanes.
  - Condició social i econòmica dels propietaris de vil·les romanes.
- **Selecciona la informació** que necessitaràs, **organitza-la** en diapositives i elabora cada diapositiva.

EXPOSA EL PROJECTE

Projecta a classe la presentació en PowerPoint que has fet i explica als companys les diferents diapositives d'una en una.

No t'oblidis de:

- Planificar el temps de l'exposició i procurar no sobrepassar-lo per respectar el torn dels companys. Per aconseguir-ho has de limitar el nombre i el contingut de les diapositives.
- Preparar un guió per saber què diràs en cada diapositiva.
- Parlar a poc a poc i utilitzant el vocabulari adequat.

ALGUNS CONSELLS

- Combina en cada diapositiva **text i imatges**. Resultaran més atractives.
- No incloguis **massa informació** a les diapositives perquè es puguin llegir bé quan les projectis.
- **Pensa**, abans de començar, el **disseny** que vols donar a la presentació: colors, tipus i mida de lletra...
- Quan facis l'exposició, no llegeixis el text de la diapositiva, perquè dóna una imatge de poca preparació i resulta reiteratiu i avorrit.
- Assaja la presentació diverses vegades fins que aconsegueixis seguretat en l'explicació i una dicció correcta.

Mosaic d'Itàlica (Santiponce, Andalusia).

MAPA FÍSIC D'ÀFRICA

MAPA FÍSIC D'AMÈRICA

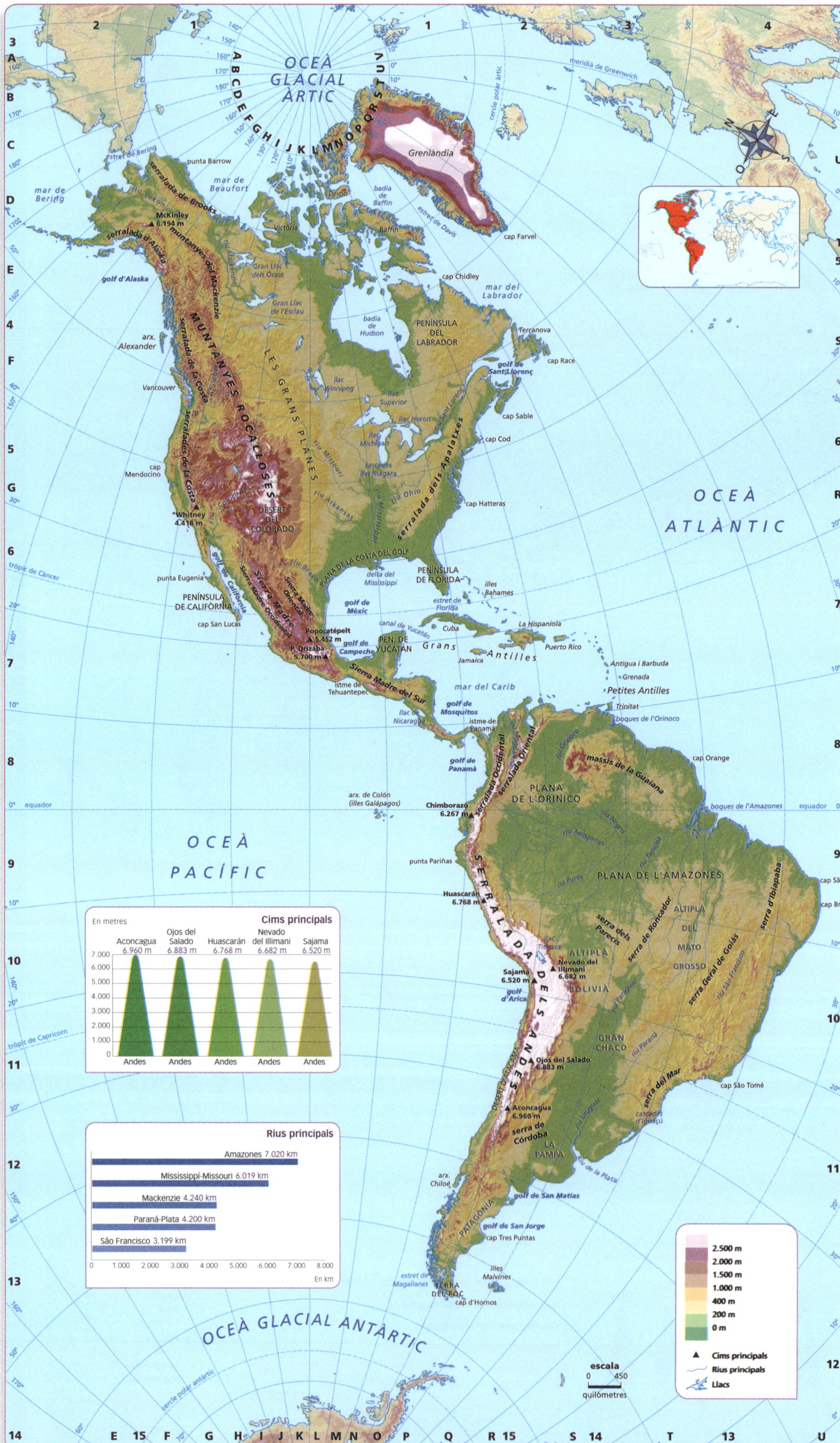

MAPA FÍSIC D'ÀSIA

MAPA FÍSIC D'OCEANIA

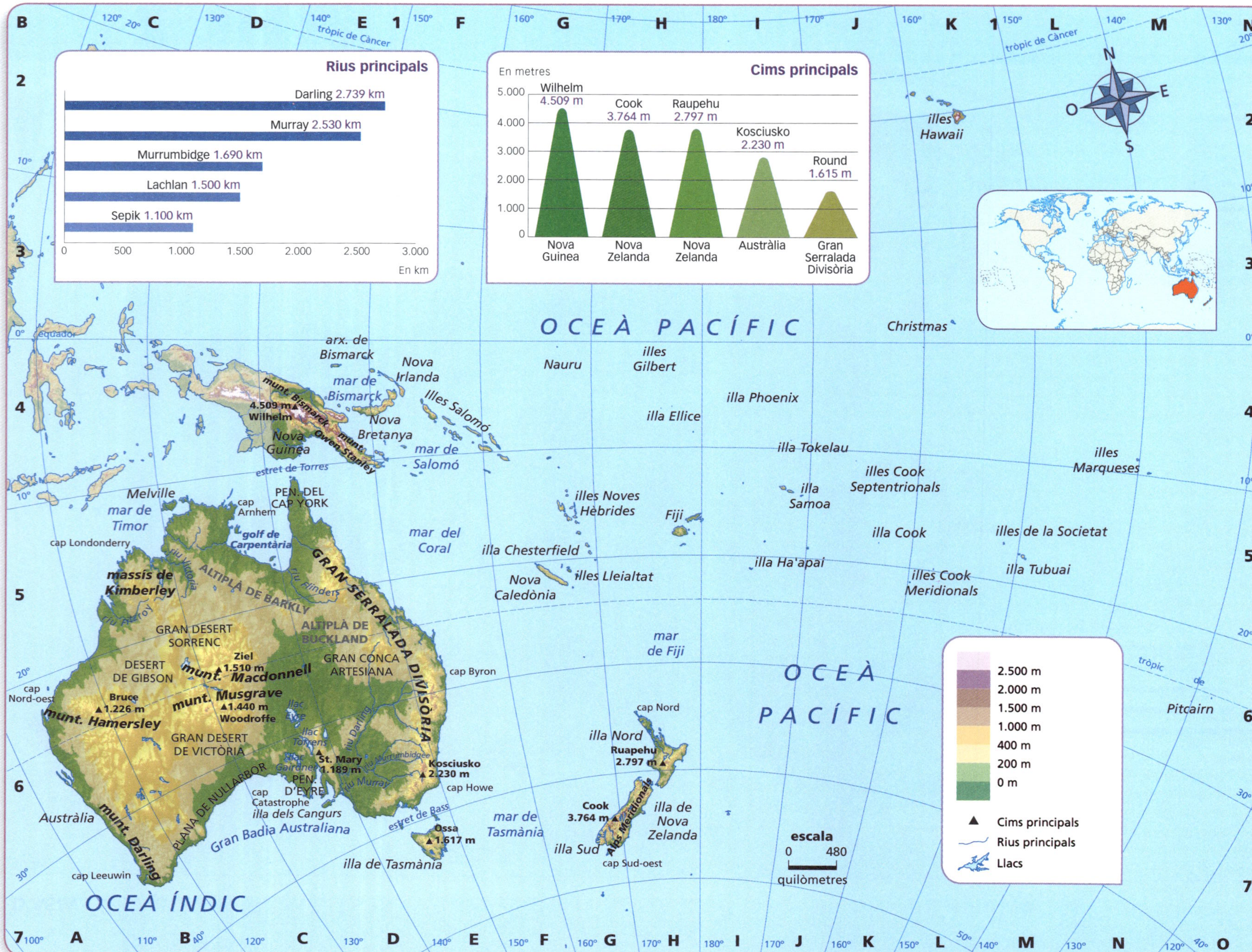

MAPA FÍSIC D'EUROPA

MAPA FÍSIC D'ESPANYA

MAPA FÍSIC DE CATALUNYA

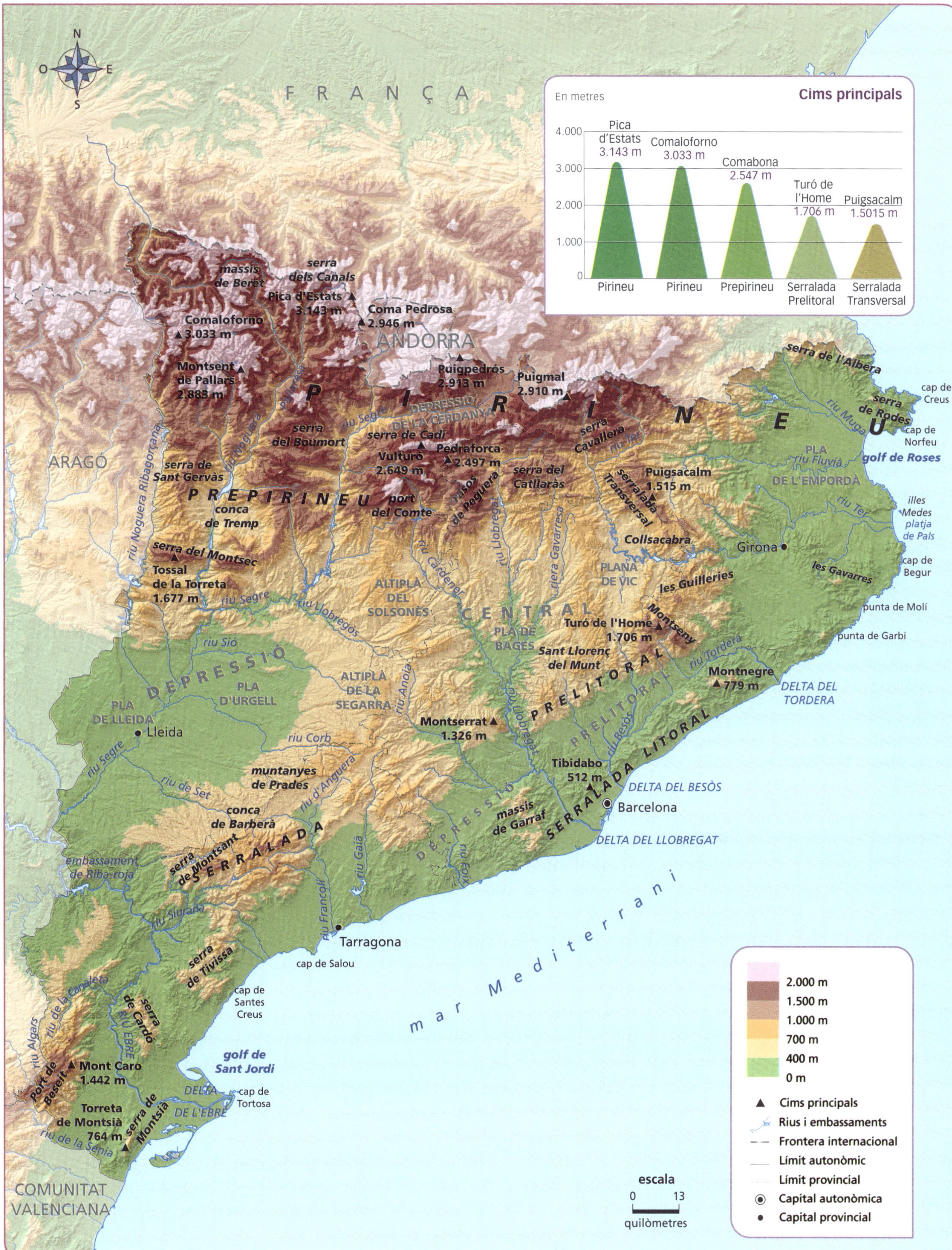

Direcció d'art: **José Crespo**

Projecte gràfic: **Pep Carrió**
Fotografia de coberta: **Leila Méndez**
Il·lustració: **Jaume Bosch, Paul Coulbois, El Infografista, Estudio Tenllado, Carlos Fernández del Castillo, Agustí Serrano**

Cap de projecte gràfic: **Rosa Marín**
Coordinació d'il·lustració: **Carlos Aguilera**
Cap de desenvolupament de projecte gràfic: **Javier Tejeda**
Desenvolupament gràfic: **Raúl de Andrés i Jorge Gómez**

Direcció tècnica: **Jorge Mira Fernández**
Subdirecció tècnica: **José Luis Verdasco Romero**

Coordinació tècnica: **Manuel Baña i Jesús Muela**
Confecció i muntatge: **Eduard Cánovas, Nèlia Creixell, Montse Pallarès**

Cartografia: **Paul Coulbois, GEODÓS, Geotec Cartografía, Rosa López, Tania López i Adolf Vallejo**
Correcció: **Pau Gassiot Sandaran**
Documentació i selecció fotogràfica: **Nieves Marinas**

Fotografies: **A. Herrera; A. Real; C. Villalba; F. Ontañón; J. A. Argelina; J. C. Martínez; J. C. Muñoz; J. Jaime; J. L. G. Grande; J. Lucas; J. M. Borrero; J. V. Resino; Krauel; M.ª C. Sanz; Michele di Piccione; O. Torres; ORONOZ; R. López-Monné; R. Manent; R. Mora/P. González; R. Vela; S. Cid; S. Padura; X. S. Lobato; A. G. E. FOTOSTOCK/Vidler Steve, J. D. Dallet, David Parker, Stefan Auth, SM/SSPL, Hubertus Kanus, SPL, José Antonio Jiménez, Philippe Psaila/SPL, Fernando Fernández, Lucas Vallecillos, Douglas Peebles; ALBUM/akg-images/Rainer Hackenberg, Universal Images Group, DEA PICTURE LIBRARY, Erich Lessing, Oronoz, ASF; CORDON PRESS/ CORBIS/Roger Ressmeyer, REUTERS, SYGMA; DIGITALVISION; EFE/ Ayuntamiento de Pulpi, Andreas F. Voegelin, Rafael Vallejos, Miguel Rajmil; EFE/ERL / SIPA ICONO; EFE/SIPA-PRESS/ Mohammed El Dakhakhany, Rio Helmi, SIPA ICONO / Nik Wheeler; FOTOGRAFÍA F3; GARCÍA-PELAYO/ JUANCHO; GETTY IMAGES SALES SPAIN/Will & Deni Mcintyre, Martin Harvey, Paul Nicklen, Thinkstock; HIGHRES PRESS STOCK/AbleStock.com; ISTOCKPHOTO/Getty Images Sales Spain; J. M. BARRES; JOHN FOXX IMAGES; MUSEUM ICONOGRAFÍA/The Bridgeman Art Library, J. Martin; NASA/Credit Image created by Reto Stockli with the help of Alan Nelson, under the leadership of Fritz Hasler; PAISAJES ESPAÑOLES; PHOTO RMN/Hervé Lewandowski; PRISMA ARCHIVO FOTOGRÁFICO/M. Flynn; SCALA GROUP/Foto Werner Forman Archive/Scala, Firenze, Foto Scala, Firenze; SEIS X SEIS/D. Lezama; Ajuntament de la Garriga; BIBLIOTECA NACIONAL DE ESPAÑA/Laboratorio Biblioteca Nacional; BLOM Sistemas Geoespaciales; MUSÉE DE LA PRÉHISTOIRE DE CARNAC, ST. PIERRE QUIBERON, FRANÇA; MUSÉE DU LOUVRE, PARÍS; MUSEI VATICANI, ROMA; MUSEO ARQUEOLÓGICO DE ASTURIAS; MUSEO ARQUEOLÓGICO NACIONAL, MADRID/ 'Archivo Fotográfico. Museo Arqueológico Nacional'.; MUSEO ARQUEOLÓGICO PROVINCIAL, SEVILLA; MUSEO DELLA CIVILTÀ ROMANA, ROMA; Museo Najerillense; MUSEO NAZIONALE ROMANO, TERME DI DIOCLEZIANO, ROMA; MUSEO NUMANTINO, SORIA; MUSEU DE PREHISTÒRIA DE VALÈNCIA; PALAZZO DEI CONSERVATORI, MUSEI CAPITOLINI, ROMA; PALAZZO SENATORIO, MUSEI CAPITOLINI, ROMA; Parque Prehistórico de Málaga; SERIDEC PHOTOIMAGENES CD; THE BRITISH MUSEUM, LONDRES; VOZ NOTICIAS; ARXIU SANTILLANA**

Frederic Mompou, 11
08005 Barcelona
Printed in Spain

ISBN: 978-84-9047-205-7
CP: 550634
Dipòsit legal: M-20998-2015